SOLIDWORKS 2024
中文版机械设计从入门到精通

本书部分实例

L 泵体

L 臂

L 差动机构

L 铲斗

L 铲斗支撑架

L 车斗

L 齿轮泵

L 传动装配体

L 吹风机模型

L 大臂

L 弹簧

L 导流盖

L 阀

L 阀盖

L 阀门壳体

L 阀体

L 阀体

L 法兰盘

L 风叶

L 高速轴

管接头

花键轴

机械臂

健身器

键

接口

壳体

裤形三通管

连杆

零件复制

六角盒

轮毂

螺钉

螺母

暖气管道

盘

平键

曲柄滑块机构

曲面裁剪

曲面切除

三通管

 上阀瓣

 手柄轴组件装配图

 手轮

 填充阵列

 填料压盖

 通过参考点的曲线

 投影曲线

 凸轮

 托架

 挖掘机 1

 铣刀

 下阀瓣

 小臂

 校准架

 斜接法兰

 斜接管

 鞋架

 旋转薄壁凸台基体

 压紧螺母

L 叶轮

L 液压杆装配体

L 液压缸

L 移动轮支架

L 异型孔零件

L 硬盘支架

L 圆柱齿轮

L 熨斗模型

L 支撑轴

L 制动器装配体

L 轴

L 轴承

L 轴承支座

L 轴承座

L 主连接零件

L 柱塞

L 柱塞泵装配体

L 装配爆炸图

L 锥形齿轮

L 传动轴

清华社"视频大讲堂"大系

CAD/CAM/CAE技术视频大讲堂

SOLIDWORKS 2024 中文版机械设计从入门到精通

CAD/CAM/CAE 技术联盟　编著

清华大学出版社

北京

内 容 简 介

本书详细介绍了 SOLIDWORKS 2024 在机械设计中的应用方法和技巧。全书共 13 章,主要包括 SOLIDWORKS 2024 概述、草图绘制、参考几何体、草绘特征、放置特征、特征的复制、修改零件、装配体设计、动画制作、工程图设计、曲面造型基础、有限元分析和运动仿真等内容。此外,本书还附有 3 章线上扩展学习内容,分别对 3D 草图和 3D 曲线、钣金设计基础、焊接基础知识进行讲解。本书在叙述过程中突出实用性和技巧性,读者可以很快地掌握 SOLIDWORKS 2024 机械建模的方法,同时还可以了解 SOLIDWORKS 在行业中的应用。

另外,本书随书资源包中还配备了丰富的学习资源,具体内容如下。

1. 301 集高清同步微课视频,可像看电影一样轻松学习,然后对照书中实例进行练习。

2. 28 个经典中小型实例,12 个大型综合实例,用实例学习上手更快,更专业。

3. 33 个实践与操作练习,学以致用,动手会做才是硬道理。

4. 附赠 5 类共 12 个综合案例及同步视频演示,可以拓宽视野,增强实战能力。

5. 全书实例的源文件和素材,方便按照书中实例操作时直接调用。

全书实例丰富,讲解透彻,适合广大技术人员使用,也可以作为高校相关专业的教学参考书,同时也适合读者自学使用。

图书在版编目(CIP)数据

SOLIDWORKS 2024 中文版机械设计从入门到精通 /
CAD/CAM/CAE 技术联盟编著. -- 北京 : 清华大学出版社,
2024. 9. --(清华社"视频大讲堂"大系 CAD/CAM/CAE 技术视频大讲堂). - ISBN 978-7-302-67253-1

Ⅰ. TP391.7

中国国家版本馆 CIP 数据核字第 20245BX917 号

责任编辑:贾小红
封面设计:秦 丽
版式设计:文森时代
责任校对:范文芳
责任印制:丛怀宇

出版发行:清华大学出版社
   网 址:https://www.tup.com.cn,https://www.wqxuetang.com
   地 址:北京清华大学学研大厦 A 座   邮 编:100084
   社 总 机:010-83470000   邮 购:010-62786544
   投稿与读者服务:010-83470000,c-service@tup.tsinghua.edu.cn
   质量反馈:010-62772015,zhiliang@tup.tsinghua.edu.cn
印 装 者:北京鑫海金澳胶印有限公司
经 销:全国新华书店
开 本:203mm×260mm 印 张:25.5 插 页:2 字 数:754 千字
版 次:2024 年 11 月第 1 版   印 次:2024 年 11 月第 1 次印刷
定 价:99.80 元

产品编号:097600-01

SOLIDWORKS 是世界上第一个基于 Windows 开发的三维实体设计软件,该软件以参数化特征造型为基础,具有功能强大、易学易用和技术新等特点,使得 SOLIDWORKS 成为领先的、主流的三维 CAD 解决方案。因为使用了 Windows OLE 技术、直观式设计技术、先进的 parasolid 内核以及良好的与第三方软件的集成技术,SOLIDWORKS 成为全球装机量最大、最好用的软件之一。SOLIDWORKS 能够提供不同的设计方案,减少设计过程中的错误并提高产品质量,使用户能在比较短的时间内完成更多的工作,能够更快地将高质量的产品投放市场。SOLIDWORKS 功能强大、应用广泛,涉及平面工程制图、三维造型、求逆运算、加工制造、工业标准交互传输、模拟加工过程、电缆布线和电子线路等多个应用领域。自从 1996 年 SOLIDWORKS 引入中国以来,受到了业界的广泛好评,许多高等院校也将 SOLIDWORKS 用作本科生制造专业教学和课程设计的首选软件。本书将以目前使用最广泛的 SOLIDWORKS 2024 版本为基础进行讲解。

一、编写目的

　　鉴于 SOLIDWORKS 强大的功能和深厚的工程应用底蕴,我们力图开发一本全方位介绍 SOLIDWORKS 在机械设计方面应用实际情况的书籍。我们不求将 SOLIDWORKS 知识点全面讲解清楚,而是针对机械设计行业需要,利用 SOLIDWORKS 大体知识脉络作为线索,以实例作为"抓手",帮助读者掌握利用 SOLIDWORKS 进行机械设计的基本技能和技巧。

二、本书特点

☑ 专业性强

　　本书作者拥有多年计算机辅助设计领域的工作经验和教学经验,他们总结了多年的设计经验以及教学的心得体会,历时多年精心编著,力求全面、细致地展现 SOLIDWORKS 2024 在机械设计方面的各种功能和使用方法。在具体讲解的过程中,严格遵守机械设计相关规范和国家标准,将这种一丝不苟的细致作风融入字里行间,目的是培养读者严谨细致的工程素养,传播规范的工程设计理念与应用知识。

☑ 实例经典

　　全书包含近百个常见的、不同类型和大小的机械设计实例、实践,可让读者在学习案例的过程中快速了解 SOLIDWORKS 2024 在机械设计中的用途,并加深对知识点的掌握,力求通过实例的演练帮助读者找到一条学习 SOLIDWORKS 2024 的捷径。

☑ 涵盖面广

　　本书在有限的篇幅内,包罗了 SOLIDWORKS 2024 在机械设计中常用的几乎全部的功能讲解,涵盖了 SOLIDWORKS 2024 概述、草图绘制、参考几何体、草绘特征、放置特征、特征复制、零件修改、装配体设计、动画制作、工程图设计、曲面造型基础、有限元分析和运动仿真等知识。可以说,读者只要有本书在手,就能对 SOLIDWORKS 知识全精通。

☑ **突出技能提升**

本书中有很多实例本身就是工程设计项目案例，经过作者精心提炼和改编，不仅保证了读者能够学好知识点，更重要的是能帮助读者掌握实际的操作技能。全书结合实例详细讲解 SOLIDWORKS 在机械设计中的知识要点，让读者在学习案例的过程中潜移默化地掌握 SOLIDWORKS 软件的操作技巧，同时培养工程设计实践能力。

三、本书的配套资源

本书提供了极为丰富的学习配套资源，读者可扫描封底的"文泉云盘"二维码获取下载方式，以便在最短的时间内学会并掌握这门技术。

1. 配套教学视频

配套视频

针对本书实例专门制作了 301 集同步教学视频，读者可以扫描左侧二维码获取视频，像看电影一样轻松愉悦地学习本书内容，然后对照课本加以实践和练习，以大大提高学习效率。

2. 附赠 5 类综合案例及同步视频演示

本书配套资源赠送了钣金、焊接、齿轮、曲面、特征 5 大类，共 12 个机械设计综合实战案例及其配套的源文件和同步视频演示，总时长达 150 分钟，可以拓宽读者视野，增强读者的实战能力。

3. 全书实例的源文件

素材下载

本书配套资源中包含实例和练习实例的源文件和素材，读者可以在安装 SOLIDWORKS 软件后，打开并使用它们。

4. 线上扩展学习

技术支持

本书附赠 3 章线上扩展学习内容，包括 3D 草图和 3D 曲线、钣金设计基础、焊接基础知识，学有余力的读者可以扫描封底的"文泉云盘"二维码获取学习资源。

四、关于本书的服务

1. "SOLIDWORKS 2024 简体中文版"安装软件的获取

按照本书上的实例进行操作练习，以及使用 SOLIDWORKS 2024 进行绘图之前，需要事先在计算机上安装软件。读者可以登录 SOLIDWORKS 官方网站联系购买正版软件，或者使用其试用版。

2. 关于本书的技术问题或有关本书信息的发布

读者若遇到有关本书的技术问题，可以扫描封底"文泉云盘"二维码查看是否已发布相关勘误/解疑文档。如果没有，可在文档下方找到联系方式，与我们联系，我们将尽快回复。

3. 关于手机在线学习

扫描书后刮刮卡（需刮开涂层）二维码，即可获取本书所有配套资源及它们的读取权限，点击即可在手机中观看对应教学视频，充分利用碎片化时间，随时随地学习。需要强调的是，书中给出的是实例的重点步骤，详细操作过程还需读者通过视频来学习并领会。

五、关于作者

本书由 CAD/CAM/CAE 技术联盟组织编写。CAD/CAM/CAE 技术联盟负责人由 Autodesk 中国认证考试中心首席专家担任，全面负责 Autodesk 中国官方认证考试大纲制定、题库建设、技术咨询等工作。其创作的很多教材成为国内具有引导性的旗帜作品，在国内相关专业方向图书创作领域具有举足轻重的地位。

目　录

Contents

Note

配套视频

素材下载

技术支持

扩展学习内容

第 *1* 章

SOLIDWORKS 2024 概述

本章简要介绍了 SOLIDWORKS 软件的基本知识，主要讲解软件的工作环境及视图显示，使读者基本了解用户界面，为后面绘图操作打下基础。

☑ SOLIDWORKS 2024 简介   ☑ 文件管理

☑ SOLIDWORKS 工作环境设置   ☑ 视图操作

任务驱动&项目案例

1.1 SOLIDWORKS 2024 简介

SOLIDWORKS 公司推出的 SOLIDWORKS 2024 在创新性、便捷性以及界面的人性化等方面都得到了增强，也对性能和质量进行了大幅度的完善，同时开发了更多 SOLIDWORKS 新设计功能，使产品开发流程发生了根本性的变革。另外，也支持全球性的协作和连接，大大缩短了产品设计的时间，提高了产品设计的效率。

SOLIDWORKS 2024 在用户界面、草图绘制、特征、成本、零件、装配体、SOLIDWORKS Enterprise PDM、Simulation、运动算例、工程图、出详图、钣金设计、输出和输入以及网络协同等方面都得到了增强，使用户可以更方便地使用该软件。本节将介绍 SOLIDWORKS 2024 的一些基本知识。

1.1.1 启动 SOLIDWORKS 2024

SOLIDWORKS 2024 安装完成后，即可启动该软件。在 Windows 11 操作环境下，选择"开始"→"所有应用"→SOLIDWORKS 2024 命令，或者双击桌面上 SOLIDWORKS 2024 的快捷方式图标，即可启动该软件。SOLIDWORKS 2024 的启动界面如图 1-1 所示。

启动界面消失后，系统进入 SOLIDWORKS 2024 的初始界面，如图 1-2 所示。

图 1-1 SOLIDWORKS 2024 的启动界面

图 1-2 SOLIDWORKS 2024 的初始界面

1.1.2 新建文件

单击"快速访问"工具栏中的"新建"按钮，或者选择菜单栏中的"文件"→"新建"命令，弹出"新建 SOLIDWORKS 文件"对话框，如图 1-3 所示，各按钮的功能如下。

☑ 零件：双击该按钮，可以生成单一的三维零部件文件。

☑ 装配体：双击该按钮，可以生成零件或其他装配体的排列文件。

☑ 工程图：双击该按钮，可以生成属于零件或装配体的二维工程图文件。

单击"零件"按钮，再单击"确定"按钮，即进入完整的用户界面。

图 1-3　"新建 SOLIDWORKS 文件"对话框

在 SOLIDWORKS 2024 中，"新建 SOLIDWORKS 文件"对话框有两个版本可供选择，一个是高级版本，一个是新手版本。

在如图 1-3 所示的新手版本的"新建 SOLIDWORKS 文件"对话框中单击"高级"按钮 ，即可进入高级版本的"新建 SOLIDWORKS 文件"对话框，如图 1-4 所示。

图 1-4　高级版本的"新建 SOLIDWORKS 文件"对话框

高级版本在各个标签上显示模板图标的对话框，当选择某一文件类型时，模板预览出现在"预览"框中。在该版本中，用户可以保存模板，添加自己的标签，也可以选择 MBD 标签来访问指导教程模板。

1.1.3　SOLIDWORKS 用户界面

新建一个零件文件后，进入 SOLIDWORKS 2024 用户界面，如图 1-5 所示，其中包括菜单栏、工具栏、选项卡、绘图区和状态栏等。

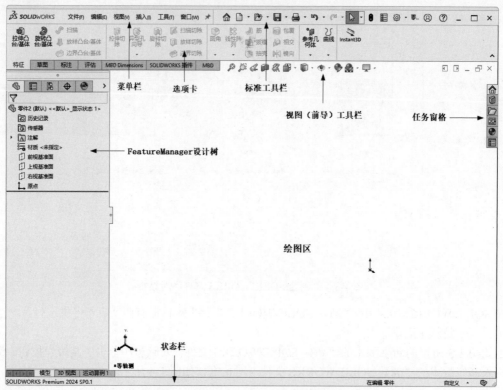

图 1-5　SOLIDWORKS 2024 的用户界面

装配体文件和工程图文件与零件文件的用户界面类似，在此不再赘述。

菜单栏包含了所有 SOLIDWORKS 的命令，工具栏可根据文件类型（零件、装配体或工程图）来调整和放置，并设定其显示状态。SOLIDWORKS 用户界面底部的状态栏可以提供设计人员正在执行的功能的有关信息。下面介绍该用户界面的一些基本功能。

1. 菜单栏

菜单栏显示在标题栏的下方，默认情况下菜单栏是隐藏的，只显示"快速访问"工具栏，如图 1-6 所示。

要显示菜单栏，需要将光标移动到 SOLIDWORKS 图标 $\text{\it 3S SOLIDWORKS}$ 上或单击，显示的菜单栏如图 1-7 所示。若要始终保持菜单栏可见，需要将图钉图标 ➡ 更改为钉住状态 ✈，其中最关键的功能集中在"插入"菜单和"工具"菜单中。

图 1-6　"快速访问"工具栏　　　　　　　　　　　　　图 1-7　菜单栏

通过单击工具栏按钮旁边的下移方向键，可以打开带有附加功能的弹出菜单，这样可以通过工具栏访问更多的菜单命令。例如，"保存"按钮 的下拉菜单包括"保存""另存为""保存所有""发布到 eDrawings"命令，如图 1-8 所示。

SOLIDWORKS 的菜单项对应于不同的工作环境，其相应的菜单以及其中的命令也会有所不同。在以后的应用中会发现，当进行某些任务操作时，不起作用的菜单会临时变灰，此时将无法应用该菜单。

如果选择保存文档提示，则当文档在指定间隔（分钟或更改次数）内未保存时，将出现"保存提醒"对话框，如图 1-9 所示。其中，包含"保存"和"全部保存"按钮，它将在几秒后淡化消失。

图 1-8　"保存"按钮的下拉菜单　　　　　　图 1-9　"保存提醒"对话框

2. 工具栏

SOLIDWORKS 中有很多可以按需要显示或隐藏的内置工具栏。选择菜单栏中的"视图"→"工具栏"命令，或者在工具栏区域右击，在弹出的快捷菜单中选择"工具栏"命令，弹出"工具栏"菜单。选择"自定义"命令，在打开的"自定义"对话框中选中"视图"复选框，会出现浮动的"视图"工具栏，可以将其自由拖动以放置在需要的位置上，如图 1-10 所示。

图 1-10　"视图"工具栏

此外，还可以设定哪些工具栏在没有文件打开时可显示，或者根据文件类型（零件、装配体或工程图）来放置工具栏并设定其显示状态（自定义、显示或隐藏）。例如，保持"自定义"对话框的打开状态，在 SOLIDWORKS 用户界面中，可对工具栏按钮进行如下操作。

☑　从工具栏上一个位置拖动到另一位置。

☑　从一个工具栏上拖动到另一个工具栏上。

☑ 从工具栏拖动到图形区中，即从工具栏上将之移除。

有关工具栏命令的各种功能和具体操作方法，将在后面的章节中做具体的介绍。

在使用工具栏或工具栏中的命令时，将指针移动到工具栏图标附近，会弹出消息提示，显示该工具的名称及相应的功能，如图1-11所示，显示一段时间后，该提示会自动消失。

图1-11 消息提示

3. 状态栏

状态栏位于SOLIDWORKS用户界面底端的水平区域，提供了当前窗口中正在编辑的内容的状态以及指针位置坐标、草图状态等信息，典型信息如下。

☑ 简要说明：将指针移到一个工具上时或单击一个菜单项目时的简要说明。

☑ "重建模型"图标：在更改了草图或零件而需要重建模型时，"重建模型"图标会显示在状态栏中。

☑ 草图状态：在编辑草图过程中，状态栏中会出现5种草图状态，即完全定义、过定义、欠定义、没有找到解、发现无效的解。在零件完成之前，最好完全定义草图。

☑ 测量实体：为所选实体常用的测量，诸如边线长度。

☑ "重装"按钮：在使用协作选项时用于访问"重装"对话框的图标。

☑ 显示或隐藏标签对话：该标签用来将关键词添加到特征和零件中以方便搜索。

☑ 单位系统 MMGS ：可在状态栏中显示激活文档的单位系统，并可以更改或自定义单位系统。

4．FeatureManager 设计树

FeatureManager 设计树位于 SOLIDWORKS 用户界面的左侧，是 SOLIDWORKS 中比较常用的部分，提供了激活的零件、装配体或工程图的大纲视图，从而可以很方便地查看模型或装配体的构造情况，或者查看工程图中的不同图纸和视图。

FeatureManager 设计树和图形区是动态链接的。在使用时可以在任何窗格中选择特征、草图、工程视图和构造几何线。FeatureManager 设计树可以用来组织和记录模型中各个要素及要素之间的参数信息和相互关系，以及模型、特征和零件之间的约束关系等，几乎包含了所有设计信息，FeatureManager 设计树如图 1-12 所示。

FeatureManager 设计树的功能主要有以下几个方面。

☑ 以名称来选择模型中的项目，即可通过在模型中选择其名称来选择特征、草图、基准面及基准轴。SOLIDWORKS 在这一方面有很多功能与 Windows 操作界面类似，例如，在选择的同时按住 Shift 键，可以选取多个连续项目；在选择的同时按住 Ctrl 键，可以选取多个非连续项目。

☑ 确认和更改特征的生成顺序。在 FeatureManager 设计树中拖动项目可以重新调整特征的生成顺序，这将更改重建模型时特征重建的顺序。

☑ 通过双击特征的名称可以显示特征的尺寸。

☑ 如要更改项目的名称，在名称上缓慢单击两次以选择该名称，然后输入新的名称即可，如图 1-13 所示。

图 1-12　FeatureManager 设计树　　　　图 1-13　在 FeatureManager 设计树中更改项目名称

☑ 压缩和解除压缩零件特征和装配体零部件，此功能在装配零件时是很常用的，同样，如要选择多个特征，在选择时按住 Ctrl 键即可。

☑ 右击清单中的特征，然后选择父子关系，以便查看父子关系。

☑ 右击，在设计树中还可显示如下项目：特征说明、零部件说明、零部件配置名称、零部件配置说明等。

☑ 将文件夹添加到 FeatureManager 设计树中。

对 FeatureManager 设计树的熟练操作是应用 SOLIDWORKS 的基础和重点，由于其功能强大，不能一一列举，在后面章节中会多次用到，只有在学习的过程中熟练应用设计树的功能，才能加快建模的速度和效率。

5．属性管理器标题栏

属性管理器标题栏一般会在初始化过程中使用属性管理器为其定义命令时自动出现。编辑草图并选择草图特征时，所选草图特征的属性管理器将自动出现。

激活属性管理器时，FeatureManager 设计树会自动出现。欲扩展弹出的 FeatureManager 设计树，可以在 FeatureManager 设计树中单击文件名称旁边的+标签。FeatureManager 设计树是透明的，因此不影响对其下面模型的修改。

1.2　SOLIDWORKS 工作环境设置

要熟练地使用一套软件，必须先认识软件的工作环境，然后设置适合自己的使用环境，这样可以使设计更加便捷。SOLIDWORKS 软件同其他软件一样，可以根据用户的需要显示或者隐藏工具栏，以及添加或者删除工具栏中的命令按钮，还可以根据需要设置零件、装配体和工程图的工作界面。

1.2.1　设置工具栏/选项卡

SOLIDWORKS 系统默认的工具栏是比较常用的。SOLIDWORKS 中有很多工具栏，由于图形区的限制，不能显示所有的工具栏。在建模过程中，用户可以根据需要显示或者隐藏部分工具栏，其设置方法有两种，下面将分别介绍。

1．利用菜单命令设置工具栏

利用菜单命令添加或者隐藏工具栏的操作步骤如下。

（1）选择菜单栏中的"工具"→"自定义"命令，或者在工具栏区域右击，在弹出的快捷菜单中选择"自定义"命令，此时系统弹出"自定义"对话框，如图 1-14 所示。

图 1-14　"自定义"对话框

（2）选择对话框中的"工具栏"选项卡，此时会出现系统所有的工具栏，选中需要打开的工具栏复选框。

（3）确认设置。单击对话框中的"确定"按钮，在图形区中会显示所选择的工具栏。

如果要隐藏已经显示的工具栏，取消选中工具栏复选框，然后单击"确定"按钮，此时在图形区中将会隐藏取消选中的工具栏。

2. 利用鼠标右键设置工具栏

利用鼠标右键添加或者隐藏工具栏的操作步骤如下。

（1）在选项卡或工具栏区域右击，系统弹出快捷菜单，移动鼠标到"工具栏"选项处，系统会弹出"工具栏"快捷菜单，如图 1-15 所示。

图 1-15　"工具栏"快捷菜单

（2）选择需要的工具栏，工具栏名称的颜色会加深，则图形区中将显示所选择的工具栏；如果选择已经显示的工具栏，工具栏名称的颜色会变浅，则图形区中将隐藏所选择的工具栏。

另外，隐藏工具栏还有一个简便的方法，即选择界面中不需要的工具栏，用鼠标将其拖到图形区中，此时工具栏上会出现标题栏。如图 1-16 所示是拖至图形区中的"注解"工具栏，单击"注解"工具栏右上角的"关闭"按钮，则图形区将隐藏该工具栏。

图 1-16　"注解"工具栏

3. 利用鼠标右键设置选项卡

（1）执行命令。在操作界面的工具栏或选项卡中单击鼠标右键，系统会弹出设置"选项卡"的快捷菜单，如图1-17所示。

图1-17　"选项卡"快捷菜单

（2）设置工具栏。单击需要的选项卡，此时该选项卡前会增加复选框并处于选中状态，则操作界面上会显示所选择的选项卡。

如果单击已经显示的选项卡，则该选项卡前的复选框会消失，则操作界面上会隐藏所选择的选项卡。

1.2.2　设置工具栏/选项卡命令按钮

系统默认工具栏中并没有包括平时所用的所有命令按钮，用户可以根据自己的需要添加或者删除命令按钮。

设置工具栏中命令按钮的操作步骤如下。

（1）选择菜单栏中的"工具"→"自定义"命令，或者在工具栏区域右击，在弹出的快捷菜单中选择"自定义"命令，此时系统弹出"自定义"对话框。

（2）选择该对话框中的"命令"选项卡，此时会出现如图1-18所示的命令标签的类别和按钮选项。

选项卡中添加或者删除命令按钮的步骤同工具栏中的添加或者删除命令按钮一样，这里就不再进行介绍。

（3）在"工具栏"选项组中选择工具栏，此时会在"按钮"选项组中出现该工具栏中所有的命令按钮。

（4）在"按钮"选项组中选择要增加的命令按钮，然后按住鼠标左键拖动该按钮到要放置的工具栏上，松开鼠标左键。

（5）单击对话框中的"确定"按钮，则工具栏上会显示所添加的命令按钮。

如果要删除无用的命令按钮，只要选择"自定义"对话框中的"命令"选项卡，然后用鼠标将要删除的按钮拖动到图形区，即可删除该工具栏中的命令按钮。

例如，在"草图"工具栏中添加"椭圆"命令按钮。先选择菜单栏中的"工具"→"自定义"命令，打开"自定义"对话框，然后选择"命令"选项卡，在"工具栏"选项组中选择"草图"工具栏。在"按钮"选项组中单击"椭圆"按钮⭕，按住鼠标左键将其拖动到"草图"工具栏中合适的位置，松开鼠标左键，该命令按钮即可添加到工具栏中。如图 1-19 所示为添加命令按钮前后"草图"工具栏的变化情况。

图 1-18   "命令"选项卡

（a）添加命令按钮前   （b）添加命令按钮后

图 1-19   添加命令按钮

选项卡中添加或者删除命令按钮的步骤同工具栏中的添加或者删除命令按钮一样，就不再进行介绍。

💡提示：在工具栏中添加或者删除命令按钮时，对工具栏的设置会应用到当前激活的 SOLIDWORKS 文件类型中。

1.2.3   设置快捷键

除了可以使用菜单栏和工具栏执行命令，SOLIDWORKS 软件还允许用户通过自行设置快捷键的方式来执行命令，其操作步骤如下。

（1）选择菜单栏中的"工具"→"自定义"命令，或者在工具栏/选项卡区域单击鼠标右键，在弹出的快捷菜单中选择"自定义"命令，此时系统弹出"自定义"对话框。

（2）选择对话框中的"键盘"选项卡，如图 1-20 所示。

（3）在"类别"下拉列表框中选择"文件"选项，然后在下面的"显示"下拉列表框中选择要设置快捷键的命令"带键盘快捷键的命令"。

（4）在"类别"栏选择菜单类，然后在"命令"栏选择要设置快捷键的命令。

（5）在"快捷键"栏中输入要设置的快捷键。

图 1-20 "键盘"选项卡

（6）单击对话框中的"确定"按钮，快捷键设置成功。

💡提示：

（1）如果设置的快捷键已经使用过，则系统会提示该快捷键已被使用，必须更改要设置的快捷键。

（2）如果要取消设置的快捷键，在对话框中选择"快捷键"栏中设置的快捷键，然后单击对话框中的"移除快捷键"按钮，则该快捷键就会被取消。

1.2.4 设置背景

在 SOLIDWORKS 中，可以更改操作界面的背景及颜色，设置个性化的用户界面。设置背景的操作步骤如下。

（1）选择菜单栏中的"工具"→"选项"命令，此时系统弹出"系统选项"对话框。

（2）在对话框的"系统选项"选项卡的左侧列表框中选择"颜色"选项，如图 1-21 所示。

（3）在"颜色方案设置"栏中选择"视区背景"选项，然后单击"编辑"按钮，此时系统弹出如图 1-22 所示的"颜色"对话框，在其中选择要设置的颜色，然后单击"确定"按钮。可以使用该方式设置其他选项的颜色。

（4）单击"系统选项"对话框中的"确定"按钮，系统背景颜色设置成功。

在如图 1-21 所示对话框的"背景外观"选项组中，选中下面 4 个不同的单选按钮，可以得到不同的背景效果，用户可以自行设置，在此不再赘述。如图 1-23 所示为一个设置好背景颜色的效果图。

图 1-21　"颜色"选项　　　　　　　　　　　　图 1-22　"颜色"对话框

图 1-23　设置好背景颜色的效果图

1.2.5 设置单位

在三维实体建模前，需要设置好系统的单位，系统默认的单位为MMGS（毫米、克、秒），可以使用自定义的方式设置其他类型的单位以及长度单位等。

下面以修改长度单位的小数位数为例，说明设置单位的操作步骤。

（1）打开源文件"1.2.5 设置单位"（本书中所有初始文件均在"源文件"文件夹中，后面不再赘述），选择菜单栏中的"工具"→"选项"命令，系统弹出"系统选项"对话框。

（2）选择"文档属性"选项卡，然后在左侧列表框中选择"单位"选项，如图1-24所示。

图1-24 "单位"选项

（3）将"基本单位"选项组中"长度"选项的"小数"设置为无，然后单击"确定"按钮。如图1-25所示为设置单位前后的图形比较。

（a）设置单位前的图形　　　　　　　　　（b）设置单位后的图形

图1-25 设置单位前后图形比较

1.3 文件管理

除了上面讲述的新建文件，常见的文件管理工作还有打开文件、保存文件、退出系统等，下面将进行简要介绍。

1.3.1 打开文件

在 SOLIDWORKS 2024 中，可以打开已存储的文件，对其进行相应的编辑和操作。打开文件的操作步骤如下。

（1）选择菜单栏中的"文件"→"打开"命令，或者单击"快速访问"工具栏中的"打开"按钮 ，执行打开文件命令。

（2）系统弹出如图 1-26 所示的"打开"对话框，在该对话框右下角的"文件类型"下拉列表框中选择文件的类型，在对话框中会显示文件夹中对应文件类型的文件。单击"显示预览窗格"按钮 ，选择的文件就会显示在对话框右侧的预览窗口中，但是并不打开该文件。

选取了需要的文件后，单击对话框中的"打开"按钮，即可打开选择的文件，然后可对其进行相应的编辑和操作。

在"文件类型"下拉列表框中，并不限于 SOLIDWORKS 类型的文件，还可以调用其他软件（如 ProE、CATIA、UG 等）所形成的图形并对其进行编辑。如图 1-27 所示是"文件类型"下拉列表。

图 1-26 "打开"对话框

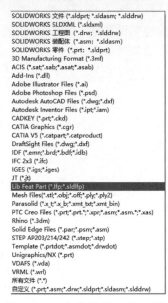

图 1-27 "文件类型"下拉列表

1.3.2 保存文件

已编辑的图形只有保存后，才能在需要时打开并对其进行相应的编辑和操作。保存文件的操作步骤如下。

选择菜单栏中的"文件"→"保存"命令，或者单击"快速访问"工具栏中的"保存"按钮 ，

Note

执行保存文件命令，此时系统弹出如图 1-28 所示的"另存为"对话框。在"保存在"下拉列表框中选择文件存放的文件夹，在"文件名"文本框中输入要保存的文件名称，在"保存类型"下拉列表框中选择所保存文件的类型。通常情况下，在不同的工作模式下系统会自动设置文件的保存类型。

图 1-28　"另存为"对话框

在"保存类型"下拉列表框中，并不限于 SOLIDWORKS 类型的文件，如"*.sldprt""*.sldasm""*.slddrw"。也就是说，SOLIDWORKS 不但可以把文件保存为自身的类型，还可以保存为其他类型的文件，方便其他软件对其调用并进行编辑。

在如图 1-28 所示的"另存为"对话框中，可以将文件保存的同时备份一份。保存备份文件需要预先设置保存的文件目录，设置备份文件保存目录的步骤如下。

选择菜单栏中的"工具"→"选项"命令，弹出"系统选项"对话框，选择"系统选项"选项卡中的"备份/恢复"选项，在"备份文件夹"文本框中可以修改保存备份文件的目录，如图 1-29 所示。

图 1-29　"系统选项"对话框

1.3.3　退出 SOLIDWORKS 2024

在文件编辑并保存完成后，即可退出 SOLIDWORKS 2024 系统。选择菜单栏中的"文件"→"退出"命令，或者单击系统操作界面右上角的"退出"按钮✕，可直接退出。

如果对文件进行了编辑而没有保存，或者在操作过程中不小心执行了"退出"命令，会弹出系统提示框，提示是否保存修改过的文档，如图 1-30 所示。如果要保存对文件的修改，则单击"全部保存"按钮，系统会保存修改后的文件，并退出 SOLIDWORKS 系统；如果不保存对文件的修改，则单击"不保存"按钮，系统不保存修改后的文件，并退出 SOLIDWORKS 系统；单击"取消"按钮，则取消退出操作，回到原来的操作界面。

图 1-30　系统提示框

1.4　视 图 操 作

在进行 SOLIDWORKS 实体模型绘制过程中，视图操作是不可或缺的一部分，本节将讲解视图的缩放、旋转等命令。

常见的视图操作方式有视图定向、整屏显示全图、局部放大、动态放大/缩小、旋转、平移、滚转、上一视图等，在"视图"→"修改"菜单列表下显示的视图操作命令如图 1-31 所示。下面依次讲解这些常用命令。

1. 视图定向

打开源文件"挖掘机"，选择菜单栏中的"视图"→"修改"→"视图定向"命令；或者右击，在弹出的快捷菜单中选择"视图定向"命令，如图 1-32 所示。

图 1-31　"视图"→"修改"菜单命令

图 1-32　快捷菜单

在"视图（前导）"工具栏中单击"视图定向"下拉列表中的"更多选项"按钮，如图1-33所示。在弹出的对话框中单击所需视图方向，实体模型转换到视图方向，如图1-34所示。

（a）旋转前视图

（b）等轴测方向

图1-33　"更多选项"按钮

图1-34　转换视图

2．整屏显示全图

缩放模型以套合窗口。

选择菜单栏中的"视图"→"修改"→"整屏显示全图"命令；或者右击，在弹出的快捷菜单中选择"整屏显示全图"命令；或者在"视图（前导）"工具栏中单击"整屏显示全图"按钮，如图1-35所示。

图1-35　"视图（前导）"工具栏

使用此命令可将模型全部显示在窗口中，如图1-36所示。

（a）部分显示模型

（b）全屏显示模型

图1-36　显示视图

3．局部放大

以边界框放大到选择的区域。

选择菜单栏中的"视图"→"修改"→"局部放大"命令；或者右击，在弹出的快捷菜单中选择"局部放大"命令；或者在"视图（前导）"工具栏中单击"局部放大"按钮，都可放大局部模型，如图1-37所示。

（a）放大前

（b）选择放大区域　　　　　　　　　　（c）放大后

图 1-37　局部放大

4．动态放大/缩小

动态地调整模型放大与缩小。

选择菜单栏中的"视图"→"修改"→"动态放大/缩小"命令；或者右击，在弹出的快捷菜单中选择"放大/缩小"命令，在绘图区出现 🔍 图标。将图标放置在模型上，按住鼠标左键，向下拖动可缩小模型，向上拖动可放大模型，如图 1-38 所示。

5．旋转

选择菜单栏中的"视图"→"修改"→"旋转"命令；或者右击，在弹出的快捷菜单中选择"旋转视图"命令，在绘图区出现"旋转"图标 ↻，将图标放置在模型上，按住鼠标左键，向不同方向拖动鼠标，模型随之旋转，如图 1-39 所示。

（a）缩小　　　　　　　　　　　　　　　　（b）放大

图 1-38　动态放大/缩小

图 1-39　旋转视图

6. 平移

选择菜单栏中的"视图"→"修改"→"平移"命令；或者右击，在弹出的快捷菜单中选择"平移"命令，移动模型零件。

在绘图区出现✥图标，将图标放置在模型上，按住鼠标左键，模型随着鼠标向不同方向拖动而移动。

7. 滚转

选择菜单栏中的"视图"→"修改"→"滚转"命令；或者右击，在弹出的快捷菜单中选择"翻滚视图"命令，可绕基点旋转模型。

8．上一视图

选择菜单栏中的"视图"→"修改"→"上一视图"命令；或者在绘图区上方单击"视图（前导）"工具栏中的"上一视图"按钮，可将视图返回到上一个视图的显示中。

Note

1.5　实践与操作

1.5.1　熟悉操作界面

操作提示：

（1）启动 SOLIDWORKS 2024，进入绘图界面。

（2）熟悉各部分工具栏的作用。

1.5.2　设置系统选项

操作提示：

（1）启动 SOLIDWORKS 2024，新建一个文件，进入绘图界面。

（2）选择"工具"→"选项"命令，打开"系统选项"对话框。

（3）熟悉"系统选项"与"文档属性"的设置内容。

第 2 章

草图绘制

SOLIDWORKS能够提供不同的设计方案、减少设计过程中的错误以及提高产品质量，操作简单方便、易学易用。最基本的操作方式是绘制草图、特征建模，草图是建模的基础，没有草图，建模只是空谈。

本章简要介绍了 SOLIDWORKS 草图的一些基本操作，包括草图工具及一些辅助操作，使草图绘制更精准。

- ☑ 草图绘制工具
- ☑ 草图编辑工具
- ☑ 尺寸标注
- ☑ 添加几何关系
- ☑ 编辑约束

任务驱动&项目案例

2.1 草图绘制的基本知识

本节主要介绍如何绘制草图，要求熟悉"草图"选项卡，认识绘图光标和锁点光标，并学会退出草图绘制状态。

2.1.1 进入草图绘制

绘制二维草图，必须进入草图绘制状态。草图必须在平面上绘制，这个平面可以是基准面，也可以是三维模型上的平面。由于开始进入草图绘制状态时没有三维模型，因此必须指定基准面。

绘制草图之前必须认识草图绘制的工具，如图 2-1 所示为"草图"选项卡。绘制草图可以先选择绘制的平面，也可以先选择草图绘制实体。下面通过案例分别介绍两种方式的操作步骤。

图 2-1 "草图"选项卡

1. 选择草图绘制实体

以选择草图绘制实体的方式进入草图绘制状态的操作步骤如下。

（1）选择菜单栏中的"插入"→"草图绘制"命令，或者单击"草图"选项卡中的"草图绘制"按钮，或者直接单击"草图"选项卡中要绘制的草图实体，此时图形区显示的系统默认基准面如图 2-2 所示。

（2）单击选择图形区 3 个基准面中的一个，确定要在哪个平面上绘制草图实体。

（3）单击"视图（前导）"工具栏"视图定向"下拉列表中的"正视于"按钮，旋转基准面，方便绘图。

2. 选择草图绘制基准面

以选择草图绘制基准面的方式进入草图绘制状态的操作步骤如下。

图 2-2 系统默认基准面

（1）在特征管理区中选择要绘制的基准面，即前视基准面、右视基准面和上视基准面中的一个面。

（2）单击"视图（前导）"工具栏"视图定向"下拉列表中的"正视于"按钮，旋转基准面。

（3）单击"草图"选项卡中的"草图绘制"按钮，或者单击要绘制的草图实体，进入草图绘制状态。

2.1.2 退出草图绘制

草图绘制完毕后，可立即建立特征，也可以退出草图绘制再建立特征。有些特征的建立需要多个草图，如扫描实体等，因此需要了解退出草图绘制的方法。退出草图绘制的方法主要有如下几种。

☑ 使用菜单方式：选择菜单栏中的"插入"→"退出草图"命令，退出草图绘制状态。

☑ 利用工具栏图标按钮方式：单击"快速访问"工具栏中的"重建模型"按钮，或者单击"草图"选项卡中的"退出草图"按钮，退出草图绘制状态。

☑ 利用快捷菜单方式：在图形区右击，弹出如图 2-3 所示的快捷菜单，单击"退出草图"按钮，退出草图绘制状态。

☑ 利用图形区确认提示图标：在绘制草图的过程中，图形区右上角会显示如图 2-4 所示的确认提示图标，单击上面的图标，退出草图绘制状态。

单击确认提示下面的✖图标，弹出系统提示框，提示用户是否丢弃对草图的修改，如图 2-5 所示，然后根据需要单击其中的按钮，退出草图绘制状态。

图 2-3　快捷菜单　　　　图 2-4　确认提示图标　　　　图 2-5　系统提示框

2.1.3　草图绘制工具

"草图"工具栏如图 2-1 所示，有些草图绘制按钮没有在该工具栏中显示，用户可以利用 1.2.2 节的方法设置相应的命令按钮。"草图"工具栏主要包括四大类，分别是草图绘制、实体绘制、标注几何关系和草图编辑工具。其中各命令按钮的名称与功能分别如表 2-1～表 2-4 所示。

表 2-1　草图绘制命令按钮

按 钮 图 标	名　　称	功 能 说 明
	选择	用来选择草图实体、模型和特征的边线和面等，框选可以选择多个草图实体
	网格线/捕捉	对激活的草图或工程图选择显示草图网格线，并可设定网格线显示和捕捉功能选项
	草图绘制/退出草图	进入或者退出草图绘制状态
3D	3D 草图	在三维空间任意位置添加一个新的三维草图，或编辑一个现有的三维草图
	基准面上的 3D 草图	在三维草图中添加基准面后，可添加或修改该基准面的信息
	快速草图	可以选择平面或基准面，并在任意草图工具激活时开始绘制草图。在移动至各平面的同时，将生成面并打开草图。可以中途更改草图工具
	移动时不求解	在不解出尺寸或几何关系的情况下，从草图中移动草图实体
	移动实体	选择一个或多个草图实体和注解并将其移动，该操作不生成几何关系
	复制实体	选择一个或多个草图实体和注解并将其复制，该操作不生成几何关系
	缩放实体	选择一个或多个草图实体和注解并将其按比例缩放，该操作不生成几何关系
	旋转实体	选择一个或多个草图实体和注解并将其旋转，该操作不生成几何关系
	伸展实体	在 PropertyManager 中要伸展的实体下，为草图项目或注解选择草图实体

表 2-2　实体绘制工具命令按钮

按 钮 图 标	名　　称	功 能 说 明
	直线	以起点、终点的方式绘制一条直线
	边角矩形	以对角线的起点和终点的方式绘制一个矩形，其一边为水平或竖直
	中心矩形	在中心点绘制矩形草图
	三点边角矩形	以所选的角度绘制矩形草图
	三点中心矩形	以所选的角度绘制带有中心点的矩形草图
	平行四边形	生成边不为水平或竖直的平行四边形及矩形
	直槽口	用两个端点绘制直槽口
	中心点直槽口	生成中心点直槽口
	三点圆弧槽口	利用三点绘制圆弧槽口
	中心点圆弧槽口	通过移动指针指定槽口长度、宽度以绘制圆弧槽口
	多边形	生成边数在 3~40 的等边多边形
	圆形	以先指定圆心，然后拖动光标确定半径的方式绘制一个圆
	周边圆	以圆周直径的两点方式绘制一个圆
	圆心/起/终点画弧	以顺序指定圆心、起点以及终点的方式绘制一个圆弧
	切线弧	绘制一条与草图实体相切的弧线，可以根据草图实体自动确认是法向相切还是径向相切
	三点圆弧	以顺序指定起点、终点及中点的方式绘制一个圆弧
	椭圆	以先指定圆心，然后指定长、短轴的方式绘制一个完整的椭圆
	部分椭圆	以先指定中心点，然后指定起点及终点的方式绘制一部分椭圆
	抛物线	以先指定焦点，再拖动光标确定焦距，然后指定起点和终点的方式绘制一条抛物线
	样条曲线	以不同路径上的两点或者多点绘制一条样条曲线，可以在端点处指定相切
	曲面上样条曲线	在曲面上绘制一个样条曲线，可以沿曲面添加和拖动点生成
	方程式驱动曲线	通过定义曲线的方程式来生成曲线
	点	绘制一个点，可以在草图和工程图中绘制
	中心线	绘制一条中心线，可以在草图和工程图中绘制
	文本	在特征表面上添加文字草图，然后拉伸或者切除生成文字实体

表 2-3　标注几何关系命令按钮

按 钮 图 标	名　　称	功 能 说 明
	添加几何关系	给选定的草图实体添加几何关系，即限制条件
	显示/删除几何关系	显示或者删除草图实体的几何限制条件
	自动几何关系	打开/关闭自动添加几何关系

表 2-4　草图编辑工具命令按钮

按 钮 图 标	名　　称	功 能 说 明
	构造几何线	将草图或者工程图中的草图实体转换为构造几何线，构造几何线的线型与中心线相同
	绘制圆角	在两个草图实体的交叉处倒圆角，从而生成一个切线弧
	绘制倒角	此工具在二维和三维草图中均可使用。在两个草图实体交叉处按照一定角度和距离剪裁，并用直线相连，形成倒角

续表

Note

按钮图标	名　　称	功　能　说　明
	等距实体	按给定的距离等距一个或多个草图实体，可以是线、弧、环等草图实体
	转换实体引用	将其他特征轮廓投影到草图平面上，形成一个或者多个草图实体
	交叉曲线	在基准面和曲面或模型面、两个曲面、曲面和模型面、基准面和整个零件的曲面的交叉处生成草图曲线
	面部曲线	从面或者曲面提取 ISO 参数，形成三维曲线
	剪裁实体	根据剪裁类型，剪裁或者延伸草图实体
	延伸实体	将草图实体延伸以与另一个草图实体相遇
	分割实体	将一个草图实体分割以生成两个草图实体
	镜向实体	相对一条中心线生成对称的草图实体
	动态镜向实体	适用于 2D 草图或在 3D 草图基准面上所生成的 2D 草图
	线性草图阵列	沿一个轴或者同时沿两个轴生成线性草图排列
	圆周草图阵列	生成草图实体的圆周排列
	制作路径	使用制作路径工具可以生成机械设计布局草图
	修改草图	使用该工具来移动、旋转或按比例缩放整个草图
	草图图片	可以将图片插入草图基准面。将图片生成 2D 草图的基础。将光栅数据转换为向量数据

2.1.4　绘图光标和锁点光标

在绘制草图实体或者编辑草图实体时，光标会根据所选择的命令变为相应的图标，以方便用户了解绘制或者编辑该类型的草图。

绘图光标的类型与功能如表 2-5 所示。

表 2-5　绘图光标的类型与功能

光　标　类　型	功　能　说　明	光　标　类　型	功　能　说　明
	绘制一点		绘制直线或者中心线
	绘制三点圆弧		绘制抛物线
	绘制圆		绘制椭圆
	绘制样条曲线		绘制矩形
	标注尺寸		绘制多边形
	绘制四边形		延伸草图实体
	圆周阵列复制草图		线性阵列复制草图

为了提高绘制图形的效率，SOLIDWORKS 软件提供了自动判断绘图位置的功能。在执行绘图命令时，光标会在图形区自动寻找端点、中心点、圆心、交点、中点以及其上任意点，这样提高了光标定位的准确性和快速性。

光标在相应的位置会变成相应的图形，成为锁点光标。锁点光标可以在草图实体上形成，也可以在特征实体上形成。需要注意的是，在特征实体上的锁点光标只能在绘图平面的实体边缘产生，在其他平面的边缘不能产生。

锁点光标的类型在此不再赘述，用户可以在实际使用中慢慢体会，利用好锁点光标可以提高绘图的效率。

2.2 草图绘制工具

本节主要介绍"草图"选项卡中草图绘制工具的使用方法。由于 SOLIDWORKS 中大部分特征都需要先建立草图轮廓，因此本节的学习非常重要。

2.2.1 绘制点

执行点命令后，在图形区中的任何位置都可以绘制点，绘制的点不影响三维建模的外形，只起参考作用。

执行异型孔向导命令后，点命令用于决定产生孔的数量。

点命令可以生成草图中两条不平行线段的交点以及特征实体中两个不平行边缘的交点，产生的交点作为辅助图形，用于标注尺寸或者添加几何关系，并不影响实体模型的建立。下面分别介绍不同类型点的操作步骤。

1．绘制一般点

（1）在草图绘制状态下，选择菜单栏中的"工具"→"草图绘制实体"→"点"命令，或者单击"草图"选项卡中的"点"按钮 ，光标变为绘图光标 。

（2）在图形区单击，确认绘制点的位置，此时点命令继续处于激活状态，可以继续绘制点。

如图 2-6 所示为使用绘制点命令绘制的多个点。

2．生成草图中两条不平行线段的交点

以图 2-7 所示为例，生成图中直线 1 和直线 2 的交点，其中图 2-7（a）为生成交点前的图形，图 2-7（b）为生成交点后的图形。

（a）生成交点前的图形

（b）生成交点后的图形

图 2-6　绘制多个点

图 2-7　生成草图交点

（1）打开随书电子资料中的源文件"生成草图中两条不平行线段的交点"，在草图绘制状态下按住 Ctrl 键，单击图 2-7（a）所示的直线 1 和直线 2。

（2）选择菜单栏中的"工具"→"草图绘制实体"→"点"命令，或者单击"草图"选项卡中的"点"按钮 ，此时生成交点后的图形如图 2-7（b）所示。

3．生成特征实体中两个不平行边缘的交点

以图 2-8 所示为例，生成面 A 中直线 1 和直线 2 的交点，其中图 2-8（a）为生成交点前的图形，图 2-8（b）为生成交点后的图形。

（1）打开随书电子资料中的源文件"生成特征实体中两个不平行边缘的交点"，选择如图 2-8（a）

所示的面 A 作为绘图面，然后进入草图绘制状态。

（2）按住 Ctrl 键，选择如图 2-8（a）所示的边线 1 和边线 2。

（3）选择菜单栏中的"工具"→"草图绘制实体"→"点"命令，或者单击"草图"选项卡中的"点"按钮▣，此时生成交点后的图形如图 2-8（b）所示。

（a）生成交点前的图形　　　　　　（b）生成交点后的图形

图 2-8　生成特征边线交点

2.2.2　绘制直线与中心线

直线与中心线的绘制方法相同，执行不同的命令，按照类似的操作步骤在图形区绘制相应的图形即可。

直线分为 3 种类型，即水平直线、竖直直线和任意角度直线。在绘制过程中，不同类型的直线其显示方式不同，下面将分别介绍。

☑　水平直线：在绘制直线过程中，笔形光标附近会出现水平直线图标符号 ➖，如图 2-9 所示。

☑　竖直直线：在绘制直线过程中，笔形光标附近会出现竖直直线图标符号 ▮，如图 2-10 所示。

☑　任意角度直线：在绘制直线过程中，笔形光标附近会出现任意直线图标符号 ╱，如图 2-11 所示。

图 2-9　绘制水平直线　　　　图 2-10　绘制竖直直线　　　　图 2-11　绘制任意角度直线

在绘制直线的过程中，光标上方显示的参数为直线的长度，可供参考。一般在绘制中，首先绘制一条直线，然后标注尺寸，直线也随着所标注的尺寸而改变长度和角度。

绘制直线的方式有两种：拖动式和单击式。拖动式就是在绘制直线的起点按住鼠标左键开始拖动鼠标，直到直线终点放开。单击式就是在绘制直线的起点处单击一下，然后在直线终点处单击一下。

下面以绘制如图 2-12 所示的中心线和直线为例，介绍中心线和直线的绘制步骤。

（1）在草图绘制状态下，选择菜单栏中的"工具"→"草图绘制实体"→"中心线"命令，或者单击"草图"选项卡中的"中心线"按钮✏，开始绘制中心线。

（2）在图形区单击确定中心线的起点 1，然后移动光标到图中合适的位置，由于图 2-12 中的中心线为竖直直线，所以当光标附近出现符号 ▮ 时，单击确定中心线的终点 2。

（3）按 Esc 键，或者在图形区右击，在弹出的快捷菜单中选择"选择"命令，退出中心线的绘制。

（4）选择菜单栏中的"工具"→"草图绘制实体"→"直线"命令，或者单击"草图"选项卡中的"直线"按钮╱，开始绘制直线。

（5）在图形区单击确定直线的起点 3，然后移动光标到图中合适的位置，由于直线 34 为水平直线，因此当光标附近出现符号━时，单击确定直线 34 的终点 4。

（6）重复以上绘制直线的步骤绘制其他直线段，在绘制过程中要注意光标的形状，以确定是水平、竖直或者任意直线段。

（7）按 Esc 键，或者在图形区右击，在弹出的快捷菜单中选择"选择"命令，退出直线的绘制，绘制的中心线和直线如图 2-12 所示。

在执行绘制直线命令时，系统弹出的"插入线条"属性管理器如图 2-13 所示，在"方向"选项组中有 4 个单选按钮，默认选中"按绘制原样"单选按钮。选中不同的单选按钮，绘制直线的类型不一样。选中"按绘制原样"单选按钮以外的任意一项，均会要求输入直线的参数。如选中"角度"单选按钮，弹出的"插入线条"属性管理器如图 2-14 所示，要求输入直线的参数。设置好参数以后，单击直线的起点即可绘制所需要的直线。

图 2-12　绘制中心线和直线　　　　图 2-13　"插入线条"属性管理器 1　　　图 2-14　"插入线条"属性管理器 2

在"插入线条"属性管理器的"选项"选项组中有 4 个复选框，选中不同的复选框，可以分别绘制构造线、无限长直线、中点线和带尺寸的直线。

在"插入线条"属性管理器的"参数"选项组中有两个文本框，分别是"长度"文本框和"角度"文本框。通过设置这两个参数可以绘制一条直线。

2.2.3　绘制圆

当执行绘制圆命令时，系统弹出的"圆"属性管理器如图 2-15 所示。从属性管理器中可以知道，可以通过两种方式来绘制圆：一种是绘制基于中心的圆；另一种是绘制基于周边的圆。下面将分别介绍绘制圆的不同方法。

1．绘制基于中心的圆

（1）在草图绘制状态下，选择菜单栏中的"工具"→"草图绘制实体"→"圆"命令，或者单击"草图"选项卡中的"圆"按钮⊙，开始绘制圆。

（2）在图形区选择一点单击，确定圆的圆心，如图 2-16（a）所示。

图 2-15　"圆"属性管理器

（3）移动鼠标指针拖出一个圆，然后单击鼠标左键，确定圆的半径，如图2-16（b）所示。

（4）单击"圆"属性管理器中的"确定"按钮，完成圆的绘制，如图2-16（c）所示。

图2-16即为基于中心的圆的绘制过程。

（a）确定圆心　　　　　（b）确定半径　　　　　（c）确定圆

图2-16　基于中心的圆的绘制过程

2．绘制基于周边的圆

（1）在草图绘制状态下，选择菜单栏中的"工具"→"草图绘制实体"→"周边圆"命令，或者单击"草图"选项卡中的"周边圆"按钮，开始绘制圆。

（2）在图形区单击，确定圆周边上的一点，如图2-17（a）所示。

（3）移动光标拖出一个圆，然后单击，确定周边上的另一点，如图2-17（b）所示。

（4）完成拖动时，光标变为如图2-17（b）所示形状，右击确定圆，如图2-17（c）所示。

（5）单击"圆"属性管理器中的"确定"按钮，完成圆的绘制。

图2-17即为基于周边的圆的绘制过程。

（a）确定圆周边上一点　　　　（b）拖动绘制圆　　　　　（c）确定圆

图2-17　基于周边的圆的绘制过程

圆绘制完成后，可以通过拖动修改圆草图。通过鼠标左键拖动圆的周边可以改变圆的半径，拖动圆的圆心可以改变圆的位置。同时，也可以通过如图2-15所示的"圆"属性管理器修改圆的属性，通过属性管理器中"参数"选项组修改圆心坐标和圆的半径。

2.2.4　绘制圆弧

绘制圆弧的方法主要有4种，即圆心/起/终点画弧、切线弧、三点圆弧与"直线"命令绘制圆弧。下面分别介绍这4种绘制圆弧的方法。

1．圆心/起/终点画弧

圆心/起/终点画弧方法是先指定圆弧的圆心，然后顺序拖动光标指定圆弧的起点和终点，确定圆弧的大小和方向。具体绘制步骤如下。

（1）在草图绘制状态下，选择菜单栏中的"工具"→"草图绘制实体"→"圆心/起/终点画弧"命令，或者单击"草图"选项卡中的"圆心/起/终点画弧"按钮，开始绘制圆弧。

（2）在图形区单击，确定圆弧的圆心，如图2-18（a）所示。

（3）在图形区合适的位置单击，确定圆弧的起点，如图2-18（b）所示。

（4）拖动光标确定圆弧的角度和终点，并单击确认，如图2-18（c）所示。

（5）单击"圆弧"属性管理器中的"确定"按钮✔，完成圆弧的绘制。

图2-18即为用"圆心/起/终点画弧"方法绘制圆弧的过程。

（a）确定圆弧的圆心   （b）确定起点   （c）确定终点

图2-18　用"圆心/起/终点画弧"方法绘制圆弧的过程

圆弧绘制完成后，可以在"圆弧"属性管理器中修改其属性。

2.　切线弧

切线弧是指生成一条与草图实体相切的弧线。草图实体可以是直线、圆弧、椭圆和样条曲线等。具体绘制步骤如下。

（1）在草图绘制状态下，选择菜单栏中的"工具"→"草图绘制实体"→"切线弧"命令，或者单击"草图"选项卡中的"切线弧"按钮⌒，开始绘制切线弧。

（2）在已经存在草图实体的端点处单击，此时系统弹出"圆弧"属性管理器，如图2-19所示，光标变为⇗形状。

（3）拖动光标确定绘制圆弧的形状，并单击确认。

（4）单击"圆弧"属性管理器中的"确定"按钮✔，完成切线弧的绘制。如图2-20所示为绘制的直线切线弧。

在绘制切线弧时，系统可以从指针移动方向推理是需要画切线弧还是画法线弧。存在4个目的区，具有如图2-21所示的8种切线弧。沿相切方向移动指针将生成切线弧，沿垂直方向移动指针将生成法线弧。可以通过返回到端点，然后向新的方向移动以在切线弧和法线弧之间进行切换。

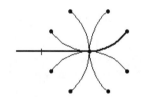

图2-19　"圆弧"属性管理器　　　图2-20　直线的切线弧　　　图2-21　绘制的8种切线弧

💡提示：绘制切线弧时，光标拖动的方向会影响绘制圆弧的样式，因此在绘制切线弧时，光标最好沿着产生圆弧的方向拖动。

3. 三点圆弧

三点圆弧是通过起点、终点与中点的方式绘制圆弧。具体绘制步骤如下。

（1）在草图绘制状态下，选择菜单栏中的"工具"→"草图绘制实体"→"三点圆弧"命令，或者单击"草图"选项卡中的"三点圆弧"按钮 🕭，开始绘制圆弧，此时光标变为 ➘ 形状。

（2）在图形区单击，确定圆弧的起点，如图 2-22（a）所示。

（3）拖动光标确定圆弧结束的位置，并单击确认，如图 2-22（b）所示。

（4）拖动光标确定圆弧的半径和方向，并单击确认，如图 2-22（c）所示。

（a）确定起点　　　　　（b）确定终点　　　　　（c）确定半径和方向

图 2-22　绘制三点圆弧的过程

（5）单击"圆弧"属性管理器中的"确定"按钮 ✔，完成三点圆弧的绘制。

图 2-22 即为绘制三点圆弧的过程。

选择绘制的三点圆弧，可以在"圆弧"属性管理器中修改其属性。

4. "直线"命令绘制圆弧

"直线"命令除了可以绘制直线，还可以绘制连接在直线端点处的切线弧，使用该命令，必须首先绘制一条直线，然后才能绘制圆弧。具体绘制步骤如下。

（1）在草图绘制状态下，选择菜单栏中的"工具"→"草图绘制实体"→"直线"命令，或者单击"草图"选项卡中的"直线"按钮 ✏，首先绘制一条直线。

（2）在不结束绘制直线命令的情况下，将光标稍微向旁边拖动，如图 2-23（a）所示。

（3）将光标拖回至直线的终点，开始绘制圆弧，如图 2-23（b）所示。

（4）拖动光标到图中合适的位置，并单击确定圆弧的大小，如图 2-23（c）所示。

（a）拖动鼠标　　　　　（b）拖回至终点　　　　　（c）确定圆弧

图 2-23　使用"直线"命令绘制圆弧的过程

图 2-23 即为使用"直线"命令绘制圆弧的过程。

要将直线转换为绘制圆弧的状态，必须先将光标拖回至所绘制直线的终点，然后拖出才能绘制圆弧。也可以在此状态下右击，此时系统弹出的快捷菜单如图 2-24 所示，选择"转到圆弧"命令即可绘制圆弧。同样在绘制圆弧的状态下，右击并选择快捷菜单中的"转到直线"命令，也可以绘制直线。

图 2-24　快捷菜单

2.2.5　绘制矩形

绘制矩形的方法主要有边角矩形、中心矩形、三点边角矩形、三点中心矩形以及平行四边形。下面分别介绍绘制矩形的不同方法。

1. "边角矩形"命令绘制矩形

"边角矩形"命令绘制矩形的方法是标准的矩形草图绘制方法，即指定矩形的左上与右下的端点确定矩形的长度和宽度。

下面以绘制如图 2-25 所示的矩形为例，说明采用"边角矩形"命令绘制矩形的操作步骤。

（1）在草图绘制状态下，选择菜单栏中的"工具"→"草图绘制实体"→"边角矩形"命令，或者单击"草图"选项卡中的"边角矩形"按钮□，此时光标变为 形状。

（2）在图形区单击，确定矩形的一个角点 1。

（3）移动光标，单击确定矩形的另一个角点 2，矩形绘制完毕。

图 2-25 边角矩形

在绘制矩形时，既可以移动光标确定矩形的角点 2，也可以在确定角点 1 时不释放鼠标，直接拖动光标确定角点 2。

矩形绘制完毕后，按住鼠标左键拖动矩形的一个角点，可以动态地改变矩形的尺寸。"矩形"属性管理器如图 2-26 所示。

2. "中心矩形"命令绘制矩形

"中心矩形"命令绘制矩形的方法是通过指定矩形的中心与右上的端点，确定矩形的中心和 4 条边线。

下面以绘制如图 2-27 所示的矩形为例，说明采用"中心矩形"命令绘制矩形的操作步骤。

（1）在草图绘制状态下，选择菜单栏中的"工具"→"草图绘制实体"→"中心矩形"命令，或者单击"草图"选项卡中的"中心矩形"按钮▣，此时光标变为 形状。

（2）在图形区单击，确定矩形的中心点 1。

（3）移动光标，单击确定矩形的一个角点 2，矩形绘制完毕。

3. "三点边角矩形"命令绘制矩形

"三点边角矩形"命令是通过指定 3 个点来确定矩形，前面两个点定义角度和一条边，第三个点确定另一条边。

下面以绘制如图 2-28 所示的矩形为例，说明采用"三点边角矩形"命令绘制矩形的操作步骤。

图 2-26 "矩形"属性管理器

图 2-27 中心矩形

图 2-28 三点边角矩形

Note

（1）在草图绘制状态下，选择菜单栏中的"工具"→"草图绘制实体"→"三点边角矩形"命令，或者单击"草图"选项卡中的"三点边角矩形"按钮◇，此时光标变为◇形状。

（2）在图形区单击，确定矩形的边角点 1。

（3）移动光标，单击确定矩形的另一个边角点 2。

（4）继续移动光标，单击确定矩形的第三个边角点 3，矩形绘制完毕。

4．"三点中心矩形"命令绘制矩形

"三点中心矩形"命令是通过指定 3 个点来确定矩形。

下面以绘制如图 2-29 所示的矩形为例，说明采用"三点中心矩形"命令绘制矩形的操作步骤。

（1）在草图绘制状态下，选择菜单栏中的"工具"→"草图绘制实体"→"三点中心矩形"命令，或者单击"草图"选项卡中的"三点中心矩形"按钮◈，此时光标变为◇形状。

（2）在图形区单击，确定矩形的中心点 1。

（3）移动光标，单击确定矩形一条边线的一半长度的一个点 2。

（4）移动光标，单击确定矩形的一个角点 3，矩形绘制完毕。

5．"平行四边形"命令绘制矩形

"平行四边形"命令既可以生成平行四边形，也可以生成边线与草图网格线不平行或不垂直的矩形。

下面以绘制如图 2-30 所示的矩形为例，说明采用"平行四边形"命令绘制矩形的操作步骤。

（1）在草图绘制状态下，选择菜单栏中的"工具"→"草图绘制实体"→"平行四边形"命令，或者单击"草图"选项卡中的"平行四边形"按钮▱，此时光标变为◇形状。

（2）在图形区单击，确定矩形的第一个点 1。

（3）移动光标，在合适的位置单击，确定矩形的第二个点 2。

（4）移动光标，在合适的位置单击，确定矩形的第三个点 3，矩形绘制完毕。

矩形绘制完毕后，按住鼠标左键拖动矩形的一个角点，可以动态地改变平行四边形的尺寸。

在绘制完矩形的点 1 与点 2 后，按住 Ctrl 键，移动光标可以改变平行四边形的形状，然后在合适的位置单击，可以完成任意形状的平行四边形的绘制。如图 2-31 所示为绘制的任意形状的平行四边形。

图 2-29　三点中心矩形

图 2-30　平行四边形之矩形

图 2-31　任意形状的平行四边形

2.2.6　绘制多边形

"多边形"命令用于绘制边数为 3～40 的等边多边形。具体绘制步骤如下。

（1）在草图绘制状态下，选择菜单栏中的"工具"→"草图绘制实体"→"多边形"命令，或者单击"草图"选项卡中的"多边形"按钮⬡，此时光标变为◇形状，弹出的"多边形"属性管理器如图 2-32 所示。

（2）在"多边形"属性管理器中输入多边形的边数。也可以接受系统默认的边数，在绘制完多边形后再修改多边形的边数。

（3）在图形区单击，确定多边形的中心。

（4）移动光标，在合适的位置单击，确定多边形的形状。

（5）在"多边形"属性管理器中选择是内切圆模式还是外接圆模式，然后修改多边形辅助圆直径以及角度。

（6）如果还要绘制另一个多边形，单击属性管理器中的"新多边形"按钮，然后重复步骤（2）～步骤（5）即可。

绘制的多边形如图 2-33 所示。

图 2-32　"多边形"属性管理器　　　　图 2-33　绘制的多边形

> 💡提示：多边形有内切圆和外接圆两种方式，两者的区别主要在于标注方法的不同。内切圆是表示圆心到多边形各边的垂直距离，外接圆是表示圆心到多边形端点的距离。

2.2.7　绘制椭圆与部分椭圆

椭圆是由中心点、长轴长度与短轴长度确定的，三者缺一不可。下面将分别介绍椭圆和部分椭圆的绘制方法。

1. 绘制椭圆

绘制椭圆的操作步骤如下。

（1）在草图绘制状态下，选择菜单栏中的"工具"→"草图绘制实体"→"椭圆"命令，或者单击"草图"选项卡中的"椭圆"按钮⊙，此时光标变为♂形状。

（2）在图形区合适的位置单击，确定椭圆的中心。

（3）移动光标，在光标附近会显示椭圆的长半轴 R 和短半轴 r。在图中合适的位置单击，确定椭圆的长半轴 R。

（4）移动光标，在图中合适的位置单击，确定椭圆的短半轴 r，此时弹出"椭圆"属性管理器，如图 2-34 所示。

（5）在"椭圆"属性管理器中修改椭圆的中心坐标，以及长半轴和短半轴的大小。

（6）单击"椭圆"属性管理器中的"确定"按钮✔，完成椭圆的绘制，如图 2-35 所示。

椭圆绘制完毕后，按住鼠标左键拖动椭圆的中心和 4 个特征点，可以改变椭圆的形状。通过"椭圆"属性管理器可以精确地修改椭圆的位置和长、短半轴。

图 2-34　"椭圆"属性管理器　　　　图 2-35　绘制的椭圆

2. 绘制部分椭圆

部分椭圆即椭圆弧，绘制椭圆弧的操作步骤如下。

（1）在草图绘制状态下，选择菜单栏中的"工具"→"草图绘制实体"→"部分椭圆"命令，或者单击"草图"选项卡中的"部分椭圆"按钮 ⬭，此时光标变为 ⬭ 形状。

（2）在图形区合适的位置单击，确定椭圆弧的中心。

（3）移动光标，在光标附近会显示椭圆的长半轴 R 和短半轴 r。在图中合适的位置单击，确定椭圆弧的长半轴 R。

（4）移动光标，在图中合适的位置单击，确定椭圆弧的短半轴 r。

（5）绕圆周移动光标，确定椭圆弧的范围，此时会弹出"椭圆"属性管理器，根据需要设定椭圆弧的参数。

（6）单击"椭圆"属性管理器中的"确定"按钮 ✔，完成椭圆弧的绘制。

如图 2-36 所示为绘制部分椭圆的过程。

（a）确定长半轴　　　　　（b）确定短半轴　　　　　（c）确定椭圆弧

图 2-36　绘制部分椭圆的过程

2.2.8　绘制抛物线

抛物线的绘制方法是先确定抛物线的焦点，然后确定抛物线的焦距，最后确定抛物线的起点和终点。具体绘制步骤如下。

（1）在草图绘制状态下，选择菜单栏中的"工具"→"草图绘制实体"→"抛物线"命令，或者单击"草图"选项卡中的"抛物线"按钮 ∪，此时光标变为 ∪ 形状。

（2）在图形区中合适的位置单击，确定抛物线的焦点。

（3）移动光标，在图中合适的位置单击，确定抛物线的焦距。

（4）移动光标，在图中合适的位置单击，确定抛物线的起点。

（5）移动光标，在图中合适的位置单击，确定抛物线的终点，此时会弹出"抛物线"属性管理器，根据需要设置属性管理器中抛物线的参数。

（6）单击"抛物线"属性管理器中的"确定"按钮✔，完成抛物线的绘制。

如图 2-37 所示为绘制抛物线的过程。

（a）确定焦距　　　　　（b）确定起点　　　　　（c）确定终点

图 2-37　绘制抛物线的过程

按住鼠标左键拖动抛物线的特征点，可以改变抛物线的形状。拖动抛物线的顶点，使其偏离焦点，可以使抛物线更加平缓；反之，抛物线会更加尖锐。拖动抛物线的起点或者终点，可以改变抛物线一侧的长度。

如果要改变抛物线的属性，在草图绘制状态下，选择绘制的抛物线，此时会弹出"抛物线"属性管理器，按照需要修改其中的参数，即可修改相应的属性。

2.2.9　绘制样条曲线

系统提供了强大的样条曲线绘制功能，样条曲线至少需要两个点，并且可以在端点指定相切。具体绘制步骤如下。

（1）在草图绘制状态下，选择菜单栏中的"工具"→"草图绘制实体"→"样条曲线"命令，或者单击"草图"选项卡中的"样条曲线"按钮Ｎ，此时光标变为ᵛ形状。

（2）在图形区单击，确定样条曲线的起点。

（3）移动光标，在图中合适的位置单击，确定样条曲线上的第二点。

（4）重复移动光标，确定样条曲线上的其他点。

（5）按 Esc 键，或者双击退出样条曲线的绘制。

如图 2-38 所示为绘制样条曲线的过程。

（a）确定第二点　　　（b）确定第三点　　　（c）确定其他点

图 2-38　绘制样条曲线的过程

样条曲线绘制完毕后，可以通过以下方式对样条曲线进行编辑和修改。

1."样条曲线"属性管理器

"样条曲线"属性管理器如图 2-39 所示，在"参数"选项组中可以对样条曲线的各种参数进行修改。

2. 样条曲线上的点

选择要修改的样条曲线，此时样条曲线上会出现点，按住鼠标左键拖动这些点即可实现对样条曲线的修改，如图 2-40 所示为样条曲线的修改过程，图 2-40（a）为修改前的图形，图 2-40（b）为修改后的图形。

图 2-39 "样条曲线"属性管理器

（a）修改前的图形

（b）修改后的图形

图 2-40 样条曲线的修改过程

3. 插入样条曲线型值点

确定样条曲线形状的点称为型值点，即除样条曲线端点以外的点。绘制样条曲线后，还可以插入一些型值点。右击样条曲线，在弹出的快捷菜单中选择"插入样条曲线型值点"命令，然后在需要添加的位置单击即可。

4. 删除样条曲线型值点

若要删除样条曲线上的型值点，则单击选择要删除的点，然后按 Delete 键即可。

样条曲线的编辑还有其他一些功能，如显示样条曲线控标、显示拐点、显示最小半径与显示曲率检查等，在此不一一介绍，用户可以右击，选择相应的功能进行练习。

💡**提示**：系统默认显示样条曲线的控标。单击"样条曲线"工具栏中的"显示样条曲线控标"按钮 ，可以隐藏或者显示样条曲线的控标。

2.2.10 绘制草图文字

草图文字可以在零件特征面上添加，用于拉伸和切除文字，形成立体效果。文字可以添加在任何连续曲线或边线组中，包括由直线、圆弧或样条曲线组成的圆或轮廓。

（1）在草图绘制状态下，选择菜单栏中的"工具"→"草图绘制实体"→"文本"命令，或者单击"草图"选项卡中的"文本"按钮A，系统弹出"草图文字"属性管理器，如图 2-41 所示。

（2）在图形区中选择一条边线、曲线或草图线段，作为绘制文字草图的定位线，此时所选择的边线显示在"草图文字"属性管理器的"曲线"选项组中。

（3）在"草图文字"属性管理器的"文字"文本框中输入要添加的文字"SOLIDWORKS 2024"。此时，添加的文字显示在图形区曲线上。

（4）如果不需要系统默认的字体，则取消选中"使用文档字体"复选框，然后单击"字体"按钮，此时系统弹出"选择字体"对话框，如图 2-42 所示，按照需要进行设置。

Note

图 2-41　"草图文字"属性管理器

图 2-42　"选择字体"对话框

（5）设置好字体后，单击"选择字体"对话框中的"确定"按钮，然后单击"草图文字"属性管理器中的"确定"按钮✔，完成草图文字的绘制。

💡提示：

（1）在草图绘制模式下，双击已绘制的草图文字，在系统弹出的"草图文字"属性管理器中，可以对其进行修改。

（2）如果曲线为草图实体或一组草图实体，而且草图文字与曲线位于同一草图内，那么必须将草图实体转换为几何构造线。

如图 2-43 所示为绘制的草图文字，如图 2-44 所示为拉伸后的草图文字。

图 2-43　绘制的草图文字　　　　　　　图 2-44　拉伸后的草图文字

2.3 草图编辑工具

本节主要介绍草图编辑工具的使用方法，如圆角、倒角、等距实体、剪裁、延伸、镜向、阵列、移动、复制、旋转与缩放等。

2.3.1 绘制圆角

"绘制圆角"工具是将两个草图实体的交叉处剪裁掉角部，生成一个与两个草图实体都相切的圆弧，此工具在 2D 和 3D 草图中均可使用。具体绘制步骤如下。

（1）打开随书电子资料中的源文件"绘制圆角"，在草图编辑状态下，选择菜单栏中的"工具"→"草图工具"→"圆角"命令，或者单击"草图"选项卡中的"绘制圆角"按钮，此时系统弹出"绘制圆角"属性管理器，如图 2-45 所示。

（2）在"绘制圆角"属性管理器中设置圆角的半径。如果顶点具有尺寸或几何关系，选中"保持拐角处约束条件"复选框，将保留虚拟交点。如果不选中该复选框，且顶点具有尺寸或几何关系，将会询问是否想在生成圆角时删除这些几何关系。

（3）设置好"绘制圆角"属性管理器后，选择如图 2-46（a）所示的直线 1 和直线 2、直线 2 和直线 3、直线 3 和直线 4、直线 4 和直线 5、直线 5 和直线 6、直线 6 和直线 1。

（4）在"绘制圆角"属性管理器中，选中"标注每个圆角的尺寸"复选框，单击"确定"按钮，完成圆角的绘制，如图 2-46（b）所示。

图 2-45 "绘制圆角"属性管理器

（a）绘制前的图形

（b）绘制后的图形

图 2-46 绘制圆角的过程

> 提示：SOLIDWORKS 可以将两个非交叉的草图实体进行倒圆角操作。执行完圆角命令后，草图实体将被拉伸，边角将被圆角处理。

2.3.2 绘制倒角

"绘制倒角"工具是将倒角应用到相邻的草图实体中，此工具在 2D 和 3D 草图中均可使用。倒角的选取方法与圆角相同。"绘制倒角"属性管理器提供了倒角的两种设置方式，分别是"角度距离"设置倒角方式和"距离-距离"设置倒角方式。具体绘制步骤如下。

（1）在草图编辑状态下，选择菜单栏中的"工具"→"草图工具"→"倒角"命令，或者单击"草图"选项卡中的"绘制倒角"按钮 ，此时系统弹出"绘制倒角"属性管理器，如图 2-47 所示。

（2）在"绘制倒角"属性管理器中，选中"角度距离"单选按钮，按照如图 2-47 所示设置倒角方式和倒角参数，然后选择如图 2-48（a）所示的直线 1 和直线 4。

（3）在"绘制倒角"属性管理器中，选中"距离-距离"单选按钮，按照如图 2-49 所示设置倒角方式和倒角参数，然后选择如图 2-48（a）所示的直线 2 和直线 3。

图 2-47 "绘制倒角"属性管理器

（4）单击"绘制倒角"属性管理器中的"确定"按钮 ，完成倒角的绘制，如图 2-48（b）所示。

（a）绘制前的图形 　　（b）绘制后的图形

图 2-48 绘制倒角的过程

图 2-49 "距离-距离"设置方式

以"距离-距离"设置方式绘制倒角时，如果设置的两个距离不相等，选择不同草图实体的次序不同，绘制的结果也不相同。如图 2-49 所示，设置 D1=10mm、D2=20mm，如图 2-50（a）所示为原始图形；如图 2-50（b）所示为先选取左侧的直线，后选择右侧的直线形成的倒角；如图 2-50（c）所示为先选取右侧的直线，后选择左侧的直线形成的倒角。

（a）原始图形 　　（b）先左后右的图形 　　（c）先右后左的图形

图 2-50 选择直线次序不同形成的倒角

2.3.3 等距实体

"等距实体"工具是按特定的距离等距一个或者多个草图实体、所选模型边线、模型面，如样条曲线或圆弧、模型边线组、环等草图实体。具体绘制步骤如下。

（1）在草图绘制状态下，选择菜单栏中的"工具"→"草图工具"→"等距实体"命令，或者单击"草图"选项卡中的"等距实体"按钮 。

（2）系统弹出"等距实体"属性管理器，按照实际需要进行设置。

（3）单击选择要等距的实体对象。

（4）单击"等距实体"属性管理器中的"确定"按钮 ，完成等距实体的绘制。

"等距实体"属性管理器中各选项的含义如下。

☑　等距距离：设定数值以特定距离来等距草图实体。

☑ 添加尺寸：选中该复选框，将在草图中添加等距距离的尺寸标注，这不会影响到包括在原有草图实体中的任何尺寸。

☑ 反向：选中该复选框，将更改单向等距实体的方向。

☑ 选择链：选中该复选框，将生成所有连续草图实体的等距。

☑ 双向：选中该复选框，将在草图中双向生成等距实体。

☑ 顶端加盖：选中该复选框，将通过选择双向并添加一个顶盖来延伸原有非相交草图实体。

☑ 基本几何体：选中该复选框，将原有草图实体转换到构造型直线。

☑ 偏移几何体：选中该复选框，将原有草图实体和生成的草图实体都转换到构造型直线。

打开随书电子资料中的源文件"等距实体"，如图 2-51 所示为按照如图 2-52 所示的"等距实体"属性管理器进行设置后，选取中间草图实体中任意一部分得到的图形。

图 2-51　等距后的草图实体　　　　　图 2-52　"等距实体"属性管理器

打开随书电子资料中的源文件"等距实体 2"，如图 2-53 所示为在模型面上添加草图实体的过程，图 2-53（a）为原始图形，图 2-53（b）为等距实体后的图形。执行过程：先选择如图 2-53（a）所示的模型的上表面，进入草图绘制状态，再执行等距实体命令，设置参数为单向等距距离，距离为 5mm。

（a）原始图形　　　　　　　　　　（b）等距实体后的图形

图 2-53　模型面等距实体

💡提示：在草图绘制状态下，双击等距距离的尺寸，然后更改数值，即可修改等距实体的距离。在双向等距中，修改单个数值即可更改两个等距的尺寸。

2.3.4　转换实体引用

"转换实体引用"是通过已有的模型或者草图，将其边线、环、面、曲线、外部草图轮廓线、一组边线或一组草图曲线投影到草图基准面上。通过这种方式，可以在草图基准面上生成一个或多个草图实体。使用该命令时，如果引用的实体发生更改，那么转换的草图实体也会相应地改变。具体操作步骤如下。

（1）打开随书电子资料中的源文件"转换实体引用"，在特征管理器的树状目录中，选择要添加草图的基准面，本例选择基准面 1，然后单击"草图"选项卡中的"草图绘制"按钮，进入草图绘制状态。

（2）按住 Ctrl 键，选取如图 2-54（a）所示的边线 1、2、3、4 以及圆弧 5。

（3）选择菜单栏中的"工具"→"草图工具"→"转换实体引用"命令，或者单击"草图"选项卡中的"转换实体引用"按钮，执行转换实体引用命令。

（4）退出草图绘制状态，转换实体引用后的图形如图 2-54（b）所示。

（a）转换实体引用前的图形　　　　　　（b）转换实体引用后的图形

图 2-54　转换实体引用过程

2.3.5　草图剪裁

"剪裁实体"是常用的草图编辑命令。执行草图剪裁命令时，系统弹出"剪裁"属性管理器，如图 2-55 所示，根据剪裁草图实体的不同，可以选择不同的剪裁模式。下面将介绍不同类型的草图剪裁模式。

☑　强劲剪裁：通过将光标拖过每个草图实体来剪裁草图实体。

☑　边角：剪裁两个草图实体，直到它们在虚拟边角处相交。

☑　在内剪除：选择两个边界实体，然后选择要裁剪的实体，剪裁位于两个边界实体外的草图实体。

☑　在外剪除：选择两个边界实体，然后选择要裁剪的实体，剪裁位于两个边界实体内的草图实体。

☑　剪裁到最近端：将一个草图实体裁剪到最近端交叉实体。

下面以如图 2-56 所示为例说明剪裁实体的过程，图 2-56（a）为剪裁前的图形，图 2-56（b）为剪裁后的图形，其操作步骤如下。

（1）打开随书电子资料中的源文件"草图剪裁"，在草图绘制状态下，选择菜单栏中的"工具"→"草图工具"→"剪裁"命令，或者单击"草图"选项卡中的"剪裁实体"按钮，系统弹出"剪裁"属性管理器。

图 2-55　"剪裁"属性管理器

（2）在"剪裁"属性管理器中选择"剪裁到最近端"选项。

（3）依次单击如图 2-56（a）所示的 A 处和 B 处，剪裁图中的直线。

（4）单击"剪裁"属性管理器中的"确定"按钮，完成草图实体的剪裁，剪裁后的图形如图 2-56（b）所示。

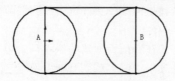

（a）剪裁前的图形　　　　　（b）剪裁后的图形

图 2-56　剪裁实体的过程

2.3.6　草图延伸

"延伸实体"是常用的草图编辑工具。利用该工具可以将草图实体延伸至另一个草图实体。

下面以如图 2-57 所示为例说明草图延伸的过程，图 2-57（a）为延伸前的图形，图 2-57（b）为延伸后的图形，操作步骤如下。

（1）打开随书电子资料中的源文件"草图延伸"，在草图编辑状态下，选择菜单栏中的"工具"→"草图工具"→"延伸"命令，或者单击"草图"选项卡中的"延伸实体"按钮 T，此时光标变为 T 形状，进入草图延伸状态。

（2）单击如图 2-57（a）所示的直线。

（3）按 Esc 键，退出延伸实体状态，延伸后的图形如图 2-57（b）所示。

（a）延伸前的图形　　　　　　　（b）延伸后的图形

图 2-57　草图延伸的过程

在延伸草图实体时，如果两个方向都可以延伸，而只需要单一方向延伸时，单击延伸方向一侧的实体部分即可实现，在执行该命令过程中，实体延伸的结果在预览时会以红色显示。

2.3.7　分割实体

"分割实体"是将一个连续的草图实体分割为两个草图实体，以方便进行其他操作。反之，也可以删除一个分割点，将两个草图实体合并成一个单一草图实体。

下面以图 2-58 所示为例说明分割实体的过程，图 2-58（a）为分割前的图形，图 2-58（b）为分割后的图形，其操作步骤如下。

（1）打开随书电子资料中的源文件"分割实体"，在草图编辑状态下，选择菜单栏中的"工具"→"草图工具"→"分割实体"命令，进入分割实体状态。

（2）单击如图 2-58（a）所示的圆弧的合适位置，添加一个分割点。

（3）按 Esc 键，退出分割实体状态，分割后的图形如图 2-58（b）所示。

在草图编辑状态下，如果欲将两个草图实体合并为一个草图实体，单击选中分割点，然后按 Delete 键即可。

（a）分割前的图形　　　　　　　（b）分割后的图形

图 2-58　分割实体的过程

2.3.8　镜向实体

在绘制草图时，经常要绘制对称的图形，这时可以使用"镜向实体"命令来实现，"镜向"属性管理器如图 2-59 所示。

在 SOLIDWORKS 2024 中，镜向点不再仅限于构造线，它可以是任意类型的直线。SOLIDWORKS 提供了两种镜向方式：一种是镜向现有草图实体，另一种是在绘制草图时动态镜向草图实体，下面将分别进行介绍。

1. 镜向现有草图实体

下面以如图 2-60 所示为例说明镜向草图的过程，图 2-60（a）为镜向前的图形，图 2-60（b）为镜向后的图形，其操作步骤如下。

（1）打开随书电子资料中的源文件"镜向现有草图实体"，在草图编辑状态下，选择菜单栏中的"工具"→"草图工具"→"镜向"命令，或者单击"草图"选项卡中的"镜向实体"按钮，此时系统弹出"镜向"属性管理器。

（2）单击"镜向"属性管理器中的"要镜向的实体"列表框，使其变为蓝色，然后在图形区中框选如图 2-60（a）所示的直线左侧图形。

（3）单击"镜向"属性管理器中的"镜向轴"列表框，使其变为蓝色，然后在图形区中选取如图 2-60（a）所示的直线。

（4）单击"镜向"属性管理器中的"确定"按钮，草图实体镜向完毕，镜向后的图形如图 2-60（b）所示。

图 2-59　"镜向"属性管理器

（a）镜向前的图形　　　　（b）镜向后的图形

图 2-60　镜向草图的过程

2. 动态镜向草图实体

下面以如图 2-61 所示为例说明动态镜向草图实体的过程，操作步骤如下。

图 2-61　动态镜向草图实体的过程

（1）打开随书电子资料中的源文件"动态镜向草图实体"，在草图绘制状态下，先在图形区中绘制一条中心线，并选取该中心线。

（2）选择菜单栏中的"工具"→"草图工具"→"动态镜向"命令，此时对称符号出现在中心线的两端。

（3）单击"草图"选项卡中的"直线"按钮，在中心线的一侧绘制草图，此时另一侧会动态地镜向出绘制的草图。

（4）草图绘制完毕后，再次单击"草图"选项卡中的"直线"按钮，即可结束该命令的使用。

提示：镜向实体在三维草图中不可使用。

2.3.9　线性草图阵列

"线性草图阵列"是将草图实体沿一个或者两个轴复制生成多个排列图形。执行该命令时，系统弹出的"线性阵列"属性管理器如图 2-62 所示。

下面以如图 2-63 所示为例说明线性草图阵列的过程，图 2-63（a）为阵列前的图形，图 2-63（b）为阵列后的图形，其操作步骤如下。

（1）打开随书电子资料中的源文件"线性草图阵列"，如图 2-63（a）所示，在草图编辑状态下，选择菜单栏中的"工具"→"草图工具"→"线性阵列"命令，或者单击"草图"选项卡中的"线性草图阵列"按钮。

（2）此时系统弹出"线性阵列"属性管理器，单击"要阵列的实体"列表框，然后在图形区中选取如图 2-63（a）所示的直径为 10mm 的圆弧，其他设置如图 2-62 所示。

（3）单击"线性阵列"属性管理器中的"确定"按钮，阵列后的图形如图 2-63（b）所示。

图 2-62　"线性阵列"属性管理器

（a）阵列前的图形

（b）阵列后的图形

图 2-63　线性草图阵列的过程

2.3.10　圆周草图阵列

"圆周草图阵列"是指将草图实体沿一个指定大小的圆弧进行的环状阵列。执行该命令时，系统弹出的"圆周阵列"属性管理器如图 2-64 所示。

下面以如图 2-65 所示为例说明圆周草图阵列的过程，图 2-65（a）为阵列前的图形，图 2-65（b）为阵列后的图形，其操作步骤如下。

（1）打开随书电子资料中的源文件"圆周草图阵列"，在草图编辑状态下，选择菜单栏中的"工具"→"草图工具"→"圆周阵列"命令，或者单击"草图"选项卡"线性草图阵列"下拉列表中的"圆周草图阵列"按钮🔲，此时系统弹出"圆周阵列"属性管理器。

（2）单击"圆周阵列"属性管理器中的"要阵列的实体"列表框，然后在图形区中选取如图 2-65（a）所示的两条圆弧，在"参数"选项组的🔘列表框中选择圆弧的圆心，在"实例数"文本框❀中输入"8"。

（3）单击"圆周阵列"属性管理器中的"确定"按钮✔，阵列后的图形如图 2-65（b）所示。

图 2-64　"圆周阵列"属性管理器

（a）阵列前的图形

（b）阵列后的图形

图 2-65　圆周草图阵列的过程

Note

2.3.11 移动实体

"移动实体"命令是将一个或者多个草图实体进行移动。选择菜单栏中的"工具"→"草图工具"→"移动"命令，或者单击"草图"选项卡中的"移动实体"按钮 ，系统弹出"移动"属性管理器，如图 2-66 所示。

在"移动"属性管理器中，"要移动的实体"列表框用于选取要移动的草图实体；"参数"选项组中的"从/到"单选按钮用于指定移动的开始点和目标点，是一个相对参数；如果在"参数"选项组中选中"X/Y"单选按钮，则弹出新的对话框，在其中输入相应的参数即可以设定的数值生成相应的目标。

图 2-66 "移动"属性管理器

2.3.12 复制实体

"复制实体"命令是将一个或者多个草图实体进行复制。选择菜单栏中的"工具"→"草图工具"→"复制"命令，或者单击"草图"选项卡中的"复制实体"按钮 ，系统弹出"复制"属性管理器，如图 2-67 所示。"复制"属性管理器中的参数与"移动"属性管理器中的参数意义相同，在此不再赘述。

2.3.13 旋转实体

"旋转实体"命令是通过选择旋转中心及要旋转的度数来旋转草图实体。执行该命令，系统弹出"旋转"属性管理器，如图 2-68 所示。

下面以如图 2-69 所示为例说明旋转草图的过程，图 2-69（a）为旋转前的图形，图 2-69（b）为旋转后的图形，其操作步骤如下。

图 2-67 "复制"属性管理器

图 2-68 "旋转"属性管理器

（a）旋转前的图形

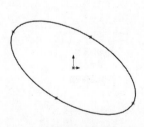

（b）旋转后的图形

图 2-69 旋转草图的过程

（1）打开随书电子资料中的源文件"旋转实体"，如图 2-69（a）所示，在草图编辑状态下，选择菜单栏中的"工具"→"草图工具"→"旋转"命令，或者单击"草图"选项卡中的"旋转实体"按钮 。

（2）此时系统弹出"旋转"属性管理器，单击"要旋转的实体"列表框，在图形区中选取如图 2-69（a）所示的椭圆形，在"基准点"列表框 中选取椭圆的下端点，在"角度"文本框 中输入"60"。

（3）单击"旋转"属性管理器中的"确定"按钮✔，旋转后的图形如图 2-69（b）所示。

2.3.14 缩放实体

"缩放实体比例"命令是通过基准点和比例因子对草图实体进行缩放，也可以根据需要在保留原缩放对象的基础上缩放草图。执行该命令时，系统弹出"比例"属性管理器，如图 2-70 所示。

下面以如图 2-71 所示为例说明缩放草图的过程，图 2-71（a）为缩放比例前的图形，图 2-71（b）为比例因子为 0.8 且不保留原图的图形，图 2-71（c）为保留原图且复制数为 4 的图形，其操作步骤如下。

图 2-70　"比例"属性管理器

（1）打开随书电子资料中的源文件"缩放实体"，在草图编辑状态下，选择菜单栏中的"工具"→"草图工具"→"缩放比例"命令，或者单击"草图"选项卡中的"缩放实体比例"按钮，此时系统弹出"比例"属性管理器。

（2）单击"比例"属性管理器中的"要旋转的实体"选项组中的列表框，在图形区中选取如图 2-71（a）所示的圆形，在"基准点"列表框中选取圆形的左象限点，在"比例因子"文本框中输入"0.8"，缩放后的结果如图 2-71（b）所示。

（3）选中"复制"复选框，在"份数"文本框中输入"4"，结果如图 2-71（c）所示。

（a）缩放比例前的图形　　（b）比例因子为 0.8 且不保留原图的图形　　（c）保留原图且复制数为 4 的图形

图 2-71　缩放草图的过程

（4）单击"比例"属性管理器中的"确定"按钮✔，草图实体缩放完毕。

2.3.15 伸展实体

"伸展实体"命令是通过基准点和坐标点对草图实体进行伸展。执行该命令后，系统弹出"伸展"属性管理器，如图 2-72 所示。

下面以如图 2-73 所示为例说明伸展草图的过程，图 2-73（a）为伸展前的图形，图 2-73（c）为伸展后的图形，其操作步骤如下。

（1）打开随书电子资料中的源文件"伸展实体"，在草图编辑状态下，选择菜单栏中的"工具"→"草图工具"→"伸展实体"命令，或者单击"草图"选项卡中的"伸展实体"按钮，此时系统弹出"伸展"属性管理器。

（2）单击"伸展"属性管理器中的"要绘制的实体"列表框，在图形区中选取如图 2-73（a）所示的矩形的左右两边和下边，在"伸展点"列表框中选取矩形的左下端点，然后单击拖动以伸展草图

图 2-72　"伸展"属性管理器

实体；当放开鼠标时，实体伸展到该点并且属性管理器将关闭。

（3）选中"X/Y"单选按钮，在**ΔX**和**ΔY**文本框中设定值以伸展草图实体，如图 2-73（b）所示，单击"重复"按钮以相同距离伸展实体，伸展后的结果如图 2-73（c）所示。

（a）伸展前的图形　　　　　　（b）"伸展"属性管理器　　　　　（c）伸展后的图形

图 2-73　伸展草图的过程

（4）单击"伸展"属性管理器中的"确定"按钮✔，草图实体伸展完毕。

2.4　尺　寸　标　注

SOLIDWORKS 2024 是一种尺寸驱动式系统，用户可以指定尺寸及各实体间的几何关系，更改尺寸将改变零件的尺寸与形状。尺寸标注是草图绘制过程中的重要组成部分。SOLIDWORKS 虽然可以捕捉用户的设计意图，自动进行尺寸标注，但由于各种原因，有时自动标注的尺寸并不理想，此时用户必须自己进行尺寸标注。

2.4.1　度量单位

在 SOLIDWORKS 2024 中可以使用多种度量单位，包括埃、纳米、微米、毫米、厘米、米、英寸、英尺。设置单位的方法在第 1 章已讲述，这里不再赘述。

2.4.2　线性尺寸的标注

线性尺寸用于标注直线段的长度或两个几何元素间的距离。

1. 标注直线长度尺寸的操作步骤

（1）打开随书电子资料中的源文件"标注直线长度尺寸"，单击"草图"选项卡中的"智能尺寸"按钮⟨，此时光标变为⟨形状。

（2）将光标放到要标注的直线上，此时光标变为⟨形状，要标注的直线以红色高亮度显示。

（3）单击直线，则标注尺寸线出现并随着光标移动，如图 2-74（a）所示。

（4）将尺寸线移动到适当的位置后单击，则尺寸线被固定下来。

（5）系统弹出"修改"对话框，在其中输入要标注的尺寸值，如图 2-74（b）所示。

（6）单击"保存当前的数值并退出此对话框"按钮✔，完成标注。

（7）在左侧出现"尺寸"属性管理器，如图 2-75 所示，可在"主要值"选项组中修改尺寸大小。

（a）拖动尺寸线　　　　　　　（b）修改尺寸值

图 2-74　直线标注　　　　　　　　　　　　　　图 2-75　"尺寸"属性管理器

2. 标注两个几何元素间距离的操作步骤

（1）单击"草图"选项卡中的"智能尺寸"按钮✦，此时光标变为✦形状。

（2）单击拾取第一个几何元素。

（3）标注尺寸线出现，继续单击拾取第二个几何元素。

（4）这时标注尺寸线显示为两个几何元素之间的距离，移动光标到适当的位置后单击，将尺寸线固定下来，如图 2-76（a）所示。

（5）系统弹出"修改"对话框，在"修改"对话框中输入两个几何元素间的距离，如图 2-76（b）所示。

（6）单击"保存当前的数值并退出此对话框"按钮✔，完成标注，如图 2-76（c）所示。

（a）拖动尺寸线　　　　　　　（b）修改尺寸值　　　　　　　（c）标注结果

图 2-76　距离标注

2.4.3　直径和半径尺寸的标注

默认情况下，SOLIDWORKS 对圆标注的直径尺寸、对圆弧标注的半径尺寸如图 2-77 所示。

1. 对圆进行直径尺寸标注的操作步骤

（1）打开随书电子资料中的源文件"直径和半径尺寸的标注"，单击"草图"选项卡中的"智能尺寸"按钮，此时光标变为 形状。

（2）将光标放到要标注的圆上，此时光标变为 形状，要标注的圆以红色高亮度显示。

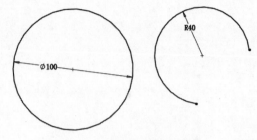

图 2-77　直径和半径尺寸的标注

（3）单击圆，则标注尺寸线出现，并随着光标移动。

（4）将尺寸线移动到适当的位置后单击，将尺寸线固定下来。

（5）在弹出的"修改"对话框中输入圆的直径，单击"保存当前的数值并退出此对话框"按钮，完成标注。

2. 对圆弧进行半径尺寸标注的操作步骤

（1）打开随书电子资料中的源文件"直径和半径尺寸的标注"，单击"草图"选项卡中的"智能尺寸"按钮，此时光标变为 形状。

（2）将光标放到要标注的圆弧上，此时光标变为 形状，要标注的圆弧以红色高亮度显示。

（3）单击需要标注的圆弧，则标注尺寸线出现，并随着光标移动。

（4）将尺寸线移动到适当的位置后单击，将尺寸线固定下来。

（5）在弹出的"修改"对话框中输入圆弧的半径，单击"保存当前的数值并退出此对话框"按钮，完成标注。

2.4.4　角度尺寸的标注

角度尺寸标注用于标注两条直线的夹角或圆弧的圆心角。

1. 标注两条直线夹角的操作步骤

（1）打开随书电子资料中的源文件"两条直线夹角标注"。

（2）单击"草图"选项卡中的"智能尺寸"按钮，此时光标变为 形状。

（3）单击拾取第一条直线。

（4）标注尺寸线出现，继续单击拾取第二条直线。

（5）这时标注尺寸线显示为两条直线之间的角度，随着光标的移动，系统会显示 4 种不同的夹角角度，如图 2-78 所示。

图 2-78　4 种不同的夹角角度

（6）在合适位置单击，将尺寸线固定下来。

（7）在弹出的"修改"对话框中输入夹角的角度值，单击"保存当前的数值并退出此对话框"按钮 ✔，完成标注。

2．标注圆弧圆心角的操作步骤

（1）打开随书电子资料中的源文件"圆弧圆心角标注"，单击"草图"选项卡中的"智能尺寸"按钮，此时光标变为 形状。

（2）单击拾取圆弧的一个端点。

（3）单击拾取圆弧的另一个端点，此时标注尺寸线显示这两个端点间的距离。

（4）继续单击拾取圆心点，此时标注尺寸线显示圆弧两个端点间的圆心角。

（5）将尺寸线移到适当的位置后单击，将尺寸线固定下来，标注圆弧的圆心角，如图 2-79 所示。

（6）在弹出的"修改"对话框中输入圆弧的角度值，单击"保存当前的数值并退出此对话框"按钮 ✔，完成标注。

图 2-79　标注圆弧的圆心角

（7）如果在步骤（4）中拾取的不是圆心点而是圆弧，则将标注两个端点间圆弧的长度。

2.5　添加几何关系

几何关系为草图实体之间或草图实体与基准面、基准轴、边线或顶点之间的几何约束。

表 2-6 说明了可为几何关系选择的实体以及所产生的几何关系的特点。

表 2-6　几何关系说明

几 何 关 系	要执行的实体	所产生的几何关系
水平或竖直	一条或多条直线，两个或多个点	直线会变成水平或竖直（由当前草图的空间定义），而点会水平或竖直对齐
共线	两条或多条直线	实体位于同一条无限长的直线上
全等	两个或多个圆弧	实体会共用相同的圆心和半径
垂直	两条直线	两条直线相互垂直
平行	两条或多条直线	实体相互平行
相切	圆弧、椭圆和样条曲线，直线和圆弧，直线和曲面或三维草图中的曲面	两个实体保持相切
同心	两个或多个圆弧，一个点和一个圆弧	圆弧共用同一圆心
中点	一个点和一条直线	点位于线段的中点
交叉	两条直线和一个点	点位于直线的交叉点处
重合	一个点和一直线、圆弧或椭圆	点位于直线、圆弧或椭圆上
相等	两条或多条直线，两个或多个圆弧	直线长度或圆弧半径保持相等
对称	一条中心线和两个点、直线、圆弧或椭圆	实体保持与中心线相等距离，并位于一条与中心线垂直的直线上
固定	任何实体	实体的大小和位置被固定
穿透	一个草图点和一个基准轴、边线、直线或样条曲线	草图点与基准轴、边线或曲线在草图基准面上穿透的位置重合
合并点	两个草图点或端点	两个点合并成一个点

Note

选择菜单栏中的"工具"→"关系"→"添加"命令,或单击"草图"选项卡"显示/删除几何关系"下拉列表中的"添加几何关系"按钮 ⊥,如图 2-80 所示,系统弹出"添加几何关系"属性管理器,如图 2-81 所示。

图 2-80 "添加几何关系"按钮

图 2-81 "添加几何关系"属性管理器

在弹出的"添加几何关系"属性管理器中对草图实体添加几何约束,设置几何关系。

利用"添加几何关系"工具 ⊥ 可以在草图实体之间或草图实体与基准面、基准轴、边线或顶点之间生成几何关系。下面各小节中将依次介绍常用的约束关系。

2.5.1 水平约束

水平约束是指为对象(直线或两点)添加一种约束,使直线(或两点所组成的直线)与 X 轴方向成 0° 夹角,即成平行关系。

1. 利用"添加几何关系"属性管理器添加水平约束

打开随书电子资料中的源文件"利用'添加几何关系'属性管理器添加水平约束",或在草绘平面中绘制平行四边形,如图 2-82(a)所示,单击"草图"选项卡"显示/删除几何关系"下拉列表中的"添加几何关系"按钮 ⊥,弹出"添加几何关系"属性管理器,如图 2-82(b)所示,在"所选实体"选项组中选择"直线 1",在"添加几何关系"选项组中选择"水平";如图 2-82(c)所示为添加几何关系后的图形。

(a)几何图形

(b)"添加几何关系"属性管理器

(c)添加几何关系结果

图 2-82 利用"添加几何关系"属性管理器添加水平约束

2. 利用"线条属性"属性管理器添加水平约束

打开随书电子资料中的源文件"利用'线条属性'属性管理器添加水平约束",或在绘制草图过程中,完成一段直线绘制后,单击选择该直线,直线变为蓝色,显示被选中,同时在左侧弹出"线条属性"属性管理器,如图 2-83(a)所示,在"添加几何关系"选项组中选择"水平",完成"水平"几何约束的添加,如图 2-83(b)所示,单击 ✔ 按钮,关闭左侧属性管理器。

（a）"线条属性"属性管理器

（b）添加几何关系结果

图 2-83　利用"线条属性"属性管理器添加水平约束

2.5.2 竖直约束

竖直约束是指为对象（一条直线或两点）添加一种约束，使直线（或两点所组成的直线）与 Y 轴方向成 0°夹角，即成平行关系。

1. 利用"添加几何关系"属性管理器添加竖直约束

打开随书电子资料中的源文件"利用'添加几何关系'属性管理器添加竖直约束"，或在草绘平面中绘制平行四边形，如图 2-84（a）所示，单击"草图"选项卡"显示/删除几何关系"下拉列表中的"添加几何关系"按钮┴，弹出"添加几何关系"属性管理器，如图 2-84（b）所示，在"所选实体"选项组中选择"直线 1"，在"添加几何关系"选项组中选择"竖直"；如图 2-84（c）所示为添加几何关系后的图形。

（a）几何图形　　　　　　　（b）添加几何关系　　　　　　（c）添加几何关系结果

图 2-84　利用"添加几何关系"属性管理器添加竖直约束

2. 利用"线条属性"属性管理器添加竖直约束

打开随书电子资料中的源文件"利用'线条属性'属性管理器添加竖直约束"，或在绘制草图过程中，完成一段直线绘制后，单击选择该直线，直线变为蓝色，显示被选中，同时在左侧弹出"线条属性"属性管理器,如图 2-85(a)所示,在"添加几何关系"选项组中选择"竖直",完成"竖直"几何约束的添加,如图 2-85(b)所示,单击 ✔ 按钮,关闭左侧属性管理器。

(a)"线条属性"属性管理器　　　　　　(b)添加几何关系结果

图 2-85　利用"线条属性"属性管理器添加竖直约束

2.5.3　共线约束

共线约束是指为对象(两条或多条直线)添加一种约束,使所有直线在统一无限长直线上,两两直线夹角为 0°。

1. 两条直线

打开随书电子资料中的源文件"两条直线共线约束",或在草绘平面中绘制几何图形,如图 2-86(a)所示,单击"草图"选项卡"显示/删除几何关系"下拉列表中的"添加几何关系"按钮 ⊥,弹出"添加几何关系"属性管理器,在"所选实体"选项组中选择两条水平直线,如图 2-86(b)所示,在"添加几何关系"选项组中选择"共线",使所有直线共线,如图 2-86(c)所示。

(a)几何图形　　　　　(b)添加几何关系　　　　　(c)添加几何关系结果

图 2-86　两条直线共线约束

2. 多条直线

打开随书电子资料中的源文件"多条直线共线约束",或在草绘平面中绘制几何图形,如图 2-87(a)所示,单击"草图"选项卡"显示/删除几何关系"下拉列表中的"添加几何关系"按钮 ⊥,弹出"添加几何关系"属性管理器,在"所选实体"选项组中选择多条直线,选中直线显示蓝色,且两端点分别用小矩形框表示,如图 2-87(b)所示,在"添加几何关系"选项组中选择"共线",使所有选择直线共线,如图 2-87(c)所示。

（a）几何图形 　　　　　　　　　　　　　（b）添加几何关系

（c）添加几何关系结果

图 2-87　多条直线共线约束

2.5.4　垂直约束

垂直约束是指为对象（两条直线）添加一种约束,使两条直线成垂直关系,两直线夹角为 90°。

打开随书电子资料中的源文件"垂直约束",或在草绘平面中绘制几何图形,如图 2-88（a）所示,单击"草图"选项卡"显示/删除几何关系"下拉列表中的"添加几何关系"按钮 ⊥,弹出"添加几何关系"属性管理器,在"所选实体"选项组中选择两条相交直线,如图 2-88（b）所示,在"添加几何关系"选项组中选择"垂直",使两条直线垂直,此时会在"现有几何关系"选项组中显示"垂直 0",如图 2-88（c）所示。

（a）几何图形

图 2-88　垂直约束

（b）添加几何关系　　　　　　　　　　（c）添加几何关系结果

图2-88　垂直约束（续）

2.5.5　平行约束

　　平行约束是指为对象（两条或多条直线）添加一种约束，使直线成平行关系，所有直线或延长线永不相交，两两直线夹角为0°。

　　打开随书电子资料中的源文件"平行约束"，或在草绘平面中绘制几何图形，如图2-89（a）所示，单击"草图"选项卡"显示/删除几何关系"下拉列表中的"添加几何关系"按钮⊥，弹出"添加几何关系"属性管理器，在"所选实体"选项组中选择多条直线，选中直线显示蓝色，且两端点分别用小矩形框表示，如图2-89（b）所示，在"添加几何关系"选项组中选择"平行"，使所有直线平行，如图2-89（c）所示。

（a）几何图形　　　　　（b）添加几何关系　　　　　　　（c）添加几何关系结果

图2-89　平行约束

2.5.6 相等约束

相等约束是指为对象（两条或多条直线，两个或多个圆弧）添加一种约束，使直线（圆弧）保持相等关系，即保证直线长度或圆弧半径相等。

1. 为圆弧添加相等约束

打开随书电子资料中的源文件"相等约束"，或在草绘平面中绘制几何图形，如图 2-90（a）所示，单击"草图"选项卡"显示/删除几何关系"下拉列表中的"添加几何关系"按钮 ⊥，弹出"添加几何关系"属性管理器，在"所选实体"选项组中选择多条圆弧，选中圆弧显示蓝色，且圆弧两端点分别用小矩形框表示，如图 2-90（b）所示，在"添加几何关系"选项组中选择"相等"，使所有圆弧半径相等，如图 2-90（c）所示。

（a）几何图形

（b）添加几何关系   （c）添加几何关系结果

图 2-90 为圆弧添加相等约束

2. 为直线添加相等约束

在左侧属性管理器"所选实体"选项组中选择其中一个选项，右击，在弹出的快捷菜单中选择"消除选择"命令，删除所有选项，如图 2-91（a）所示。同时，在"所选实体"选项组中选择圆弧两端水平直线，如图 2-91（b）所示，然后在"添加几何关系"选项组中选择"相等"，此时绘图区显示两直线长度相等，如图 2-91（c）所示。

（a）删除选项

（b）添加直线选项

（c）添加几何关系

图 2-91　为直线添加相等约束

2.5.7　固定约束

固定约束是指为对象（任何实体）添加一种约束，使实体对象大小及位置固定不变，即不因尺寸定位或其他操作而发生变化。

1. 利用"添加几何关系"属性管理器添加固定约束

在草绘平面中分别绘制点、直线、圆弧等图形，单击"草图"选项卡"显示/删除几何关系"下拉列表中的"添加几何关系"按钮 ，弹出"添加几何关系"属性管理器，在"所选实体"选项组中分别选择点、直线、圆弧，在"添加几何关系"选项组中选择"固定"，完成固定几何约束的添加。

　　2．利用属性管理器添加固定约束

　　在绘制草图过程中，单击以直接选择点、直线、圆弧，所选对象变为蓝色，显示被选中，同时在左侧弹出对应属性对话框，如图 2-92 所示，在"添加几何关系"选项组中选择"固定"，完成固定几何约束的添加，单击✔按钮，关闭左侧属性管理器。

（a）点

（b）直线

（c）圆弧

图 2-92　属性管理器

2.5.8　相切约束

　　相切约束是指为对象（圆弧、椭圆和样条曲线，直线和圆弧，直线和曲面或三维草图中的曲面）添加一种约束，使实体对象两两相切，如图 2-93 所示。

（a）添加相切关系前　　　　（b）添加相切关系后

图 2-93　添加相切关系前后的两实体

　　打开随书电子资料中的源文件"相切约束"，或单击"草图"选项卡"显示/删除几何关系"下拉列表中的"添加几何关系"按钮⊥，弹出"添加几何关系"属性管理器，在草图中单击要添加几何关系的实体。

此时所选实体会在"添加几何关系"属性管理器的"所选实体"选项组中显示，如图 2-94 所示。

注意：

（1）信息栏ⓘ显示所选实体的状态（完全定义或欠定义等）。

（2）如果要移除一个实体，在"所选实体"选项组的列表框中右击该项目，在弹出的快捷菜单中选择"消除选择"命令即可。

（3）在"添加几何关系"选项组中单击要添加的几何关系类型（相切或固定等），这时添加的几何关系类型就会显示在"现有几何关系"列表框中。

（4）如果要删除已添加的几何关系，在"现有几何关系"列表框中右击该几何关系，在弹出的快捷菜单中选择"删除"命令即可。

（5）单击"确定"按钮✔后，几何关系添加到草图实体间。

图 2-94　"添加几何关系"属性管理器

2.6　自动添加几何关系

使用 SOLIDWORKS 自动添加几何关系后，在绘制草图时光标会改变形状以显示可以生成哪些几何关系。如图 2-95 所示显示了不同几何关系对应的光标指针形状。

图 2-95　不同几何关系对应的光标指针形状

将自动添加几何关系作为系统的默认设置，其操作步骤如下。

（1）选择菜单栏中的"工具"→"选项"命令，打开"系统选项"对话框。

（2）在"系统选项"选项卡的左侧列表框中选择"几何关系/捕捉"选项，然后在右侧的区域中选中"自动几何关系"复选框，如图 2-96 所示。

（3）单击"确定"按钮，关闭对话框。

💡**提示：** 所选实体中至少要有一个项目是草图实体，其他项目可以是草图实体，也可以是一条边线、面、顶点、原点、基准面、轴或从其他草图的线或圆弧映射到此草图平面所形成的草图曲线。

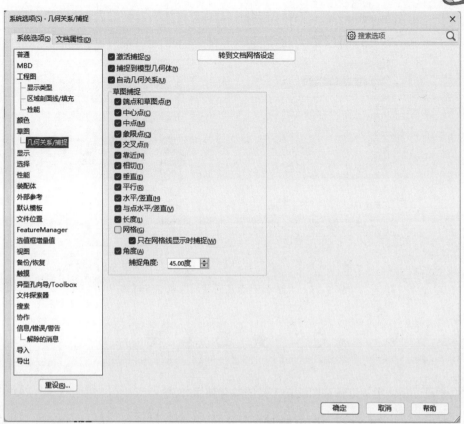

图 2-96　自动添加几何关系

2.7　编辑约束

　　利用"显示/删除几何关系"工具可以显示手动和自动应用到草图实体的几何关系,查看有疑问的特定草图实体的几何关系,并可以删除不再需要的几何关系。此外,还可以通过替换列出的参考引用来修正错误的实体。

　　如果要显示/删除几何关系,其操作步骤如下。

　　(1)单击"草图"选项卡"显示/删除几何关系"下拉列表中的"显示/删除几何关系"按钮↓↓,或者选择菜单栏中的"工具"→"关系"→"显示/删除几何关系"命令。

　　(2)在弹出的"显示/删除几何关系"属性管理器的列表框中执行显示几何关系的准则,如图 2-97 (a)所示。

　　(3)在"几何关系"选项组中执行要显示的几何关系。在显示每个几何关系时,高亮显示相关的草图实体,同时还会显示其状态。在"实体"选项组中也会显示草图实体的名称、状态,如图 2-97 (b)所示。

　　(4)选中"压缩"复选框,可以压缩当前的几何关系。

　　(5)单击"删除"按钮,删除当前的几何关系;单击"删除所有"按钮,删除当前执行的所有几何关系。

（a）显示的几何关系　　　　（b）存在几何关系的实体状态

图 2-97　"显示/删除几何关系"属性管理器

2.8　截　面　草　图

本节主要通过具体实例讲解草图编辑工具的综合使用方法。

2.8.1　实例——气缸体截面草图

在本实例中，将利用草图绘制工具绘制如图 2-98 所示的气缸体截面草图。

由于图形关于两坐标轴对称，因此先绘制关于轴对称部分的实体图形，再利用镜向或阵列方式进行复制，完成整个图形的绘制。

操作步骤：

（1）新建文件。启动 SOLIDWORKS 2024，选择菜单栏中的"文件"→"新建"命令，或者单击"快速访问"工具栏中的"新建"按钮，在打开的"新建 SOLIDWORKS 文件"对话框中单击"零件"按钮，再单击"确定"按钮。

图 2-98　气缸体截面草图

（2）绘制截面草图。在设计树中选择前视基准面，单击"草图"选项卡中的"草图绘制"按钮，新建一张草图。单击"草图"选项卡中的"中心线"按钮和"圆心/起/终点画弧"按钮，绘制线段和圆弧。

（3）标注尺寸。单击"草图"选项卡中的"智能尺寸"按钮，标注尺寸，如图 2-99 所示。

（4）绘制圆和直线段。单击"草图"选项卡中的"圆"按钮和"直线"按钮，绘制一个圆和两条线段。

（5）添加几何关系。按住 Ctrl 键选择其中一条线段和圆，几何关系添加为"相切"，使用相同方法使另一线段也与圆相切，如图 2-100 所示。

图 2-99 标注尺寸 1

图 2-100 绘制圆和直线段

（6）裁剪图形。单击"草图"选项卡中的"剪裁实体"按钮，修剪多余圆弧，裁剪图形如图 2-101 所示。

（7）标注尺寸。单击"草图"选项卡中的"智能尺寸"按钮，标注尺寸，如图 2-102 所示。

图 2-101 裁剪图形

图 2-102 标注尺寸 2

（8）阵列草图实体。单击"草图"选项卡中的"圆周草图阵列"按钮，选择草图实体进行阵列，阵列数目为 4，阵列草图实体，如图 2-103 所示。

（9）保存草图。单击"退出草图"按钮，单击"快速访问"工具栏中的"保存"按钮，将文件保存为"气缸体截面草图.sldprt"，最终生成的气缸体截面草图如图 2-104 所示。

图 2-103 阵列草图实体

图 2-104 最终生成的气缸体截面草图

2.8.2 实例——连接片截面草图

在本实例中，将利用草图绘制工具绘制如图 2-105 所示的连接片截面草图。由于图形关于竖直坐标轴对称，因此先绘制除圆以外的关于轴对称部分的实体图形，利用镜向方式进行复制，然后调用"圆"命令绘制大圆和小圆，并将均匀分布的小圆进行环形阵列，尺寸的约束在绘制过程中完成。

图 2-105　连接片截面草图

操作步骤：

（1）新建文件。启动 SOLIDWORKS 2024，选择菜单栏中的"文件"→"新建"命令，或者单击"快速访问"工具栏中的"新建"按钮，在弹出的"新建 SOLIDWORKS 文件"对话框中单击"零件"按钮，再单击"确定"按钮，进入零件设计状态。

（2）设置基准面。在特征管理器中选择前视基准面，此时前视基准面变为绿色。

（3）绘制中心线。选择菜单栏中的"插入"→"草图绘制"命令，或者单击"草图"选项卡中的"草图绘制"按钮，进入草图绘制界面。选择菜单栏中的"工具"→"草图绘制实体"→"中心线"命令，或者单击"草图"选项卡中的"中心线"按钮，绘制水平和竖直的中心线。

（4）绘制草图。单击"草图"选项卡中的"直线"按钮和"圆"按钮，绘制如图 2-106 所示的草图。

（5）标注尺寸。单击"草图"选项卡中的"剪裁实体"按钮，修剪多余圆弧线，单击"草图"选项卡中的"智能尺寸"按钮，进行尺寸标注，如图 2-107 所示。

图 2-106　绘制草图 1

图 2-107　尺寸标注

（6）镜向图形。单击"草图"选项卡中的"镜向实体"按钮，选择竖直轴线右侧的实体图形作为复制对象，镜向轴为竖直中心线段，进行实体镜向，镜向实体图形如图 2-108 所示。

（7）绘制草图。选择菜单栏中的"工具"→"草图绘制实体"→"圆"命令，或者单击"草图"选项卡中的"圆"按钮，绘制直径分别为 10mm 和 30mm 的圆，并单击"智能尺寸"按钮，确定位置尺寸，如图 2-109 所示。

图 2-108 镜向实体图形

（8）圆周阵列草图。单击"草图"选项卡中的"圆周草图阵列"按钮 ，选择直径为 10mm 的小圆，阵列数目为 3，圆周阵列草图如图 2-110 所示。

图 2-109 绘制草图 2   图 2-110 圆周阵列草图

（9）保存草图。单击"快速访问"工具栏中的"保存"按钮 ，保存文件。

2.9 实践与操作

2.9.1 绘制角铁草图

本实践将绘制如图 2-111 所示的角铁草图。

操作提示：

（1）选择零件图标，进入零件图模式。

（2）选择前视基准面，单击"草图绘制"按钮 ，进入草图绘制模式。

（3）利用"直线"和"圆角"命令，绘制草图。

（4）利用"智能尺寸"命令标注尺寸，绘制的流程如图 2-112 所示。

图 2-111 角铁草图

图 2-112 角铁草图绘制流程图

2.9.2 绘制底座草图

本实践将绘制如图 2-113 所示的底座草图。

操作提示：

（1）在新建文件对话框中选择零件图标，进入零件图模式。

（2）选择前视基准面，单击"草图绘制"按钮，进入草图绘制模式。

（3）利用"中心线"命令，过原点绘制中心轴；单击"圆心/起/终点画弧"按钮分别绘制图中两段圆弧 R130mm 和 R80mm；选择"圆"命令，绘制两个 Φ75mm

图 2-113 底座草图

的圆；利用"直线"命令，绘制直线连接圆弧 R130mm 和 R80mm。利用"圆角"命令，绘制 R20mm 的圆角。

（4）利用"几何关系"命令，选择图示圆弧、圆、直线，保证其同心、相切的关系。

（5）利用"智能尺寸"命令标注尺寸，绘制的流程如图 2-114 所示。

图 2-114 底座草图绘制流程图

第3章

参考几何体

在模型创建过程中不可避免地需要一些辅助操作，如参考几何体，和实体结果无直接关系，却是不可或缺的操作桥梁。

本章主要介绍参考几何体的分类，参考几何体主要包括基准面、基准轴、坐标系与参考点4个部分。

- ☑ 基准面与基准轴
- ☑ 坐标系
- ☑ 参考点

任务驱动&项目案例

3.1 基 准 面

基准面是"参考几何体"操控板（见图 3-1）的组成部分之一，主要应用于零件图和装配图中，可以利用基准面来绘制草图，生成模型的剖面视图，用于拔模特征中的中性面等。

SOLIDWORKS 提供了前视基准面、上视基准面和右视基准面 3 个默认的相互垂直的基准面。通常情况下，用户在这 3 个基准面上绘制草图，然后使用特征命令创建实体模型即可绘制需要的图形。但是对于一些特殊的特征，如扫描特征和放样特征，需要在不同的基准面上绘制草图，才能完成模型的构建，这就需要创建新的基准面了。

图 3-1　"参考几何体"选项卡

创建基准面有 6 种方式，分别是通过直线/点方式、点和平行面方式、夹角方式、等距距离方式、垂直于曲线方式与曲面切平面方式。下面详细介绍这几种创建基准面的方式。

3.1.1 通过直线/点方式

通过直线/点方式创建的基准面有 3 种：通过边线、轴，通过草图线及点，通过三点。下面介绍该方式的操作步骤。

（1）打开随书电子资料中的源文件"直线点方式创建基准面"，执行"基准面"命令。选择菜单栏中的"插入"→"参考几何体"→"基准面"命令，或者单击"特征"选项卡"参考几何体"下拉列表中的"基准面"按钮▥，此时系统弹出"基准面"属性管理器。

（2）设置属性管理器。在"第一参考"选项组中，选择如图 3-2 所示的边线 1。在"第二参考"选项组中，选择如图 3-2 所示的边线 2 的中点。"基准面"属性管理器设置如图 3-3 所示。

（3）确认创建的基准面。单击"基准面"属性管理器中的"确定"按钮✔，创建的基准面 1 如图 3-4 所示。

图 3-2　打开的文件实体

图 3-3　"基准面"属性管理器

图 3-4　创建的基准面 1

3.1.2　点和平行面方式

点和平行面方式用于创建通过点且平行于基准面或者面的基准面。下面介绍该方式的操作步骤。

（1）打开随书电子资料中的源文件"点和平行面方式创建基准面"，执行"基准面"命令。选择菜单栏中的"插入"→"参考几何体"→"基准面"命令，或者单击"特征"选项卡"参考几何体"下拉列表中的"基准面"按钮，此时系统弹出"基准面"属性管理器。

（2）设置属性管理器。在"第一参考"选项组中，选择如图 3-5 所示的边线 1 的中点。在"第二参考"选项组中，选择如图 3-5 所示的面 2，"基准面"属性管理器设置如图 3-6 所示。

（3）确认创建的基准面。单击"基准面"属性管理器中的"确定"按钮，创建的基准面 2 如图 3-7 所示。

图 3-5　打开的文件实体　　　　图 3-6　"基准面"属性管理器　　　　图 3-7　创建的基准面 2

3.1.3　夹角方式

夹角方式用于创建通过一条边线、轴线或者草图线，并与一个面或者基准面成一定角度的基准面，下面介绍该方式的操作步骤。

（1）打开随书电子资料中的源文件"夹角方式创建基准面"，执行"基准面"命令。选择菜单栏中的"插入"→"参考几何体"→"基准面"命令，或者单击"特征"选项卡"参考几何体"下拉列表中的"基准面"按钮，此时系统弹出"基准面"属性管理器。

（2）设置属性管理器。在"第一参考"选项组中，选择如图 3-8 所示的面 1。在"第二参考"选项组中，选择如图 3-8 所示的边线 2。"基准面"属性管理器设置如图 3-9 所示，夹角为 60°。

（3）确认创建的基准面。单击"基准面"属性管理器中的"确定"按钮，创建的基准面 3 如图 3-10 所示。

图 3-8　打开的文件实体　　　　图 3-9　"基准面"属性管理器　　　　图 3-10　创建的基准面 3

3.1.4　等距距离方式

等距距离方式用于创建平行于一个基准面或者面，并等距指定距离的基准面，下面介绍该方式的操作步骤。

（1）打开随书电子资料中的源文件"等距距离方式创建基准面"，执行"基准面"命令。选择菜单栏中的"插入"→"参考几何体"→"基准面"命令，或者单击"特征"选项卡"参考几何体"下拉列表中的"基准面"按钮，此时系统弹出"基准面"属性管理器。

（2）设置属性管理器。在"第一参考"选项组中，选择如图 3-11 所示的面 1。"基准面"属性管理器设置如图 3-12 所示，距离为 20mm。选中"基准面"属性管理器中的"反转等距"复选框可以设置生成基准面相对于参考面的方向。

图 3-11　打开的文件实体

（3）确认创建的基准面。单击"基准面"属性管理器中的"确定"按钮，创建的基准面 4 如图 3-13 所示。

图 3-12 "基准面"属性管理器

图 3-13 创建的基准面 4

3.1.5 垂直于曲线方式

垂直于曲线方式用于创建通过一个点且垂直于一条边线或者曲线的基准面,下面介绍该方式的操作步骤。

(1)打开随书电子资料中的源文件"垂直于曲线方式",执行"基准面"命令。选择菜单栏中的"插入"→"参考几何体"→"基准面"命令,或者单击"特征"选项卡"参考几何体"下拉列表中的"基准面"按钮,此时系统弹出"基准面"属性管理器。

(2)设置属性管理器。在"第一参考"选项组中,选择如图 3-14 所示的点 A。在"第二参考"选项组中,选择如图 3-14 所示的线 1。"基准面"属性管理器设置如图 3-15 所示。

图 3-14 打开的文件实体

图 3-15 "基准面"属性管理器

（3）确认创建的基准面。单击"基准面"属性管理器中的"确定"按钮 ✔，则创建通过点 A 且与螺旋线垂直的基准面 5，如图 3-16 所示。

（4）单击鼠标右键，在弹出的快捷菜单中选择"旋转视图"命令 ↻，将视图以合适的方向显示，如图 3-17 所示。

图 3-16 创建的基准面 5

图 3-17 旋转视图后的图形

3.1.6 曲面切平面方式

曲面切平面方式用于创建一个与空间面或圆形曲面相切于一点的基准面，下面介绍该方式的操作步骤。

（1）打开随书电子资料中的源文件"曲面切平面方式"，执行"基准面"命令。选择菜单栏中的"插入"→"参考几何体"→"基准面"命令，或者单击"特征"选项卡"参考几何体"下拉列表中的"基准面"按钮 ▥，此时系统弹出"基准面"属性管理器。

（2）设置属性管理器。在"第一参考"选项组中，选择如图 3-18 所示的面 1。在"第二参考"选项组中，选择"右视基准面"选项。"基准面"属性管理器设置如图 3-19 所示。

图 3-18 打开的文件实体

图 3-19 "基准面"属性管理器

（3）确认创建的基准面。单击"基准面"属性管理器中的"确定"按钮 ✔，则创建与圆柱体表面相切且垂直于上视基准面的基准面，如图 3-20 所示。

本实例是以参照平面方式生成的基准面，生成的基准面垂直于参考平面。另外，也可以参考点方式生成基准面，生成的基准面是与点距离最近且垂直于曲面的基准面。如图 3-21 所示为参考点方式生成的基准面。

图 3-20 参照平面方式创建的基准面

图 3-21 参考点方式生成的基准面

3.2 基 准 轴

基准轴通常在草图几何体或者圆周阵列中使用。每一个圆柱和圆锥面都有一条轴线。临时轴是由模型中的圆锥和圆柱隐含生成的，可以选择菜单栏中的"视图"→"隐藏/显示"→"临时轴"命令来隐藏或显示所有的临时轴。

创建基准轴有 5 种方式，分别是一直线/边线/轴方式、两平面方式、两点/顶点方式、圆柱/圆锥面方式以及点和面/基准面方式。下面详细介绍这几种创建基准轴的方式。

3.2.1 一直线/边线/轴方式

选择一草图的直线、实体的边线或者轴，创建所选直线所在的轴线，下面介绍该方式的操作步骤。

（1）打开随书电子资料中的源文件"一直线边线轴方式"，执行"基准轴"命令。选择菜单栏中的"插入"→"参考几何体"→"基准轴"命令，或者单击"特征"选项卡"参考几何体"下拉列表中的"基准轴"按钮 ╱，此时系统弹出"基准轴"属性管理器。

（2）设置属性管理器。在"选择"选项组中，选择如图 3-22 所示的线 1。"基准轴"属性管理器设置如图 3-23 所示。

（3）确认创建的基准轴。单击"基准轴"属性管理器中的"确定"按钮 ✔，创建的边线 1 所在的基准轴 1 如图 3-24 所示。

图 3-22 打开的文件实体

图 3-23 "基准轴"属性管理器

图 3-24 创建的基准轴 1

3.2.2　两平面方式

将所选两平面的交线作为基准轴，下面介绍该方式的操作步骤。

（1）打开随书电子资料中的源文件"两平面方式"，执行"基准轴"命令。选择菜单栏中的"插入"→"参考几何体"→"基准轴"命令，或者单击"特征"选项卡"参考几何体"下拉列表中的"基准轴"按钮 ，此时系统弹出"基准轴"属性管理器。

（2）设置属性管理器。在"选择"选项组中，选择如图3-25所示的面1、面2。"基准轴"属性管理器设置如图3-26所示。

（3）确认创建的基准轴。单击"基准轴"属性管理器中的"确定"按钮 ，以两平面的交线创建的基准轴2如图3-27所示。

图3-25　打开的文件实体　　　　图3-26　"基准轴"属性管理器　　　　图3-27　创建的基准轴2

3.2.3　两点/顶点方式

将两个点或者两个顶点的连线作为基准轴，下面介绍该方式的操作步骤。

（1）打开随书电子资料中的源文件"两点顶点方式"，执行"基准轴"命令。选择菜单栏中的"插入"→"参考几何体"→"基准轴"命令，或者单击"特征"选项卡"参考几何体"下拉列表中的"基准轴"按钮 ，此时系统弹出"基准轴"属性管理器。

（2）设置属性管理器。在"选择"选项组中，选择如图3-28所示的点1和点2。在"第二参考"选项组中，选择如图3-28所示的点2。"基准轴"属性管理器设置如图3-29所示。

（3）确认创建的基准轴。单击"基准轴"属性管理器中的"确定"按钮 ，以两顶点的交线创建的基准轴3如图3-30所示。

图3-28　打开的文件实体　　　　图3-29　"基准轴"属性管理器　　　　图3-30　创建的基准轴3

3.2.4 圆柱/圆锥面方式

选择圆柱面或者圆锥面,将其临时轴确定为基准轴,下面介绍该方式的操作步骤。

(1)打开随书电子资料中的源文件"圆柱圆锥面方式",执行"基准轴"命令。选择菜单栏中的"插入"→"参考几何体"→"基准轴"命令,或者单击"特征"选项卡"参考几何体"下拉列表中的"基准轴"按钮 ✎ ,此时系统弹出"基准轴"属性管理器。

(2)设置属性管理器。在"选择"选项组中,选择如图 3-31 所示的面 3。"基准轴"属性管理器设置如图 3-32 所示。

(3)确认创建的基准轴。单击"基准轴"属性管理器中的"确定"按钮 ✔ ,将圆柱体临时轴确定为基准轴 4,如图 3-33 所示。

图 3-31 打开的文件实体 图 3-32 "基准轴"属性管理器 图 3-33 创建的基准轴 4

3.2.5 点和面/基准面方式

选择一曲面或者基准面以及顶点、点或者中点,创建一个通过所选点并且垂直于所选面的基准轴。下面介绍该方式的操作步骤。

(1)打开随书电子资料中的源文件"点和面基准面方式",执行"基准轴"命令。选择菜单栏中的"插入"→"参考几何体"→"基准轴"命令,或者单击"特征"选项卡"参考几何体"下拉列表中的"基准轴"按钮 ✎ ,此时系统弹出"基准轴"属性管理器。

(2)设置属性管理器。在"选择"选项组中,选择如图 3-34 所示的面 1 和边线的中点 1。"基准轴"属性管理器设置如图 3-35 所示。

图 3-34 打开的文件实体 图 3-35 "基准轴"属性管理器

（3）确认创建的基准轴。单击"基准轴"属性管理器中的"确定"按钮✔，创建通过边线的中点 2 且垂直于面 1 的基准轴。

（4）旋转视图。单击鼠标右键，在弹出的快捷菜单中选择"旋转视图"命令；或按住鼠标中键，在绘图区出现♻按钮，单击以旋转视图，将视图以合适的方向显示，创建的基准轴 5 如图 3-36 所示。

图 3-36　创建的基准轴 5

3.3　坐　标　系

"坐标系"命令主要用来定义零件或装配体的坐标系。此坐标系与测量和质量属性工具一同使用，可用于将 SOLIDWORKS 文件输出为 IGES、STL、ACIS、STEP、Parasolid、VRML 和 VDA 文件。下面介绍创建坐标系的操作步骤。

（1）打开随书电子资料中的源文件"坐标系"，执行"坐标系"命令。选择菜单栏中的"插入"→"参考几何体"→"坐标系"命令，或者单击"特征"选项卡"参考几何体"下拉列表中的"坐标系"按钮♣，此时系统弹出"坐标系"属性管理器。

（2）设置属性管理器。在"原点"选项♣中，选择如图 3-37 所示的点 A；在"X 轴"选项中，选择如图 3-37 所示的边线 1；在"Y 轴"选项中，选择如图 3-37 所示的边线 2；在"Z 轴"选项中，选择如图 3-37 所示的边线 3。"坐标系"属性管理器设置如图 3-38 所示。

图 3-37　打开的文件实体

图 3-38　"坐标系"属性管理器

（3）确认创建的坐标系。单击"坐标系"属性管理器中的"确定"按钮✔，创建的新坐标系 1 如图 3-39 所示。此时所创建的坐标系 1 也会出现在 FeatureManager 设计树中，如图 3-40 所示。

图 3-39　创建的坐标系 1

图 3-40　FeatureManager 设计树

3.4　参　考　点

在 SOLIDWORKS 中，不仅可生成数种类型的参考点来构造对象，还可以在指定距离分割的曲线上生成多个参考点。

3.4.1　圆弧中心参考点

在所选圆弧或圆的中心生成参考点，下面介绍该方式的操作步骤。

（1）打开随书电子资料中的源文件"圆弧中心参考点"，执行"点"命令。选择菜单栏中的"插入"→"参考几何体"→"点"命令，或者单击"特征"选项卡"参考几何体"下拉列表中的"点"按钮 ⬤，此时系统弹出"点"属性管理器。

（2）设置属性管理器。单击"圆弧中心"按钮 ⬤，设置点的创建方式为通过圆弧方式。在"参考实体"列表框 ⬚ 中选择如图 3-41 所示的圆弧边线。"点"属性管理器设置如图 3-42 所示。

（3）确认创建的参考点。单击"点"属性管理器中的"确定"按钮✔，创建的点 1 如图 3-43 所示。

图 3-41　选择圆弧边线

图 3-42　"点"属性管理器

图 3-43　创建的点 1

3.4.2　面中心参考点

在所选面的引力中心生成一个参考点，下面介绍该方式的操作步骤。

（1）打开随书电子资料中的源文件"面中心参考点"，执行"点"命令。选择菜单栏中的"插入"→"参考几何体"→"点"命令，或者单击"特征"选项卡"参考几何体"下拉列表中的"点"按钮 ，此时系统弹出"点"属性管理器。

（2）设置属性管理器。单击"面中心"按钮 ，设置点的创建方式为通过平面方式。在"参考实体"列表框 中选择如图 3-44 所示的面 1，"点"属性管理器设置如图 3-45 所示。

（3）确认创建的参考点。单击"点"属性管理器中的"确定"按钮 ，创建的点 2 如图 3-46 所示。

图 3-44　打开的文件实体　　　　　图 3-45　"点"属性管理器　　　　　图 3-46　创建的点 2

3.4.3　交叉点

在两个所选实体的交点处生成一个参考点，下面介绍该方式的操作步骤。

（1）打开随书电子资料中的源文件"交叉点"，执行"点"命令。选择菜单栏中的"插入"→"参考几何体"→"点"命令，或者单击"特征"选项卡"参考几何体"下拉列表中的"点"按钮 ，此时系统弹出"点"属性管理器。

（2）设置属性管理器。单击"交叉点"按钮 ，设置点的创建方式为通过线方式。在"参考实体"列表框 中选择如图 3-47 所示的线 1 和线 2。"点"属性管理器设置如图 3-48 所示。

（3）确认创建的参考点。单击"点"属性管理器中的"确定"按钮 ，创建的点 3 如图 3-49 所示。

图 3-47　实体　　　　　　　图 3-48　"点"属性管理器　　　　　图 3-49　创建的点 3

3.4.4　投影点

生成一个从一实体投影到另一实体的参考点，下面介绍该方式的操作步骤。

（1）打开随书电子资料中的源文件"投影点"，执行"点"命令。选择菜单栏中的"插入"→"参考几何体"→"点"命令，或者单击"特征"选项卡"参考几何体"下拉列表中的"点"按钮 ●，此时系统弹出"点"属性管理器。

（2）设置属性管理器。单击"投影"按钮 ，设置点的创建方式为投影方式。在"参考实体"列表框 中选择如图 3-50 所示的顶点 1 和面 2，"点"属性管理器设置如图 3-51 所示。

（3）确认创建的参考点。单击"点"属性管理器中的"确定"按钮 ✔，创建的点 4 如图 3-52 所示。

图 3-50　实体

图 3-51　"点"属性管理器

图 3-52　创建的点 4

3.4.5　创建多个参考点

沿边线、曲线或草图线段生成一组参考点，下面介绍该方式的操作步骤。

（1）打开随书电子资料中的源文件"创建多个参考点"，执行"点"命令。选择菜单栏中的"插入"→"参考几何体"→"点"命令，或者单击"特征"选项卡"参考几何体"下拉列表中"点"按钮 ●，此时系统弹出"点"属性管理器。

（2）设置属性管理器。单击"沿曲线距离或多个参考点"按钮 ，设置点的创建方式为曲线方式。在"参考实体"列表框 中选择如图 3-53 所示的线 1。"点"属性管理器设置如图 3-54 所示，在属性管理器中选择分布类型。

图 3-53　实体

☑　输入距离/百分比数值：设定用来生成参考点的距离或百分比数值，此处设为 2mm。

☑ 距离：按设定的距离生成参考点数。

☑ 百分比：按设定的百分比生成参考点数。

☑ 均匀分布：在实体上按照均匀分布的方式生成参考点数。

☑ 参考点数🔡：设定要沿所选实体生成的参考点数，此处设为3。

（3）确认创建的参考点。单击"点"属性管理器中的"确定"按钮✔，创建的点5、点6和点7如图3-55所示。

图3-54 "点"属性管理器

图3-55 创建的多点

3.5 实践与操作

3.5.1 创建基准面

本实践利用"基准面"命令，采用不同的方式创建基准面。

操作提示：

（1）选择零件，进入零件图模式。

（2）选择"基准面"命令，在打开的属性管理器中选择不同的方式来创建基准面。

3.5.2 创建坐标系

本实践利用"坐标系"命令，在实体不同位置创建坐标系。

操作提示：

（1）利用"拉伸"命令创建简单圆柱体。

（2）利用"坐标系"命令在不同位置创建坐标系。

（3）利用"拉伸切除"命令在不同的坐标原点创建孔。

第4章

草绘特征

SOLIDWORKS提供了无与伦比的、基于特征的实体建模功能，通过拉伸、旋转、扫描特征、放样以及打孔等操作来实现产品的设计。

- ☑ 拉伸凸台/基体特征
- ☑ 旋转凸台/基体特征
- ☑ 扫描特征
- ☑ 放样凸台/基体特征
- ☑ 切除特征

任务驱动&项目案例

4.1 拉伸凸台/基体特征

拉伸特征由截面轮廓草图经过拉伸而成，适用于构造等截面的实体特征。图4-1展示了利用拉伸凸台/基体特征生成的零件。

图4-1 利用拉伸凸台/基体特征生成的零件

4.1.1 拉伸凸台/基体

拉伸特征是将一个二维平面草图按照给定的数值，沿与平面垂直的方向拉伸一段距离形成的特征。下面介绍创建拉伸特征的操作步骤。

（1）打开随书电子资料中的源文件"拉伸凸台基体"。保持草图处于激活状态，如图4-2所示，单击"特征"选项卡中的"拉伸凸台/基体"按钮，或者选择菜单栏中的"插入"→"凸台/基体"→"拉伸"命令。

（2）此时系统弹出"凸台-拉伸"属性管理器，各选项的注释如图4-3所示。

图4-2 打开的文件实体 图4-3 "凸台-拉伸"属性管理器

（3）在"方向1"选项组的"终止条件"下拉列表框中选择拉伸的终止条件，有以下几种。

☑ 给定深度：从草图的基准面拉伸到指定的距离平移处，以生成特征，如图4-4（a）所示。

☑ 完全贯穿：从草图的基准面拉伸直到贯穿所有现有的几何体，如图4-4（b）所示。

☑ 成形到下面：从草图的基准面拉伸到下一面（隔断整个轮廓），以生成特征，如图4-4（c）所示。

☑ 成形到面：从草图的基准面拉伸到所选的曲面，以生成特征，如图4-4（d）所示。

☑ 到离指定面指定的距离：从草图的基准面拉伸到离某面或曲面的特定距离处，以生成特征，如图 4-4（e）所示。

☑ **成形到实体**：从草图的基准面拉伸草图到所选的实体，如图 4-4（f）所示。

☑ **两侧对称**：从草图基准面向两个方向对称拉伸，如图 4-4（g）所示。

| （a）给定深度 | （b）完全贯穿 | （c）成形到下面 | （d）成形到面 |

（e）到离指定面指定的距离　　　　（f）成形到实体　　　　（g）两侧对称

图 4-4　拉伸的终止条件

（4）在右面的图形区中检查预览。如果需要，单击"反向"按钮 ，向另一个方向拉伸。

（5）在"深度"文本框 中输入拉伸的深度。

（6）如果要给特征添加一个拔模，单击"拔模开/关"按钮 ，然后输入一个拔模角度。如图 4-5 所示说明了拔模特征。

图 4-5　拔模说明

（7）如有必要，选中"方向 2"复选框，将拉伸应用到第二个方向。

（8）保持"薄壁特征"复选框没有被选中，单击"确定"按钮 ，完成凸台/基体的创建。

4.1.2　拉伸薄壁特征

SOLIDWORKS 可以对闭环和开环草图进行薄壁拉伸，如图 4-6 所示。所不同的是，如果草图本身是一个开环图形，

图 4-6　开环和闭环草图的薄壁拉伸

则"拉伸凸台/基体"工具只能将其拉伸为薄壁；如果草图是一个闭环图形，则既可以选择将其拉伸为薄壁特征，也可以选择将其拉伸为实体特征。

下面介绍创建拉伸薄壁特征的操作步骤。

（1）打开随书电子资料中的源文件"拉伸薄壁特征"，或者单击"快速访问"工具栏中的"新建"按钮□，进入零件绘图区域。

（2）绘制一个圆。

（3）保持草图处于激活状态，单击"特征"选项卡中的"拉伸凸台/基体"按钮⭐，或者选择菜单栏中的"插入"→"凸台/基体"→"拉伸"命令。

（4）在弹出的"凸台-拉伸"属性管理器中选中"薄壁特征"复选框，如果草图是开环系统，则只能生成薄壁特征。

（5）在⭐图标右侧的"拉伸类型"下拉列表框中选择拉伸薄壁特征的方式。

☑ 单向：使用指定的壁厚向一个方向拉伸草图。

☑ 两侧对称：在草图的两侧各以指定壁厚的一半向两个方向拉伸草图。

☑ 双向：在草图的两侧各使用不同的壁厚向两个方向拉伸草图。

（6）在"厚度"文本框⭐中输入薄壁的厚度。

（7）默认情况下，壁厚加在草图轮廓的外侧。单击"反向"按钮⭐，可以将壁厚加在草图轮廓的内侧。

（8）对于薄壁特征基体拉伸，还可以指定以下附加选项。

☑ 如果生成的是一个闭环的轮廓草图，可以选中"顶端加盖"复选框，此时将为特征的顶端加上封盖，形成一个中空的零件，如图4-7（a）所示。

☑ 如果生成的是一个开环的轮廓草图，可以选中"自动加圆角"复选框，此时自动在每一个具有相交夹角的边线上生成圆角，如图4-7（b）所示。

（a）中空零件　　　（b）带有圆角的薄壁

图4-7　薄壁

（9）单击"确定"按钮✔，完成拉伸薄壁特征的创建。

4.1.3　实例——三通管1

三通管常用于管线的连接处，将水平方向和垂直方向的管线连通成一条管路，如图4-8所示。本例利用"拉伸"工具进行零件建模，生成三通管零件的主体轮廓。

操作步骤：

（1）新建草图。在FeatureManager设计树中选择"前视基准面"

图4-8　三通管

作为草图绘制基准面，单击"草图"选项卡中的"草图绘制"按钮🗋，新建一张草图。

（2）绘制圆。单击"草图"选项卡中的"圆"按钮⊙，以原点为圆心绘制一个直径为 20mm 的圆作为拉伸轮廓草图，如图 4-9 所示。

（3）拉伸实体 1。单击"特征"选项卡中的"拉伸凸台/基体"按钮🗐，或者选择菜单栏中的"插入"→"凸台/基体"→"拉伸"命令，在弹出的"凸台-拉伸"属性管理器中设置拉伸终止条件为"两侧对称"，在"深度"文本框🗘中输入"80"，并选中"薄壁特征"复选框，设定薄壁类型为"单向"、薄壁的厚度为 3mm，如图 4-10 所示，单击"确定"按钮✔，生成薄壁特征。

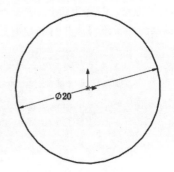

图 4-9　绘制圆

（4）创建基准面。在 FeatureManager 设计树中选择"右视基准面"作为草图绘制基准面，选择菜单栏中的"插入"→"参考几何体"→"基准面"命令，或者单击"特征"选项卡"参考几何体"下拉列表中的"基准面"按钮🗊，在弹出的"基准面"属性管理器的"偏移距离"文本框🖉中输入"40"，如图 4-11 所示。单击"确定"按钮✔，生成基准面 1。

图 4-10　拉伸实体 1

图 4-11　创建基准面 1

（5）新建草图。选择基准面 1，单击"草图"选项卡中的"草图绘制"按钮🗋，在基准面 1 上新建一张草图。单击"视图（前导）"工具栏"视图定向"下拉列表中的"正视于"按钮🡇，正视于基准面 1。

（6）绘制凸台轮廓。单击"草图"选项卡中的"圆"按钮⊙，以原点为圆心，绘制一个直径为 26mm 的圆作为凸台轮廓，如图 4-12 所示。

图 4-12　绘制凸台轮廓

（7）拉伸实体。单击"特征"选项卡中的"拉伸凸台/基体"按钮🗐，在弹出的"凸台-拉伸"属性管理器中设置拉伸终止条件为"成形到面"，选择圆柱表面，如图 4-13 所示。单击"确定"按钮✔，生成凸台拉伸特征。

（8）设置视图方向。单击"视图（前导）"工具栏"视图定向"下拉列表中的"等轴测"按钮🗖，以等轴测视图观看模型。

（9）隐藏基准面。选择菜单栏中的"视图"→"隐藏/显示"→"基准面"命令，将基准面1隐藏起来；或在 FeatureManager 设计树中选择基准面1并右击，在弹出的快捷菜单中单击"隐藏"按钮，将基准面1隐藏，此时的模型如图4-14所示。

图 4-13　拉伸实体 2

图 4-14　隐藏基准面 1

4.2　旋转凸台/基体特征

旋转特征是由特征截面绕中心线旋转而成的一类特征，适用于构造回转体零件。如图 4-15 所示是一个由旋转特征形成的零件。

图 4-15　由旋转特征形成的零件

4.2.1　旋转凸台/基体

实体旋转特征的草图可以包含一个或多个闭环的非相交轮廓。对于包含多个轮廓的基体旋转特征，其中一个轮廓必须包含所有其他轮廓。如果草图包含一条以上的中心线，则选择一条中心线用作旋转轴。

下面介绍创建旋转的凸台/基体特征的操作步骤。

（1）打开随书电子资料中的源文件"旋转凸台基体"。单击"特征"选项卡中的"旋转凸台/基体"按钮，或者选择菜单栏中的"插入"→"凸台/基体"→"旋转"命令。

（2）弹出"旋转"属性管理器，选择如图4-16所示的闭环旋转草图及基准轴，同时在右侧的图形区中显示生成的旋转特征，如图4-17所示。

图 4-16 旋转草图

图 4-17 "旋转"属性管理器

（3）在"角度"文本框📐中输入旋转角度。

（4）在"反向"按钮🔄后的"终止条件"下拉列表框中选择旋转类型。

☑ 给定深度：设定角度，从草图的基准面指定的角度旋转特征，如图 4-18（a）所示。

☑ 成形到一顶点：在图形区域选择一个顶点，从草图基准面旋转特征到一个平面，这个平面将平行于草图基准面且穿越指定的顶点。

☑ 成形到一面：在图形区域选择一个要延伸到的面或基准面作为面/基准面，从草图的基准面旋转特征到所选的曲面以生成特征。

☑ 到离指定面指定的距离：在图形区域选择一个面或基准面作为面/基准面，然后输入等距距离。选择转化曲面可以使旋转结束在参考曲面转化处，而非实际的等距。必要时，单击"反向"按钮以便以反方向等距移动。

☑ 两侧对称：草图以所在平面为中面分别向两个方向旋转相同的角度，在"方向 1"选项组下，选择"两侧对称"类型，在"角度"文本框📐中输入所需角度，如图 4-18（b）所示，角度为 120°。

（5）双向：草图以所在平面为中面分别两个方向旋转指定的角度，分别在"方向 1"和"方向 2"选项组的"角度"文本框📐中设置对应角度，这两个角度可以分别指定，角度均为 120°，如图 4-18（c）所示。

（a）单向旋转

（b）两侧对称旋转

（c）双向旋转

图 4-18 旋转特征

（6）单击"确定"按钮✔，完成旋转凸台/基体特征的创建。

旋转特征应用比较广泛，是比较常用的特征建模工具，主要应用在以下零件的建模中。

☑ 环形零件，如图 4-19 所示。

☑ 球形零件，如图 4-20 所示。

Note

☑ 轴类零件，如图 4-21 所示。

☑ 形状规则的轮毂类零件，如图 4-22 所示。

图 4-19　环形零件　　　图 4-20　球形零件　　　图 4-21　轴类零件　　　图 4-22　轮毂类零件

4.2.2　旋转薄壁凸台/基体

薄壁或曲面旋转特征的草图只能包含一个开环或闭环的非相交轮廓。轮廓不能与中心线交叉。如果草图包含一条以上的中心线，则选择一条中心线用作旋转轴。

下面介绍创建旋转的薄壁凸台/基体特征的操作步骤。

（1）打开随书电子资料中的源文件"旋转薄壁凸台基体"。单击"特征"选项卡中的"旋转凸台/基体"按钮，或者选择菜单栏中的"插入"→"凸台/基体"→"旋转"命令。

（2）弹出"旋转"属性管理器，选择图 4-23 所示的旋转草图及基准轴，由于草图是开环，属性管理器自动选中"薄壁特征"复选框，设置薄壁厚度为 1mm，同时在右侧的图形区中显示生成的旋转特征，如图 4-24 所示。

图 4-23　旋转草图　　　　　　　　图 4-24　"旋转"属性管理器

（3）在"角度"文本框中输入旋转角度。

（4）在"反向"按钮后的"类型"下拉列表框中选择旋转类型。

☑ 给定深度：在"角度"文本框中设定角度，从草图的基准面指定的角度旋转特征。如图 4-25（a）所示，角度为 120°。

☑ 成形到一顶点：在图形区域选择一个顶点，从草图基准面旋转特征到一个平面，这个平面将平行于草图基准面且穿越指定的顶点。

☑ 成形到一面：在图形区域选择一个要延伸到的面或基准面作为面/基准面，从草图的基准面旋转特征到所选的曲面以生成特征。

- ☑ 到离指定面指定的距离：在图形区域选择一个面或基准面作为面/基准面，然后输入等距距离。选择转化曲面可以使旋转结束在参考曲面转化处，而非实际的等距。必要时，单击"反向"按钮以便以反方向等距移动。
- ☑ 两侧对称：草图以所在平面为中面分别向两个方向旋转相同的角度，在"方向 1"选项组下，选择"两侧对称"类型，在"角度"文本框$\triangle$中输入所需角度，如图 4-25（b）所示，角度为 100°。

（5）双向：草图以所在平面为中面分别向两个方向旋转指定的角度，分别在"方向 1"和"方向 2"选项组的"角度"文本框$\triangle$中设置对应角度，这两个角度可以分别指定，角度均为 100°，如图 4-25（c）所示。

（a）单向旋转　　　　　　　（b）两侧对称旋转　　　　　　　（c）双向旋转

图 4-25　旋转特征

（6）如果草图是闭环草图，准备生成薄壁旋转，则选中"薄壁特征"复选框，然后在"薄壁特征"选项组的下拉列表框中选择旋转薄壁类型。这里的类型与在拉伸类型中的含义完全不同，这里的方向是指薄壁截面上的方向。

- ☑ 单向：使用指定的壁厚向一个方向旋转草图，默认情况下，壁厚加在草图轮廓的外侧。
- ☑ 两侧对称：在草图的两侧各以指定壁厚的一半向两个方向旋转草图。
- ☑ 双向：在草图的两侧各使用不同的壁厚向两个方向旋转草图。

（7）在"厚度"文本框$\triangle$中指定薄壁的厚度。单击"反向"按钮$\triangle$，可以将壁厚加在草图轮廓的内侧。如图 4-26 所示为壁厚加在外侧的旋转实体。

图 4-26　薄壁实体

（8）单击"确定"按钮$\checkmark$，完成薄壁旋转凸台/基体特征的创建。

4.2.3 实例——油标尺

本例通过草图旋转创建油标尺，如图 4-27 所示。

操作步骤：

（1）打开文件。打开随书电子资料中的源文件"油标尺草图"，如图 4-28 所示。

（2）旋转实体。选择菜单栏中的"插入"→"凸台/基体"→"旋转"命令，或者单击"特征"选项卡中的"旋转凸台/基体"按钮🍬，弹出如图 4-29 所示的"旋转"属性管理器。设定旋转的终止条件为"给定深度"，输入旋转角度为 360°，保持其他选项的系统默认值不变。单击"旋转"属性管理器中的"确定"按钮✔，结果如图 4-27 所示。

图 4-27　油标尺

图 4-28　油标尺草图　　　　图 4-29　"旋转"属性管理器

4.3　扫　描　特　征

扫描特征是指由二维草绘平面沿一平面或空间轨迹线扫描而成的一类特征。沿着一条路径移动轮廓（截面）可以生成基体、凸台、切除或曲面，如图 4-30 所示。

图 4-30　由扫描特征形成的零件

4.3.1 凸台/基体扫描

凸台/基体扫描特征属于叠加特征。下面介绍创建凸台/基体扫描特征的操作步骤。

（1）打开随书电子资料中的源文件"凸台基体扫描"。在一个基准面上绘制一个闭环的非相交轮廓。使用草图、现有的模型边线或曲线生成轮廓将遵循的路径，如图 4-31 所示。

（2）单击"特征"选项卡中的"扫描"按钮，或者选择菜单栏中的"插入"→"凸台/基体"→"扫描"命令。

图 4-31　扫描草图

（3）系统弹出"扫描"属性管理器，同时在右侧的图形区中显示生成的扫描特征，如图 4-32 所示。

图 4-32　"扫描"属性管理器

（4）单击"轮廓"按钮，然后在图形区中选择轮廓草图。

（5）单击"路径"按钮，然后在图形区中选择路径草图。如果预先选择了轮廓草图或路径草图，则草图将显示在对应的属性管理器文本框中。

（6）在"轮廓方位"下拉列表框中选择以下选项之一。

☑　随路径变化：草图轮廓随路径的变化而变换方向，其法线与路径相切，如图 4-33（a）所示。

☑　保持法向不变：草图轮廓保持法线方向不变，如图 4-33（b）所示。

（a）随路径变化　　　　　　　（b）保持法向不变

图 4-33　扫描特征

（7）如果要生成薄壁特征扫描，则选中"薄壁特征"复选框，从而激活薄壁选项。

☑ 选择薄壁类型（单向、两侧对称或双向）。

☑ 设置薄壁厚度。

（8）扫描属性设置完毕，单击"确定"按钮 ✔ 。

4.3.2 引导线扫描

SOLIDWORKS 2024不仅可以生成等截面的扫描，还可以生成随着路径变化截面也发生变化的扫描——引导线扫描。图4-34展示了引导线扫描效果。

图4-34 引导线扫描效果

在利用引导线生成扫描特征之前，应该注意以下几点。

☑ 应该先生成扫描路径和引导线，然后生成截面轮廓。

☑ 引导线必须要和轮廓相交于一点，作为扫描曲面的顶点。

☑ 最好在截面草图上添加引导线上的点和截面相交处之间的穿透关系。

下面介绍利用引导线生成扫描特征的操作步骤。

（1）打开随书电子资料中的源文件"引导线扫描"，如图4-35所示。在轮廓草图中引导线与轮廓相交处添加穿透几何关系。穿透几何关系将使截面沿着路径改变大小、形状或者两者均改变。截面受曲线的约束，但曲线不受截面的约束。

（2）单击"特征"选项卡中的"扫描"按钮 ，或者选择菜单栏中的"插入"→"凸台/基体"→"扫描"命令。如果要生成切除扫描特征，则选择菜单栏中的"插入"→"切除"→"扫描"命令。

（3）弹出"扫描"属性管理器，同时在右侧的图形区中显示生成的基体或凸台扫描特征。

（4）单击"轮廓"按钮 ，然后在图形区中选择轮廓草图。

（5）单击"路径"按钮 ，然后在图形区中选择路径草图。如果选中了"显示预览"复选框，此时在图形区中将显示不随引导线变化截面的扫描特征。

（6）在"引导线"选项组中单击"引导线"按钮 ，然后在图形区中选择引导线。此时在图形区中将显示随引导线变化截面的扫描特征，如图4-36所示。

（7）如果存在多条引导线，可以单击"上移"按钮 ↑ 或"下移"按钮 ↓ ，改变使用引导线的顺序。

（8）单击"显示截面"按钮 ，然后单击"微调"按钮 ，根据截面数量查看并修正轮廓。

（9）在"选项"选项组的"轮廓方向"或"轮廓扭转"下拉列表框中可以选择以下选项。

☑ 随路径变化：草图轮廓随路径的变化而变换方向，其法线与路径相切。

☑ 保持法线不变：草图轮廓保持法线方向不变。

☑ 随路径和第一条引导线变化：如果引导线不只一条，选择该选项将使扫描随第一条引导线变化，如图4-37（a）所示。

☑ 随第一和第二条引导线变化：如果引导线不只一条，选择该选项将使扫描随第一条和第二条引导线同时变化，如图4-37（b）所示。

图 4-35 打开的实体文件   图 4-36 引导线扫描

引导线

曲线路径

轮廓

（a）随路径和第一条引导线变化

（b）随第一和第二条引导线变化

图 4-37 随路径和引导线扫描

（10）如果要生成薄壁特征扫描，则选中"薄壁特征"复选框，从而激活薄壁选项。

☑ 选择薄壁类型（单向、两侧对称或双向）。

☑ 设置薄壁厚度。

（11）在"起始处和结束处相切"选项组中可以设置起始或结束处的相切选项。

☑ 无：不应用相切。

☑ 路径相切：扫描在起始处和终止处与路径相切。

☑ 方向向量：扫描与所选的直线边线或轴线相切，或与所选基准面的法线相切。

☑ 所有面：扫描在起始处和终止处与现有几何的相邻面相切。

（12）扫描属性设置完毕，单击"确定"按钮 ✔ ，完成引导线扫描。

扫描路径和引导线的长度可能不同，如果引导线比扫描路径长，扫描将使用扫描路径的长度；如果引导线比扫描路径短，扫描将使用最短的引导线长度。

4.4　放样凸台/基体特征

所谓放样是指连接多个剖面或轮廓形成的基体、凸台或切除，通过在轮廓之间进行过渡来生成特征。如图 4-38 所示是放样特征实例。

4.4.1　凸台/基体放样

通过使用空间上两个或两个以上的不同平面轮廓，可以生成最基本的放样特征。

下面介绍创建空间轮廓的放样特征的操作步骤。

（1）打开随书电子资料中的源文件"放样凸台基体"，如图 4-39 所示。

图 4-38　放样特征实例

单击"特征"选项卡中的"放样凸台/基体"按钮🥄，或者选择菜单栏中的"插入"→"凸台/基体"→"放样"命令。如果要生成切除放样特征，则选择"插入"→"切除"→"放样"命令。

（2）此时弹出"放样"属性管理器，单击每个轮廓上相应的点，按顺序选择空间轮廓和其他轮廓的面，此时被选择轮廓显示在"轮廓"选项组中，在右侧的图形区中显示生成的放样特征，如图 4-40 所示。

图 4-39　打开的实体文件　　　　　　　　　图 4-40　"放样"属性管理器

（3）单击"上移"按钮↑或"下移"按钮↓，改变轮廓的顺序。此项只针对两个以上轮廓的放样特征。

（4）如果要在放样的开始和结束处控制相切，则设置"开始/结束约束"选项组，图 4-41 分别显示了"开始约束"与"结束约束"两个下拉列表框中的选项。

图 4-41　"开始/结束约束"选项组

下面分别介绍常用选项。

- ☑ 无：不应用相切。
- ☑ 垂直于轮廓：放样在起始和终止处与轮廓的草图基准面垂直。
- ☑ 方向向量：放样与所选的边线或轴相切，或与所选基准面的法线相切。
- ☑ 与面相切：使相邻面在所选开始或结束轮廓处相切。
- ☑ 与面的曲率：在所选开始或结束轮廓处应用平滑、具有美感的曲率连续放样。

图 4-42 说明了相切选项的差异。

图 4-42　相切选项的差异

（5）如果要生成薄壁放样特征，则选中"薄壁特征"复选框，从而激活薄壁选项。

- ☑ 选择薄壁类型（单向、两侧对称或双向）。
- ☑ 设置薄壁厚度。

（6）放样属性设置完毕，单击"确定"按钮✔，完成放样。

4.4.2　引导线放样

同生成引导线扫描特征一样，SOLIDWORKS 2024 也可以生成引导线放样特征。通过使用两个或多个轮廓并使用一条或多条引导线来连接轮廓，生成引导线放样特征。通过引导线可以帮助控制所生成的中间轮廓。图 4-43 展示了引导线放样效果。

在利用引导线生成放样特征时，应该注意以下几点。

- ☑ 引导线必须与轮廓线相交。
- ☑ 引导线的数量不受限制。
- ☑ 引导线之间可以相交。
- ☑ 引导线可以是任何草图曲线、模型边线或曲线。

图 4-43　引导线放样效果

☑　引导线可以比生成的放样特征长，放样将终止于最短的引导线的末端。

下面介绍创建引导线放样特征的操作步骤。

（1）打开随书电子资料中的源文件"引导线放样"，如图 4-44 所示。在轮廓所在的草图中为引导线和轮廓顶点添加穿透几何关系或重合几何关系。

（2）单击"特征"选项卡中的"放样凸台/基体"按钮 ，或者选择菜单栏中的"插入"→"凸台/基体"→"放样"命令，如果要生成切除特征，则选择菜单栏中的"插入"→"切除"→"放样"命令。

（3）弹出"放样"属性管理器，单击每个轮廓上相应的点，按顺序选择空间轮廓和其他轮廓的面，此时被选择轮廓显示在"轮廓"选项组中。

（4）单击"上移"按钮 或"下移"按钮 ，改变轮廓的顺序，此项只针对两个以上轮廓的放样特征。

（5）在"引导线"选项组中单击"引导线"按钮 ，然后在图形区中选择引导线。此时在图形区中将显示随引导线变化的放样特征，如图 4-45 所示。

图 4-44　零件草图

图 4-45　"放样"属性管理器

（6）如果存在多条引导线，可以单击"上移"按钮▲或"下移"按钮▼，改变使用引导线的顺序。

（7）通过"开始/结束约束"选项组可以控制草图、面或曲面边线之间的相切量和放样方向。

（8）如果要生成薄壁特征，则选中"薄壁特征"复选框，从而激活薄壁选项，设置薄壁特征。

（9）放样属性设置完毕，单击"确定"按钮✔，完成放样。

💡**提示**：绘制引导线放样时，草图轮廓必须与引导线相交。

4.4.3　中心线放样

SOLIDWORKS 2024 还可以生成中心线放样特征。中心线放样是指将一条变化的引导线作为中心线进行的放样，在中心线放样特征中，所有中间截面的草图基准面都与此中心线垂直。

中心线放样特征的中心线必须与每个闭环轮廓的内部区域相交，而不是像引导线放样那样必须与每个轮廓线相交。图 4-46 展示了中心线放样效果。

图 4-46　中心线放样效果

下面介绍创建中心线放样特征的操作步骤。

（1）打开随书电子资料中的源文件"中心线放样"，打开的实体文件如图 4-47 所示。单击"特征"选项卡中的"放样凸台/基体"按钮▲，或者选择菜单栏中的"插入"→"凸台/基体"→"放样"命令。如果要生成切除特征，则选择菜单栏中的"插入"→"切除"→"放样"命令。

（2）弹出"放样"属性管理器，单击每个轮廓上相应的点，按顺序选择空间轮廓和其他轮廓的面，此时被选择轮廓显示在"轮廓"选项组中。

（3）单击"上移"按钮▲或"下移"按钮▼，改变轮廓的顺序，此项只针对两个以上轮廓的放样特征。

（4）在"中心线参数"选项组中单击"中心线"按钮↓，然后在图形区中选择中心线，此时在图形区中将显示随着中心线变化的放样特征，如图 4-48 所示。

（5）调整"截面数"滑块来更改在图形区显示的预览数。

（6）单击"显示截面"按钮👁，然后单击"微调"按钮↻，根据截面数量查看并修正轮廓。

（7）如果要在放样的开始处和结束处控制相切，则设置"开始/结束约束"选项组。

（8）如果要生成薄壁特征，则选中"薄壁特征"复选框，并设置薄壁特征。

（9）放样属性设置完毕，单击"确定"按钮✔，完成放样。

💡**提示**：绘制中心线放样时，中心线必须与每个闭环轮廓的内部区域相交。

Note

图 4-47 打开的实体文件

图 4-48 "放样"属性管理器

4.4.4 分割线放样

要生成一个与空间曲面无缝连接的放样特征，就必须要用到分割线放样。分割线放样可以将放样中的空间轮廓转换为平面轮廓，从而使放样特征进一步扩展到空间模型的曲面上。图 4-49 说明了分割线放样效果。

图 4-49 分割线放样效果

下面介绍创建分割线放样的操作步骤。

（1）打开随书电子资料中的源文件"分割线放样"。单击"特征"选项卡中的"放样凸台/基体"按钮🔔，或者选择菜单栏中的"插入"→"凸台/基体"→"放样"命令。如果要生成切除特征，则选择菜单栏中的"插入"→"切除"→"放样"命令，弹出"放样"属性管理器。

（2）单击每个轮廓上相应的点，按顺序选择空间轮廓和其他轮廓的面，此时被选择轮廓显示在"轮廓"选项组中。另外，分割线也是一个轮廓。

（3）单击"上移"按钮⬆或"下移"按钮⬇，改变轮廓的顺序，此项只针对两个以上轮廓的放样特征。

（4）如果要在放样的开始处和结束处控制相切，则设置"开始/结束约束"选项组。

（5）如果要生成薄壁特征，则选中"薄壁特征"复选框，并设置薄壁特征。

（6）放样属性设置完毕，单击"确定"按钮 ✔，完成放样。

利用分割线放样不仅可以生成普通的放样特征，还可以生成引导线或中心线放样特征。其操作步骤基本一样，这里不再赘述。

4.4.5 实例——绘制液压缸

本例绘制液压缸，如图 4-50 所示。首先绘制液压缸的外形轮廓草图，然后拉伸成为液压缸主体轮廓，最后进行圆角处理。

操作步骤：

（1）新建文件。启动 SOLIDWORKS 2024，选择菜单栏中的"文件"→"新建"命令，或者单击"快速访问"工具栏中的"新建"按钮 □，在弹出的"新建 SOLIDWORKS 文件"对话框中单击"零件"按钮 ◎，然后单击"确定"按钮，创建一个新的零件文件。

图 4-50 液压缸

（2）绘制草图。在左侧的 FeatureManager 设计树中选择"前视基准面"作为绘制图形的基准面。单击"草图"选项卡中的"圆"按钮 ⊙，在坐标原点绘制直径分别为 25mm 和 45mm 的圆。标注尺寸后结果如图 4-51 所示。

（3）拉伸实体。单击"特征"选项卡中的"拉伸凸台/基体"按钮 ◎，此时系统弹出如图 4-52 所示的"凸台-拉伸"属性管理器。设置拉伸终止条件为"给定深度"，输入拉伸距离 135.00mm，然后单击"确定"按钮 ✔。结果如图 4-53 所示。

图 4-51 绘制草图 1　　　　图 4-52 "凸台-拉伸"属性管理器　　　图 4-53 拉伸后的图形

（4）绘制草图。在视图中选择如图 4-53 所示的面 1 作为绘制图形的基准面。单击"草图"选项卡中的"圆"按钮 ⊙，在坐标原点绘制直径为 45mm 的圆。

（5）拉伸实体。单击"特征"选项卡中的"拉伸凸台/基体"按钮 ◎，此时系统弹出如图 4-54 所示的"凸台-拉伸"属性管理器。设置拉伸终止条件为"给定深度"，输入拉伸距离 51.25mm，然后单击"确定"按钮 ✔。结果如图 4-55 所示。

（6）绘制草图。在视图中选择如图 4-55 所示的面 1 作为绘制图形的基准面。单击"草图"选项卡中的"转换实体引用"按钮⊡、"直线"按钮✍和"剪裁实体"按钮≱,绘制并标注如图 4-56 所示的草图。

图 4-54　"凸台-拉伸"属性管理器

图 4-55　拉伸后的图形

图 4-56　标注草图尺寸

（7）切除拉伸实体。单击"特征"选项卡中的"拉伸切除"按钮⊡,此时系统弹出如图 4-57 所示的"切除-拉伸"属性管理器。设置终止条件为"给定深度",输入拉伸切除距离为 40.00mm,然后单击属性管理器中的"确定"按钮✔。结果如图 4-58 所示。

（8）绘制草图。在视图中选择如图 4-58 所示的面 1 作为绘制图形的基准面。单击"草图"选项卡中的"圆心/起/终点画弧"按钮⏂和"直线"按钮✍,绘制如图 4-59 所示的草图。单击"退出草图"按钮,退出草图。

图 4-57　"切除-拉伸"属性管理器

图 4-58　切除后的图形

图 4-59　绘制草图 2

（9）重复步骤（8）,在另一侧绘制草图。

（10）放样实体。单击"特征"选项卡中的"放样凸台/基体"按钮⬇,此时系统弹出如图 4-60 所示的"曲面-放样"属性管理器。选择步骤（8）和步骤（9）中绘制的两个草图为放样轮廓,选择边线为引导线,然后单击"确定"按钮✔。结果如图 4-61 所示。

图 4-60　"放样"属性管理器　　　　　　　　　　　　　图 4-61　放样实体结果

（11）绘制草图。在视图中选择如图 4-58 所示的面 1 作为绘制图形的基准面。单击"草图"选项卡中的"圆"按钮 ，绘制草图，如图 4-62 所示。

（12）切除拉伸实体。单击"特征"选项卡中的"拉伸切除"按钮，此时系统弹出如图 4-63 所示的"切除-拉伸"属性管理器。设置终止条件为"完全贯穿"，然后单击属性管理器中的"确定"按钮。结果如图 4-64 所示。

图 4-62　绘制草图 3　　　　　　图 4-63　"切除-拉伸"属性管理器　　　　　　图 4-64　切除结果

（13）绘制草图。在左侧的 FeatureManager 设计树中选择"前视基准面"作为绘制图形的基准面。单击"草图"选项卡中的"圆"按钮、"转换实体引用"按钮和"等距实体"按钮，绘制如图 4-65 所示的草图。

（14）拉伸实体。单击"特征"选项卡中的"拉伸凸台/基体"按钮，此时系统弹出如图 4-66 所示的"凸台-拉伸"属性管理器。设置拉伸终止条件为"给定深度"，输入拉伸距离为 20.00mm，然后单击"确定"按钮。结果如图 4-67 所示。

图 4-65　绘制草图 4　　　　图 4-66　"凸台-拉伸"属性管理器　　　　图 4-67　拉伸结果

（15）圆角实体（此步骤涉及的功能将在第 5 章中学习，这里可以暂缓操作）。单击"特征"选项卡中的"圆角"按钮，此时系统弹出如图 4-68 所示的"圆角"属性管理器。在"半径"文本框中输入值 5.00mm，取消选中"切线延伸"复选框，然后选取图 4-68 中的边线。单击属性管理器中的"确定"按钮。结果如图 4-69 所示。重复"圆角"命令，选择如图 4-69 所示的边线，输入圆角半径值为 1.25mm。最终结果如图 4-50 所示。

图 4-68　"圆角"属性管理器　　　　　　　　图 4-69　选择圆角边

4.5 切 除 特 征

图 4-70 展示了利用拉伸切除特征生成的几种零件效果。下面介绍创建拉伸切除特征的操作步骤。

切除拉伸　　　　　反侧切除　　　　　拔模切除　　　　　薄壁切除

图 4-70 利用拉伸切除特征生成的几种零件效果

4.5.1 拉伸切除特征

（1）打开随书电子资料中的源文件"拉伸切除特征"，如图 4-71 所示。保持草图处于激活状态，单击"特征"选项卡中的"拉伸切除"按钮，或者选择菜单栏中的"插入"→"切除"→"拉伸"命令。

（2）此时弹出"切除-拉伸"属性管理器，如图 4-72 所示。

图 4-71 打开的实体文件

拉伸切除
效果预览

图 4-72 "切除-拉伸"属性管理器

（3）在"方向 1"选项组中执行如下操作。

☑ 在图标右侧的"终止条件"下拉列表框中选择"给定深度"。

☑ 如果选中了"反侧切除"复选框，则将生成反侧切除特征。

☑ 单击"反向"按钮，可以向另一个方向切除。

☑ 单击"拔模开/关"按钮，可以给特征添加拔模效果。

（4）如果有必要，选中"方向 2"复选框，将拉伸切除应用到第二个方向。

（5）如果要生成薄壁切除特征，选中"薄壁特征"复选框，然后执行如下操作。

☑ 在 图标右侧的下拉列表框中选择切除类型：单向、两侧对称或双向。

☑ 单击"反向"按钮 ，可以以相反的方向生成薄壁切除特征。

☑ 在"厚度"文本框 中输入切除的厚度。

（6）单击"确定"按钮 ，完成拉伸切除特征的创建。

> **提示：** 下面以如图 4-73 所示为例，说明"反侧切除"复选框对拉伸切除特征的影响。如图 4-73（a）
> 所示为绘制的草图轮廓，如图 4-73（b）所示为取消选中"反侧切除"复选框后的拉伸切除
> 特征；如图 4-73（c）所示为选中"反侧切除"复选框后的拉伸切除特征。

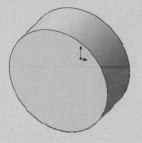

（a）绘制的草图轮廓　　　　　（b）未选中复选框的特征图形　　　（c）选中复选框的特征图形

图 4-73　"反侧切除"复选框对拉伸切除特征的影响

4.5.2　实例——三通管 2

此例接 4.1.3 节。

操作步骤：

（1）新建草图。选择生成的凸台面，单击"草图"选项卡中的"草图绘制"按钮 ，在其上新建一张草图。

（2）绘制拉伸切除轮廓。单击"草图"选项卡中的"圆"按钮 ，以原点为圆心，绘制一个直径为 20mm 的圆作为拉伸切除的轮廓，如图 4-74 所示。

（3）切除实体。单击"特征"选项卡中的"拉伸切除"按钮 ，在弹出的"切除-拉伸"属性管理器中设置切除的终止条件为"给定深度"，设置切除深度为40mm，单击"确定"按钮 ，生成切除特征，如图 4-75 所示。

（4）新建草图。选择基体特征的顶面，单击"草图"选项卡中的"草图绘制"按钮 ，在其上新建一张草图。

图 4-74　绘制拉伸切除轮廓

（5）生成等距圆。选择圆环的外侧边缘，单击"草图"选项卡中的"等距实体"按钮 ，在弹出的"等距实体"属性管理器中设置等距距离为 3mm，方向向外，单击"确定"按钮 ，生成等距圆，如图 4-76 所示。

（6）拉伸生成薄壁特征。单击"特征"选项卡中的"拉伸凸台/基体"按钮 ，在弹出的"凸台-拉伸"属性管理器中设定拉伸的终止条件为"给定深度"，拉伸深度为5mm，方向向下，选中"薄壁特征"复选框，并设置薄壁厚度为4mm，薄壁的拉伸方向向内，如图 4-77 所示。单击"确定"按钮 ，拉伸生成薄壁特征。

（7）生成另外两个端面上的薄壁特征。仿照上面的步骤，在模型的另外两个端面生成薄壁特征，特征参数与第一个薄壁特征相同，生成的模型如图 4-78 所示。

图 4-75　切除实体　　　　　　　　　　　　　图 4-76　生成等距圆

图 4-77　拉伸生成薄壁特征　　　　　　　图 4-78　生成另外两个端面上的薄壁特征

4.5.3　旋转切除

与旋转凸台/基体特征不同的是，旋转切除特征用来产生切除特征，即用来去除材料。图 4-79 展示了旋转切除的两种效果。

下面介绍创建旋转切除特征的操作步骤。

（1）打开随书电子资料中的源文件"旋转切除"，选择图 4-80 中模型面上的一个草图轮廓和一条中心线。

（2）单击"特征"选项卡中的"旋转切除"按钮，或者选择菜单栏中的"插入"→"切除"→"旋转"命令。

（3）弹出"切除-旋转"属性管理器，同时在右侧的图形区中显示生成的切除旋转特征，如图 4-81 所示。

旋转切除

旋转薄壁切除

图 4-79　旋转切除的两种效果

图 4-80　打开的文件实体

图 4-81　"切除-旋转"属性管理器

（4）在"方向 1"选项组的"终止条件"下拉列表框中选择旋转类型（给定深度、成形到一顶点、成形到一面、到离指定面指定的距离、两侧对称）。其含义同"旋转"属性管理器中的旋转类型。

（5）在"角度"文本框中输入旋转角度。

（6）如果准备生成薄壁旋转，则选中"薄壁特征"复选框，设定薄壁旋转参数。

（7）单击"确定"按钮，完成旋转切除特征的创建。

4.5.4　切除扫描

切除扫描特征属于切割特征。下面结合实例介绍创建切除扫描特征的操作步骤。

（1）打开随书电子资料中的源文件"切除扫描"，在一个基准面上绘制一个闭环的非相交轮廓。

（2）使用草图、现有的模型边线或曲线生成轮廓将遵循的路径，绘制结果如图 4-82 所示。

（3）选择菜单栏中的"插入"→"切除"→"扫描"命令。

（4）此时弹出"切除-扫描"属性管理器，同时在右侧的图形区中显示生成的切除扫描特征，如图 4-83 所示。

（5）单击"轮廓"按钮，然后在图形区中选择轮廓草图。

（6）单击"路径"按钮，然后在图形区中选择路径草图。如果预先选择了轮廓草图或路径草图，则草图将显示在对应的属性管理器列表框内。

（7）在"选项"选项组的"方向/扭转类型"下拉列表框中选择扫描方式。

（8）其余选项同凸台/基体扫描。

（9）切除扫描属性设置完毕，单击"确定"按钮。

Note

图 4-82 绘制轮廓路径

图 4-83 "切除-扫描"属性管理器

4.5.5 实例——螺母

本例绘制螺母，如图 4-84 所示。首先绘制螺母外形轮廓草图并拉伸实体；然后旋转切除边缘的倒角，最后绘制内侧的螺纹。

操作步骤：

1. 绘制螺母外形轮廓

（1）绘制草图。在左侧的 FeatureManager 设计树中选择"前视基准面"作为绘制图形的基准面。单击"草图"选项卡中的"多边形"按钮 ⬡，以原点为圆心绘制一个正六边形，其中多边形的一个角点在原点的正上方。

（2）标注尺寸。选择菜单栏中的"工具"→"尺寸"→"智能尺寸"命令，或者单击"草图"选项卡中的"智能尺寸"按钮 ✎，标注步骤（1）所绘制草图的尺寸，结果如图 4-85 所示。

（3）拉伸实体。选择菜单栏中的"插入"→"凸台/基体"→"拉伸"命令，或者单击"特征"选项卡中的"拉伸凸台/基体"按钮 ⬛，此时系统弹出"凸台-拉伸"属性管理器。在"深度"文本框中输入值为 30mm，然后单击"确定"按钮 ✔。

（4）设置视图方向。单击"视图（前导）"工具栏"视图定向"下拉列表中的"等轴测"按钮 ⬢，将视图以等轴测方向显示，结果如图 4-86 所示。

2. 绘制边缘倒角

（1）设置基准面。在左侧的 FeatureManager 设计树中选择"右视基准面"，然后单击"视图（前导）"工具栏"视图定向"下拉列表中的"正视于"按钮 ⬰，将该基准面作为绘制图形的基准面。

（2）绘制草图。单击"草图"选项卡中的"中心线"按钮 ⟋，绘制一条通过原点的水平中心线；单击"草图"选项卡中的"直线"按钮 ╱，绘制螺母两侧的两个三角形。

（3）标注尺寸。单击"草图"选项卡中的"智能尺寸"按钮 ✎，标注步骤（2）所绘制草图的尺

图 4-84 螺母

图 4-85 标注的草图

图 4-86 拉伸后的图形

寸，结果如图4-87所示。

（4）旋转切除实体。选择菜单栏中的"插入"→"切除"→"旋转"命令，或者单击"特征"选项卡中的"旋转切除"按钮，此时系统弹出"切除-旋转"属性管理器，如图4-88所示。在"旋转轴"选项组中，选择绘制的水平中心线，然后单击"确定"按钮✔️。

（5）设置视图方向。单击"视图（前导）"工具栏"视图定向"下拉列表中的"等轴测"按钮🟦，将视图以等轴测方向显示，结果如图4-89所示。

图4-87　标注的草图　　　　图4-88　"切除-旋转"属性管理器　　　　图4-89　旋转切除后的图形

3. 绘制内侧螺纹

（1）设置基准面。单击图4-89中的表面1，然后单击"视图（前导）"工具栏"视图定向"下拉列表中的"正视于"按钮，将该表面作为绘制图形的基准面。

（2）绘制草图。单击"草图"选项卡中的"圆"按钮⊙，以原点为圆心绘制一个圆。

（3）标注尺寸。单击"草图"选项卡中的"智能尺寸"按钮，标注圆的直径，结果如图4-90所示。

（4）拉伸切除实体。选择菜单栏中的"插入"→"切除"→"拉伸"命令，或者单击"特征"选项卡中的"拉伸切除"按钮，此时系统弹出"切除-拉伸"属性管理器。在"终止条件"下拉列表框中选择"完全贯穿"选项，然后单击"确定"按钮✔️。

（5）设置视图方向。单击"视图（前导）"工具栏"视图定向"下拉列表中的"等轴测"按钮🟦，将视图以等轴测方向显示，结果如图4-91所示。

（6）设置基准面。单击图4-91中的表面1，然后单击"视图（前导）"工具栏"视图定向"下拉列表中的"正视于"按钮，将该表面作为绘制图形的基准面。

（7）绘制草图。单击"草图"选项卡中的"圆"按钮⊙，以原点为圆心绘制一个圆。

（8）标注尺寸。单击"草图"选项卡中的"智能尺寸"按钮，标注圆的直径，结果如图4-92所示。

图4-90　标注的草图　　　　图4-91　拉伸切除后的图形　　　　图4-92　标注的草图

（9）生成螺旋线。选择菜单栏中的"插入"→"曲线"→"螺旋线/涡状线"命令，或者单击"曲线"工具栏中的"螺旋线和涡状线"按钮，此时系统弹出如图4-93所示的"螺旋线/涡状线"属性管理器。按照图示进行设置后，单击属性管理器中的"确定"按钮。

（10）设置视图方向。单击"视图（前导）"工具栏"视图定向"下拉列表中的"等轴测"按钮，将视图以等轴测方向显示，结果如图4-94所示。

（11）设置基准面。在左侧的 FeatureManager 设计树中选择"右视基准面"，然后单击"视图（前导）"工具栏"视图定向"下拉列表中的"正视于"按钮，将该基准面作为绘制图形的基准面。

（12）绘制草图。单击"草图"选项卡中的"多边形"按钮，以螺旋线右上端点为圆心绘制一个正三角形。

（13）标注尺寸。单击"草图"选项卡中的"智能尺寸"按钮，标注步骤（12）所绘制的正三角形的内切圆直径，结果如图4-95所示，然后退出草图绘制状态。

图 4-93　"螺旋线/涡状线"属性管理器

（14）扫描切除实体。单击"特征"选项卡中的"扫描切除"按钮，此时系统弹出"切除-扫描"属性管理器。在"轮廓"列表框中，选择图4-95中的正三角形；在"路径"列表框中，选择图4-94中的螺旋线。单击属性管理器中的"确定"按钮。

（15）设置视图方向。单击"视图（前导）"工具栏"视图定向"下拉列表中的"等轴测"按钮，将视图以等轴测方向显示，结果如图4-96所示。

图 4-94　生成的螺旋线

图 4-95　标注的草图

图 4-96　扫描切除后的图形

4.6　综合实例——基座1

本例绘制的基座1如图4-97所示。首先绘制基座的外形轮廓草图，然后旋转成为基座主体轮廓，接着拉伸凸台，最后进行切除。

操作步骤：

（1）绘制草图。在左侧的 FeatureManager 设计树中选择"前视基准面"作为绘制图形的基准面。单击"草图"选项卡中的"中心矩形"按钮，在坐标原点绘制边长为100mm的正方形，标注尺寸后的结果如图4-98所示。

（2）拉伸实体。选择菜单栏中的"插入"→"凸台/基体"→"拉伸"

图 4-97　基座 1

命令，或者单击"特征"选项卡中的"拉伸凸台/基体"按钮 ，此时系统弹出如图 4-99 所示的"凸台-拉伸"属性管理器。设置拉伸终止条件为"给定深度"，输入拉伸距离为 10mm，然后单击"确定"按钮 ，结果如图 4-100 所示。

图 4-98　绘制草图　　　图 4-99　"凸台-拉伸"属性管理器　　　图 4-100　拉伸后的图形

（3）绘制草图。在左侧的 FeatureManager 设计树中选择"上视基准面"作为绘制图形的基准面。单击"草图"选项卡中的"中心线"按钮 和"直线"按钮 ，绘制如图 4-101 所示的草图并标注尺寸。

（4）旋转实体。选择菜单栏中的"插入"→"凸台/基体"→"旋转"命令，或者单击"特征"选项卡中的"旋转凸台/基体"按钮 ，此时系统弹出如图 4-102 所示的"旋转"属性管理器。采用默认设置，然后单击"确定"按钮 ，结果如图 4-103 所示。

图 4-101　绘制草图并标注尺寸　　　图 4-102　"旋转"属性管理器　　　图 4-103　绘制结果

（5）绘制草图。在左侧的 FeatureManager 设计树中选择"上视基准面"作为绘制图形的基准面。单击"草图"选项卡中的"直线"按钮 、"圆"按钮 和"剪裁实体"按钮 ，绘制如图 4-104 所示的草图并标注尺寸。

（6）拉伸实体。选择菜单栏中的"插入"→"凸台/基体"→"拉伸"命令，或者单击"特征"选项卡中的"拉伸凸台/基体"按钮 ，此时系统弹出如图 4-105 所示的"凸台-拉伸"属性管理器。设置拉伸终止条件为"两侧对称"，输入拉伸距离为 20mm，然后单击"确定"按钮 ，结果如图 4-106 所示。

图 4-104 绘制草图并标注尺寸 　图 4-105 "凸台-拉伸"属性管理器 　图 4-106 拉伸结果

（7）绘制草图。在左侧的"FeatureManager"设计树中选择"上视基准面"作为绘制图形的基准面。单击"草图"选项卡中的"边角矩形"按钮□，绘制如图 4-107 所示的草图并标注尺寸。

（8）拉伸切除实体。选择菜单栏中的"插入"→"切除"→"拉伸"命令，或者单击"特征"选项卡中的"拉伸切除"按钮⊡，此时系统弹出如图 4-108 所示的"切除-拉伸"属性管理器。设置拉伸终止条件为"两侧对称"，输入拉伸距离为 12mm，然后单击"确定"按钮✔，结果如图 4-109 所示。

图 4-107 绘制草图并标注尺寸 　图 4-108 "切除-拉伸"属性管理器 　图 4-109 拉伸结果

4.7　实践与操作

4.7.1　绘制大臂

本实践将绘制如图 4-110 所示的大臂。

图 4-110　大臂

操作提示：

（1）选择前视基准面，利用"草图绘制"命令，绘制长 20mm、宽 20mm 的矩形，再利用"拉伸"命令，设置终止条件为"给定深度"，拉伸深度为 5mm，创建拉伸实体。

（2）选择上视基准面，利用"草图绘制"命令，继续绘制拉伸实体的草图轮廓。

（3）利用"拉伸"命令，将绘制的草图进行拉伸，设置终止条件为"两侧对称"，拉伸深度为 5mm。

（4）选择上视基准面，利用"草图绘制"命令，绘制另一端拉伸实体的草图轮廓。

（5）利用"拉伸"命令，将绘制的草图进行拉伸，设置终止条件为"两侧对称"，拉伸深度为 12mm，绘制的流程图如图 4-111 所示。

图 4-111　大臂绘制流程图

4.7.2　绘制液压杆

本实践将绘制如图 4-112 所示的液压杆。

操作提示:

（1）选择前视基准面，利用"草图绘制"和"拉伸"命令，创建拉伸实体，拉伸距离为 175mm。

（2）选择右视基准面，利用"草图绘制"命令，绘制拉伸实体的草图轮廓。

（3）利用"拉伸"命令，将绘制的草图进行拉伸，设置终止条件为"两侧对称"，拉伸深度为 40mm。

（4）选择面 1 为基准面，利用"草图绘制"命令，绘制适当长度的矩形轮廓。

（5）利用"拉伸切除"命令，切除杆头中间部分，绘制的流程图如图 4-113 所示。

图 4-112　液压杆

图 4-113　液压杆绘制流程图

4.7.3　绘制小臂

本例绘制的小臂如图 4-114 所示。

操作提示:

（1）选择前视基准面，利用"草图绘制"和"拉伸"命令，绘制直径为 16mm，高度为 50mm 的圆柱体。

（2）选择上视基准面，利用"草图绘制"命令，绘制草图轮廓。

（3）利用"拉伸"命令，将绘制的草图进行拉伸，设置终止条件为"两侧对称"，拉伸深度为 16mm。

（4）选择面 1 为基准面，利用"草图绘制"和"拉伸切除"命令，切除小臂局部实体。

（5）选择上视基准面，利用"草图绘制"和"旋转"命令，创建旋转实体。

图 4-114　小臂

（6）选择旋转实体的端面为基准面，利用"草图绘制"和"拉伸"命令，创建剩下的拉伸实体，拉伸距离为 10mm，绘制的流程图如图 4-115 所示。

图 4-115　小臂绘制流程图

第5章

放置特征

SOLIDWORKS中除了提供基础特征的实体建模功能外，还可通过高级抽壳、圆顶、筋特征以及倒角等操作来实现产品的辅助设计。这些功能使模型创建更精细化，能更广泛地应用于各行业。

- ☑ 孔特征
- ☑ 圆角特征
- ☑ 倒角特征
- ☑ 圆顶特征

- ☑ 抽壳特征
- ☑ 拔模特征
- ☑ 筋特征
- ☑ 包覆

任务驱动&项目案例

5.1 孔 特 征

孔特征是机械设计中的常见特征。SOLIDWORKS 2024 将孔特征分成两种类型：简单直孔和异型孔。

无论是简单直孔还是异型孔，都需要选取孔的放置平面，并且标注孔的轴线与其他几何实体之间的相对尺寸，以完成孔的定位。

5.1.1 简单直孔

进行零件建模时，最好在设计阶段即将结束时再生成孔特征，这样可以避免因疏忽而将材料添加到现有的孔内。此外，如果准备生成不需要其他参数的简单直孔，则选择简单直孔特征，否则可以选择异型孔向导。对于生成简单的直孔而言，简单直孔特征可以提供比异型孔向导更好的性能。

1. 创建孔

操作步骤如下。

（1）打开随书电子资料中的源文件"简单直孔"，选择要生成简单直孔特征的平面。

（2）单击"钣金"选项卡中的"简单直孔"按钮 。

（3）此时弹出"孔"属性管理器，并在右面的图形区域中显示生成的孔特征，如图 5-1 所示。

（4）在"孔"属性管理器"方向 1"选项组的"终止条件"下拉列表框中可以选择以下终止类型。

图 5-1 "孔"属性管理器

☑ 给定深度：从草图的基准面拉伸特征到特定距离以生成特征。选择该选项后，需在下面的"深度"图标 右边的微调框中指定深度。

☑ 完全贯穿：从草图的基准面拉伸特征直到贯穿所有现有的几何体。

☑ 成形到下一面：从草图的基准面拉伸特征到下一面，以生成特征（下一面必须在同一零件上）。

☑ 成形到面：从草图的基准面拉伸特征到所选的曲面以生成特征。

☑ 成形到一顶点：从草图基准面拉伸特征到一个平面，这个平面平行于草图基准面且穿越指定的顶点。

☑ 到离指定面指定的距离：从草图的基准面拉伸特征到距某面或曲面特定距离的位置以生成特征。选择该选项后，需指定特定面和距离。

（5）在"孔直径"图标 右边的微调框中输入孔的直径。

（6）如果要给特征添加一个拔模，单击"拔模开/关"按钮 ，然后输入一个拔模角度。

（7）单击"确定"按钮 ，完成简单直孔特征的生成。

虽然在模型上生成了简单直孔特征，但是上面的操作还不能确定孔在模型面上的位置，还需要进一步对孔进行定位。

2. 定位孔

操作步骤如下。

（1）在模型或特征管理器设计树中右击孔特征，在弹出的快捷菜单中选择"编辑草图"命令。

（2）单击"草图"选项卡中的"智能尺寸"按钮，像标注草图尺寸那样对孔进行尺寸定位，如图5-2所示。此外，还可以在草图中修改孔的直径尺寸。

（3）单击"草图"选项卡中的"退出草图"按钮，退出草图编辑状态，则会看到被定位后的孔，如图5-3所示。

图5-2 对孔进行尺寸定位

图5-3 生成的孔

此外，如果要更改已经生成的孔深度、终止类型等，在模型或特征管理器设计树中右击此孔特征，然后选择"编辑特征"命令。在出现的"孔"属性管理器中进行必要的修改后，单击"确定"按钮即可。

5.1.2 异型孔向导

异型孔即具有复杂轮廓的孔，主要包括柱孔、锥孔、孔、螺纹孔、管螺纹孔、旧制孔、柱形槽口、锥形槽口和槽口9种。异型孔的类型和位置都是在"孔规格"属性管理器中完成的。

下面介绍异型孔创建的操作步骤。

（1）打开随书电子资料中的源文件"异型孔向导"，如图5-4所示。

图5-4 源文件

图5-5 "孔规格"属性管理器

（2）单击选择如图5-4所示的表面1，选择菜单栏中的"插入"→"特征"→"孔向导"命令，或者单击"特征"选项卡中的"异型孔向导"按钮，此时系统弹出"孔规格"属性管理器。

（3）将"孔类型"选项组按照图5-5进行设置，然后选择"位置"选项卡，单击"3D草图"按钮，此时光标处于"绘制点"状态,在如图 5-4 所示的表面 1 上添加 6 个点。

(4)选择菜单栏中的"工具"→"尺寸"→"智能尺寸"命令,标注添加 6 个点的定位尺寸,如图 5-6 所示。

(5)单击"孔规格"属性管理器中的"确定"按钮✔,添加的孔如图 5-7 所示。

图 5-6 标注孔位置   图 5-7 添加孔

(6)右击,在弹出的快捷菜单中选择"旋转视图"命令或按住鼠标中键,在绘图区出现↻按钮,旋转视图,将视图以合适的方向显示,旋转视图后的图形如图 5-8 所示。

图 5-8 旋转视图后的图形

5.1.3 实例——基座 2

此例接 4.6 节。

操作步骤:

(1)创建沉头孔。选择菜单栏中的"插入"→"特征"→"孔向导"命令,或者单击"特征"选项卡中的"异型孔向导"按钮⚙,此时系统弹出如图 5-9 所示的"孔规格"属性管理器,选择"六角螺栓等级 C ISO 4016"类型,"M10"大小,设置终止条件为"完全贯穿",选择"位置"选项卡,单击"3D 草图"按钮。依次在绘图基准面上放置孔,单击"草图"选项卡中的"智能尺寸"按钮✎,标注绘制的孔,然后单击"确定"按钮✔,结果如图 5-10 所示。

(2)圆角实体。选择菜单栏中的"插入"→"特征"→"圆角"命令,或者单击"特征"选项卡中的"圆角"按钮🔲,此时系统弹出如图 5-11 所示的"圆角"属性管理器。在"半径"文本框中输入值为 5mm,然后选取图 5-12 中的边线。单击属性管理器中的"确定"按钮✔,结果如图 5-13 所示。

Note

图 5-9 "孔规格"属性管理器

图 5-10 绘制孔结果

图 5-11 "圆角"属性管理器

图 5-12 选择圆角边

图 5-13 圆角结果

5.2 圆角特征

使用圆角特征可以在一个零件上生成内圆角或外圆角。圆角特征在零件设计中起着重要作用。大多数情况下，如果能在零件特征上加入圆角，则有助于造型上的变化，或是产生平滑的效果。

SOLIDWORKS 2024 可以为一个面上的所有边线、多个面、多个边线或边线环创建圆角特征。在 SOLIDWORKS 2024 中有以下几种圆角特征。

☑ 固定大小圆角：对所选边线以相同的圆角半径进行倒圆角操作。

☑ 面圆角：通过控制角部边线之间的过渡，消除或平滑两条边线汇合处的尖锐接合点。

☑ 变量大小圆角：可以为边线的每个顶点指定不同的圆角半径。

☑ 完整圆角：可以将不相邻的面混合起来。

图 5-14 展示了几种圆角特征效果。

固定大小圆角　　　　　　变量大小圆角　　　　　　面圆角　　　　　　完整圆角

图 5-14　圆角特征效果

5.2.1　固定大小圆角特征

固定大小圆角特征是指对所选边线以相同的圆角半径进行倒圆角操作。下面结合实例介绍创建等半径圆角特征的操作步骤。

（1）打开随书电子资料中的源文件"恒定大小圆角 1"，如图 5-15 所示。单击"特征"选项卡中的"圆角"按钮 ，或者选择菜单栏中的"插入"→"特征"→"圆角"命令。

（2）在弹出的"圆角"属性管理器中的"圆角类型"选项组中，选中"固定大小圆角"按钮 ，如图 5-16 所示。

（3）在"圆角参数"选项组的"半径"文本框 中设置圆角的半径。

（4）在"要圆角化的项目"选项组中单击"边线、面、特征和环"按钮 右侧的列表框，然后在右侧的图形区中选择要进行圆角处理的模型边线、面或环。

（5）如果选中"切线延伸"复选框，则圆角将延伸到与所选面或边线相切的所有面，切线延伸效果如图 5-17 所示。

图 5-15 打开的文件实体 图 5-16 "圆角"属性管理器

图 5-17 切线延伸效果

（6）打开随书电子资料中的源文件"恒定大小圆角 2"。在"圆角选项"选项组的"扩展方式"组中选择一种扩展方式，如图 5-18 所示，显示扩展方式。

☑ 默认：系统根据几何条件（进行圆角处理的边线凸起和相邻边线等）默认选择"保持边线"或"保持曲面"选项。

☑ 保持边线：系统将保持邻近的直线形边线的完整性，但圆角曲面断裂成分离的曲面。在许多情况下，圆角的顶部边线中会有沉陷，如图 5-19（a）所示。

☑ 保持曲面：使用相邻曲面来剪裁圆角，因此圆角边线是连续且光滑的，但是相邻边线会受到影响，如图 5-19（b）所示。

（a）保持边线 　　　　（b）保持曲面

图 5-18　扩展方式　　　　　　　　　　图 5-19　保持边线与曲面

（7）圆角属性设置完毕，单击"确定"按钮 ✔ ，生成等半径圆角特征。

5.2.2　多半径圆角特征

使用多半径圆角特征可以为每条所选边线选择不同的半径值，还可以为不具有公共边线的面指定多个半径。下面介绍创建多半径圆角特征的操作步骤。

（1）单击"特征"选项卡中的"圆角"按钮 ⬙ ，或者选择菜单栏中的"插入"→"特征"→"圆角"命令。

（2）在弹出的"圆角"属性管理器的"圆角类型"选项组中，选中"固定大小圆角"按钮 ⬙ 。

（3）在"圆角参数"选项组中，选中"多半径圆角"复选框。

（4）单击"边线、面、特征和环"按钮 ⬙ 右侧的列表框，然后在右侧的图形区中选择要进行圆角处理的第一条模型边线、面或环。

（5）在"圆角参数"选项组的"半径"文本框 ⬙ 中设置圆角半径。

（6）重复步骤（4）和步骤（5）的操作，对多条模型边线、面或环分别指定不同的圆角半径，直到设置完所有要进行圆角处理的边线。

（7）圆角属性设置完毕，单击"确定"按钮 ✔ ，生成多半径圆角特征。

5.2.3　圆形角圆角特征

使用圆形角圆角特征可以控制角部边线之间的过渡，圆形角圆角将混合连接的边线，从而消除或平滑两条边线汇合处的尖锐接合点。

下面介绍创建圆形角圆角特征的操作步骤。

（1）打开随书电子资料中的源文件"圆形角圆角特征"，如图 5-20 所示。单击"特征"选项卡中的"圆角"按钮 ⬙ ，或者选择菜单栏中的"插入"→"特征"→"圆角"命令。

（2）在弹出的"圆角"属性管理器的"圆角类型"选项组中，选中"固定大小圆角"按钮 ⬙ 。

（3）在"要圆角化的项目"选项组中取消选中"切线延伸"复选框。

（4）在"圆角参数"选项组的"半径"文本框 ⬙ 中设置圆角半径。

（5）单击"边线、面、特征和环"按钮 ⬙ 右侧的列表框，然后在右侧的图形区中选择两个或更多相邻的模型边线、面或环。

（6）在"圆角选项"选项组中选中"圆形角"复选框。

（7）圆角属性设置完毕，单击"确定"按钮 ✔ ，生成圆形角圆角特征，如图 5-21 所示。

图 5-20　打开的文件实体　　　　　　　　　　图 5-21　生成的圆角特征

5.2.4　逆转圆角特征

使用逆转圆角特征可以在混合曲面之间沿着零件边线生成圆角，从而进行平滑过渡。图 5-22 说明了应用逆转圆角特征的效果。

（a）未使用逆转圆角特征　　　　　　　　（b）使用逆转圆角特征

图 5-22　逆转圆角特征效果

下面介绍创建逆转圆角特征的操作步骤。

（1）打开随书电子资料中的源文件"逆转圆角特征"。单击"特征"选项卡中的"圆角"按钮 ，或者选择菜单栏中的"插入"→"特征"→"圆角"命令，系统弹出"圆角"属性管理器。

（2）在"圆角类型"选项组中选中"固定大小圆角"按钮 。

（3）在"圆角参数"选项组中选中"多半径圆角"复选框。

（4）单击"边线、面、特征和环"按钮 右侧的列表框，然后在右侧的图形区中选择 3 个或更多具有共同顶点的边线。

（5）在"逆转参数"选项组的"距离"文本框 中设置距离。

（6）单击"逆转顶点"按钮 右侧的列表框，然后在右侧的图形区中选择一个或多个顶点作为逆转顶点。

（7）单击"设定所有"按钮，将相等的逆转距离应用到通过每个顶点的所有边线。逆转距离将显示在"逆转距离"列表框 和右侧的图形区的标注中，如图 5-23 所示。

（8）如果要对每一条边线分别设定不同的逆转距离，则进行如下操作。

☑　单击"逆转顶点"按钮 右侧的列表框，在右侧的图形区中选择多个顶点作为逆转顶点。

☑　在"距离"文本框 中为每一条边线设置逆转距离。

☑　在"逆转距离"列表框 中会显示每条边线的逆转距离。

（9）圆角属性设置完毕，单击"确定"按钮 ，生成逆转圆角特征，如图 5-22（b）所示。

图 5-23　生成逆转圆角特征

5.2.5　变量大小圆角特征

变量大小圆角特征通过对边线上的多个点（变量大小控制点）指定不同的圆角半径来生成圆角，可以制造出另类的效果，变半径圆角特征如图 5-24 所示。

（a）有控制点　　　　　　　　　　　　　　　　　（b）无控制点

图 5-24　变半径圆角特征

下面介绍创建变量大小圆角特征的操作步骤。

（1）打开随书电子资料中的源文件"变量大小圆角特征"。单击"特征"选项卡中的"圆角"按钮⬛，或者选择菜单栏中的"插入"→"特征"→"圆角"命令。

（2）在弹出的"圆角"属性管理器的"圆角类型"选项组中选中"变量大小圆角"按钮⬛。

（3）单击"边线、面、特征和环"按钮⬛右侧的列表框，然后在右侧的图形区中选择要进行变半径圆角处理的边线。此时，在右侧的图形区中系统会默认使用 3 个变量大小控制点，分别位于沿边线 25%、50% 和 75% 的等距离处，如图 5-25 所示。

图 5-25 默认的变量大小控制点

（4）在"变半径参数"选项组按钮右侧的列表框中选择变半径控制点，然后在"半径"文本框中输入圆角半径值。如果要更改变半径控制点的位置，可以通过光标拖动控制点到新的位置。

（5）如果要改变控制点的数量，可以在按钮右侧的文本框中设置控制点的数量。

（6）选择过渡类型。

☑ 平滑过渡：生成一个圆角，当一个圆角边线与一个邻面结合时，圆角半径从一个半径平滑地变化为另一个半径。

☑ 直线过渡：生成一个圆角，圆角半径从一个半径线性地变化为另一个半径，但是不与邻近圆角的边线相结合。

（7）圆角属性设置完毕，单击"确定"按钮，生成变半径圆角特征。

提示：

如果在生成变半径控制点的过程中，只指定两个顶点的圆角半径值，而不指定中间控制点的半径，则可以生成平滑过渡的变半径圆角特征。

在生成圆角时，要注意以下几点。

（1）在添加小圆角之前先添加较大的圆角。当有多个圆角汇聚于一个顶点时，先生成较大的圆角。

（2）如果要生成具有多个圆角边线及拔模面的铸模零件，在大多数情况下，应在添加圆角之前先添加拔模特征。

（3）应该最后添加装饰用的圆角。在大多数其他几何体定位后再尝试添加装饰圆角。如果先添加装饰圆角，则系统需要花费很长的时间重建零件。

（4）尽量使用一个"圆角"命令来处理需要相同圆角半径的多条边线，这样会加快零件重建的速度。但是，当改变圆角的半径时，在同一操作中生成的所有圆角都会改变。

此外，还可以通过为圆角设置边界或包络控制线来决定混合面的半径和形状。控制线可以是要生出圆角的零件边线或投影到一个面上的分割线。

5.2.6　实例——三通管 3

此例接 4.5.2 节。

操作步骤：

（1）创建圆角。单击"特征"选项卡中的"圆角"按钮，在弹出的"圆角"属性管理器中设置圆角类型为"固定大小圆角"，在"半径"文本框中输入"2"，单击按钮右侧的列表框，然后在绘图区选择 3 个端面拉伸薄壁特征的两条边线，如图 5-26 所示。单击"确定"按钮，生成固定大小圆角特征。

（2）创建其他圆角特征。仿照步骤（1），在"半径"文本框中输入"1"，单击按钮右侧的列表框，然后在绘图区选择 3 条边线，如图 5-27 所示。继续创建管接头圆角，圆角半径为 5，如图 5-28 所示，倒圆角最终效果如图 5-29 所示。

图 5-26　创建圆角

图 5-27　创建其他圆角特征

图 5-28 选择圆角边   图 5-29 最终结果

5.3 倒 角 特 征

5.2 节介绍了圆角特征，本节将介绍倒角特征。在零件设计过程中，通常对锐利的零件边角进行倒角处理，以防止伤人和避免应力集中，便于搬运、装配等。此外，有些倒角特征也是机械加工过程中不可缺少的工艺。与圆角特征类似，倒角特征是对边或角进行倒角。

如图 5-30 所示是应用倒角特征后的零件实例。

5.3.1 创建倒角特征

下面介绍在零件模型上创建倒角特征的操作步骤。

（1）打开随书电子资料中的源文件"倒角特征"。单击"特征"选项卡中的"倒角"按钮，或者选择菜单栏中的"插入"→"特征"→"倒角"命令，系统弹出"倒角"属性管理器。

图 5-30 倒角特征零件实例

（2）在"倒角"属性管理器中选择倒角类型。

☑ 角度距离：在所选边线上指定距离和倒角角度来生成倒角特征，如图 5-31（a）所示。

☑ 距离距离：在所选边线的两侧分别指定两个距离值来生成倒角特征，如图 5-31（b）所示。

☑ 顶点：在与顶点相交的 3 个边线上分别指定距顶点的距离来生成倒角特征，如图 5-31（c）所示。

☑ 等距面：通过偏移选定边线旁边的面来求解等距面倒角特征，如图 5-31（d）所示。

☑ 面-面：混合非相邻、非连续的面，如图 5-31（e）所示。

（3）单击"边线、面或顶点"按钮右侧的列表框，然后在图形区选择边线、面或顶点，设置倒角参数，如图 5-32 所示。

（a）角度距离　　　　　　　　　　　　　　　　　（b）距离距离

（c）顶点　　　　　　　　　　（d）等距面　　　　　　　　　　（e）面-面

图 5-31　倒角类型

图 5-32　设置倒角参数

（4）在对应的文本框中指定距离或角度值。

（5）如果选中"保持特征"复选框，则当应用倒角特征时，会保持零件的其他特征，如图 5-33 所示。

（6）倒角参数设置完毕，单击"确定"按钮✔，生成倒角特征。

（a）原始零件

（b）未选中"保持特征"复选框效果

（c）选中"保持特征"复选框效果

图 5-33　倒角特征

5.3.2　实例——法兰盘

本实例绘制的法兰盘如图 5-34 所示。

首先绘制法兰盘的底座草图并拉伸，然后绘制法兰盘轴部并拉伸切除轴孔，最后对法兰盘相应的部分进行倒角处理。

操作步骤：

（1）创建草图。在 FeatureManager 设计树中选择"前视基准面"作为绘制图形的基准面。绘制草图如图 5-35 所示。

图 5-34　法兰盘

（2）拉伸实体。选择菜单栏中的"插入"→"凸台/基体"→"拉伸"命令，或者单击"特征"选项卡中的"拉伸凸台/基体"按钮，此时系统弹出"凸台-拉伸"属性管理器。在"深度"文本框中输入"20"，然后单击"确定"按钮。

（3）设置视图方向。单击"视图（前导）"工具栏"视图定向"下拉列表中的"等轴测"按钮，将视图以等轴测方向显示，创建的拉伸特征如图 5-36 所示。

（4）设置基准面。选择如图 5-36 所示的表面 1，然后单击"视图（前导）"工具栏"视图定向"下拉列表中的"正视于"按钮，将该表面作为绘制图形的基准面。

（5）绘制草图。绘制并标注草图，如图 5-37 所示。

图 5-35　圆环阵列草图

图 5-36　创建拉伸 1 特征

图 5-37　绘制草图并标注尺寸

（6）拉伸实体。单击"特征"选项卡中的"拉伸凸台/基体"按钮，此时系统弹出"凸台-拉伸"属性管理器。在"深度"文本框中输入"45"，然后单击"确定"按钮。

（7）设置视图方向。单击"视图（前导）"工具栏"视图定向"下拉列表中的"等轴测"按钮，将视图以等轴测方向显示，创建的拉伸特征如图 5-38 所示。

（8）设置基准面。选择图 5-38 所示的表面 1，然后单击"视图（前导）"工具栏"视图定向"下拉列表中的"正视于"按钮，将该表面作为绘制图形的基准面。

（9）绘制草图。绘制并标注草图，如图 5-39 所示。

（10）拉伸切除实体。单击"特征"选项卡中的"拉伸切除"按钮，此时系统弹出"切除-拉伸"属性管理器。在"深度"文本框📏中输入"45",然后单击"确定"按钮✔。

（11）设置视图方向。单击"视图（前导）"工具栏"视图定向"下拉列表中的"等轴测"按钮⬦，将视图以等轴测方向显示，创建的拉伸特征如图 5-40 所示。

（12）倒角实体。选择菜单栏中的"插入"→"特征"→"倒角"命令，或者单击"特征"选项卡中的"倒角"按钮⬦，此时系统弹出"倒角"属性管理器。在"距离"文本框📏中输入"2"，然后选择如图 5-40 所示的边线 1、边线 2、边线 3 和边线 4。单击"确定"按钮✔，倒角后的图形如图 5-34 所示。

图 5-38　创建拉伸 2 特征　　　　图 5-39　绘制草图并标注尺寸　　　　图 5-40　创建拉伸 3 特征

5.4　圆　顶　特　征

圆顶特征是对模型的一个面进行变形操作，生成圆顶型凸起特征。

图 5-41 展示了圆顶特征的几种效果。

图 5-41　圆顶特征效果

5.4.1　创建圆顶特征

下面介绍创建圆顶特征的操作步骤。

（1）打开随书电子资料中的源文件"圆顶特征"，或创建一个新的零件文件。

（2）在左侧的 FeatureManager 设计树中选择"前视基准面"作为绘制图形的基准面。

（3）选择菜单栏中的"工具"→"草图绘制实体"→"直槽口"命令，以原点为圆心绘制一个多边形并标注尺寸，如图 5-42 所示。

（4）选择菜单栏中的"插入"→"凸台/基体"→"拉伸"命令，将步骤（3）中绘制的草图拉伸成深度为 60mm 的实体，拉伸后的图形如图 5-43 所示。

（5）选择菜单栏中的"插入"→"特征"→"圆顶"命令，此时系统弹出"圆顶"属性管理器。

（6）在"参数"选项组中选择如图 5-43 所示的表面 1，在"距离"文本框中输入"30"，选中"连续圆顶"复选框，"圆顶"属性管理器设置如图 5-44 所示。

图 5-42　绘制的草图　　　　　　　　　　图 5-43　拉伸图形

（7）单击属性管理器中的"确定"按钮✔，并调整视图的方向，连续圆顶的图形如图 5-45 所示。如图 5-46 所示为不选中"连续圆顶"复选框生成的圆顶图形。

图 5-44　"圆顶"属性管理器　　　图 5-45　连续圆顶的图形　　　图 5-46　不连续圆顶的图形

💡提示：在圆柱和圆锥模型上，可以将"距离"设置为 0，此时系统会使用圆弧半径作为圆顶的基础来计算距离。

5.4.2　实例——螺丝刀

本实例绘制的螺丝刀如图 5-47 所示。

首先绘制螺丝刀的手柄部分，然后绘制圆顶，再绘制螺丝刀的端部，并拉伸切除生成"一"字头部，最后对相应部分进行圆角处理。

操作步骤：

（1）创建草图。在 FeatureManager 设计树中选择"前视基准面"作为绘制图形的基准面。绘制草图如图 5-48 所示。

（2）拉伸实体。选择菜单栏中的"插入"→"凸台/基体"→"拉伸"命令，或者单击"特征"选项卡中的"拉伸凸台/基体"按钮🕳，此时系统弹出"凸台-拉伸"属性管理器。在"深度"文本框🕳中输入"50"，然后单击"确定"按钮✔。

图 5-47　螺丝刀

（3）设置视图方向。单击"视图（前导）"工具栏"视图定向"下拉列表中的"等轴测"按钮🕳，将视图以等轴测方向显示，创建的拉伸特征如图 5-49 所示。

（4）圆顶实体。选择菜单栏中的"插入"→"特征"→"圆顶"命令🕳，此时系统弹出"圆顶"属性管理器。在"参数"选项组中选择如图 5-49 所示的表面 1。按照图 5-50 进行设置后，单击"确定"按钮✔，圆顶实体如图 5-51 所示。

Note

图 5-48　绘制的草图

图 5-49　创建拉伸 1 特征

（5）设置基准面。选择如图 5-51 所示后表面，然后单击"视图（前导）"工具栏"视图定向"下拉列表中的"正视于"按钮，将该表面作为绘制图形的基准面。

（6）绘制草图。绘制并标注草图，如图 5-52 所示。

图 5-50　"圆顶"属性管理器

图 5-51　圆顶实体

图 5-52　绘制的草图

（7）拉伸实体。选择菜单栏中的"插入"→"凸台/基体"→"拉伸"命令，或者单击"特征"选项卡中的"拉伸凸台/基体"按钮，此时系统弹出"凸台-拉伸"属性管理器。在"深度"文本框中输入"16"，然后单击"确定"按钮。

（8）设置视图方向。单击"视图（前导）"工具栏"视图定向"下拉列表中的"等轴测"按钮，将视图以等轴测方向显示，创建的拉伸特征如图 5-53 所示。

（9）设置基准面。选择如图 5-53 所示后表面，然后单击"视图（前导）"工具栏"视图定向"下拉列表中的"正视于"按钮，将该表面作为绘制图形的基准面。

（10）绘制草图。绘制并标注草图，如图 5-54 所示。

（11）拉伸实体。单击"特征"选项卡中的"拉伸凸台/基体"按钮，此时系统弹出"凸台-拉伸"属性管理器。在"深度"文本框中输入"75"，然后单击"确定"按钮。

（12）设置视图方向。单击"视图（前导）"工具栏"视图定向"下拉列表中的"等轴测"按钮，将视图以等轴测方向显示，创建的拉伸特征如图 5-55 所示。

图 5-53　创建拉伸 2 特征

图 5-54　绘制的草图

图 5-55　创建拉伸 3 特征

（13）设置基准面。在左侧的 FeatureManager 设计树中选择"右视基准面"，然后单击"视图（前导）"工具栏"视图定向"下拉列表中的"正视于"按钮，将该基准面作为绘制图形的基准面。

（14）绘制草图。绘制并标注草图，如图 5-56 所示。

（15）拉伸切除实体。选择菜单栏中的"插入"→"切除"→"拉伸"命令，或者单击"特征"选项卡中的"拉伸切除"按钮，此时系统弹出"切除-拉伸"属性管理器。在"方向 1"选项组的"终止条件"下拉列表框中选择"两侧对称"选项，然后单击"确定"按钮。

（16）设置视图方向。单击"视图（前导）"工具栏"视图定向"下拉列表中的"等轴测"按钮，将视图以等轴测方向显示，创建的拉伸特征如图 5-57 所示。

图 5-56　绘制的草图

图 5-57　创建拉伸 4 特征

（17）倒圆角。单击"特征"选项卡中的"圆角"按钮，此时系统弹出"圆角"属性管理器。在"半径"文本框中输入"3"，然后选择如图 5-57 所示的边线 1，单击"确定"按钮。

（18）设置视图方向。单击"视图（前导）"工具栏"视图定向"下拉列表中的"等轴测"按钮，将视图以等轴测方向显示，倒圆角后的图形如图 5-47 所示。

5.5　抽　壳　特　征

抽壳特征是零件建模中的重要特征，能使一些复杂工作变得简单化。当在零件的一个面上抽壳时，系统会掏空零件的内部，使所选择的面敞开，在剩余的面上生成薄壁特征。如果没有选择模型上的任何面，而直接对实体零件进行抽壳操作，则会生成一个闭合、掏空的模型。通常抽壳时各个表面的厚度相等，也可以对某些表面的厚度进行单独指定，这样抽壳特征完成之后，各个零件表面的厚度就不相等了。

如图 5-58 所示是对零件创建抽壳特征后建模的实例。

开口半面

图 5-58　抽壳特征实例

5.5.1　等厚度抽壳特征

下面介绍生成等厚度抽壳特征的操作步骤。

（1）打开随书电子资料中的源文件"等厚度抽壳"。单击"特征"选项卡中的"抽壳"按钮，或者选择菜单栏中的"插入"→"特征"→"抽壳"命令，系统弹出"抽壳"属性管理器。

（2）在"参数"选项组的"厚度"文本框中指定抽壳的厚度。

（3）单击"要移除的面"按钮右侧的列表框，然后从右侧的图形区中选择一个或多个开口面作为要移除的面。此时在列表框中显示所选的开口面，如图5-59所示。

图 5-59　选择要移除的面

（4）如果选中了"壳厚朝外"复选框，则会增加零件外部尺寸，从而生成抽壳。

（5）抽壳属性设置完毕，单击"确定"按钮，生成等厚度抽壳特征。

提示：如果在步骤（3）中没有选择开口面，则系统会生成一个闭合、掏空的模型。

5.5.2　多厚度抽壳特征

下面介绍生成具有多厚度抽壳特征的操作步骤。

（1）打开随书电子资料中的源文件"多厚度抽壳"。单击"特征"选项卡中的"抽壳"按钮，或者选择菜单栏中的"插入"→"特征"→"抽壳"命令，系统弹出"抽壳"属性管理器。

（2）单击"参数"选项组中"要移除的面"按钮右侧的列表框，在图形区中选择开口面1，如图5-60所示，这些面会在该列表框中显示出来。

（3）单击"多厚度设定"选项组中"多厚度面"按钮右侧的列表框，激活多厚度设定。

图 5-60　多厚度抽壳

（4）在列表框中选择多厚度面，然后在"多厚度设定"选项组的"厚度"文本框中输入对应的壁厚。

（5）重复步骤（4），直到为所有选择的多厚度面指定了厚度。

（6）如果要使壁厚添加到零件外部，则选中"壳厚朝外"复选框。

（7）抽壳属性设置完毕，单击"确定"按钮，生成多厚度抽壳特征，其剖视图如图5-60所示。

提示：如果想在零件上添加圆角特征，应当在生成抽壳之前对零件进行圆角处理。

5.5.3 实例——移动轮支架

首先拉伸实体轮廓，再利用"抽壳"命令完成实体框架操作，再多次拉伸切除局部实体，最后进行倒圆角操作，对实体进行完善，如图 5-61 所示。

操作步骤：

（1）绘制草图。在左侧的 FeatureManager 设计树中选择"前视基准面"作为绘制图形的基准面，绘制并标注草图，结果如图 5-62 所示。

（2）拉伸实体。单击"特征"选项卡中的"拉伸凸台/基体"按钮，此时系统弹出如图 5-63 所示的"凸台-拉伸"属性管理器。输入深度值为 65mm，其他采用默认设置，然后单击"确定"按钮，结果如图 5-64 所示。

图 5-61 移动轮支架

图 5-62 绘制的草图

图 5-63 "凸台-拉伸"属性管理器

图 5-64 拉伸后的图形

（3）抽壳操作。单击"特征"选项卡中的"抽壳"按钮，此时系统弹出如图 5-65 所示的"抽壳"属性管理器。输入厚度值为 3.5mm，选取如图 5-65 所示的面为移除面。单击"确定"按钮，结果如图 5-66 所示。

图 5-65 "抽壳"属性管理器

图 5-66 抽壳后的图形

（4）绘制草图。在左侧的 FeatureManager 设计树中选择"右视基准面"，然后单击"视图（前导）"工具栏"视图定向"下拉列表中的"正视于"按钮，将该基准面作为绘制图形的基准面。绘制并标注草图，结果如图 5-67 所示。

（5）切除实体。单击"特征"选项卡中的"拉伸切除"按钮 ，此时系统弹出"切除-拉伸"属性管理器。设置"方向1"和"方向2"选项组中的终止条件为"完全贯穿"，如图5-68所示。单击"确定"按钮 ，结果如图5-69所示。

图5-67　绘制的草图　　　　图5-68　"切除-拉伸"属性管理器1　　　图5-69　切除后的图形

（6）圆角处理。单击"特征"选项卡中的"圆角"按钮 ，此时系统弹出"圆角"属性管理器。输入半径值为15mm，然后选择图5-70中的边线1和边线2。单击"确定"按钮 ，结果如图5-71所示。

图5-70　"圆角"属性管理器　　　　　图5-71　圆角处理后的图形

（7）绘制草图。单击图5-71中的表面1，然后单击"视图（前导）"工具栏"视图定向"下拉列表中的"正视于"按钮 ，将该表面作为绘制图形的基准面。绘制并标注草图，结果如图5-72所示。

（8）切除实体。单击"特征"选项卡中的"拉伸切除"按钮 ，此时系统弹出"切除-拉伸"属性管理器。输入深度值为 61.5mm，其他采用默认设置，如图 5-73 所示，然后单击"确定"按钮 ✔，结果如图 5-74 所示。

图 5-72 绘制的草图　　图 5-73 "切除-拉伸"属性管理器 2　　图 5-74 拉伸切除后的图形

（9）绘制草图。单击图 5-74 中的表面 2，然后单击"视图（前导）"工具栏"视图定向"下拉列表中的"正视于"按钮 ↓，将该表面作为绘制图形的基准面。绘制并标注草图，结果如图 5-75 所示。

（10）切除实体。单击"特征"选项卡中的"拉伸切除"按钮 ⑩，此时系统弹出"切除-拉伸"属性管理器。设置终止条件为"完全贯穿"，如图 5-76 所示。单击"确定"按钮 ✔，结果如图 5-77 所示。

图 5-75 绘制的草图　　图 5-76 "切除-拉伸"属性管理器 3　　图 5-77 拉伸切除后的图形

（11）绘制草图。单击图 5-77 中的表面 3，然后单击"视图（前导）"工具栏"视图定向"下拉列表中的"正视于"按钮 ↓，将该表面作为绘制图形的基准面。单击"草图"选项卡中的"圆"按钮 ⊙，在设置的基准面上绘制一个直径为 58mm 的圆。

（12）拉伸实体。单击"特征"选项卡中的"拉伸凸台/基体"按钮 ⑩，此时系统弹出"凸台-拉伸"属性管理器。输入深度值为 3mm，其他采用默认设置，如图 5-78 所示，然后单击"确定"按钮 ✔，结果如图 5-79 所示。

图 5-78　"凸台-拉伸"属性管理器　　　　图 5-79　拉伸后的图形

（13）圆角处理。单击"特征"选项卡中的"圆角"按钮 📦，此时系统弹出"圆角"属性管理器。输入半径值为 3mm，然后选择图 5-80 中的边线 1。单击"确定"按钮 ✔，结果如图 5-81 所示。

（14）绘制草图。单击图 5-81 中的表面 4，然后单击"视图（前导）"工具栏"视图定向"下拉列表中的"正视于"按钮 ⬆，将该表面作为绘制图形的基准面。单击"草图"选项卡中的"圆"按钮 ⊙，在设置的基准面上绘制一个直径为 16mm 的圆。

图 5-80　"圆角"属性管理器　　　　图 5-81　圆角后的图形

（15）切除实体。单击"特征"选项卡中的"拉伸切除"按钮 📷，此时系统弹出"切除-拉伸"属性管理器。设置终止条件为"完全贯穿"。单击"确定"按钮 ✔，结果如图 5-61 所示。

5.6 拔模特征

拔模是零件模型上常见的特征，是以指定的角度斜削模型中所选的面。经常应用于铸造零件，因为拔模角度的存在可以使型腔零件更容易脱出模具。SOLIDWORKS 提供了丰富的拔模功能。用户既可以在现有的零件上插入拔模特征，也可以在拉伸特征的同时进行拔模。本节主要介绍在现有的零件上插入拔模特征。

下面对与拔模特征有关的术语进行说明。

☑ 拔模面：选取的零件表面，此面将生成拔模斜度。

☑ 中性面：在拔模的过程中大小不变的固定面，用于指定拔模角的旋转轴。如果中性面与拔模面相交，则相交处即为旋转轴。

☑ 拔模方向：用于确定拔模角度的方向。

如图 5-82 所示是一个拔模特征的应用实例。

图 5-82 拔模特征实例

要在现有的零件上插入拔模特征，从而以特定角度斜削所选的面，可以使用中性面拔模、分型线拔模和阶梯拔模。

5.6.1 中性面拔模特征

下面介绍使用中性面在模型面上生成拔模特征的操作步骤。

（1）打开随书电子资料中的源文件"中性面拔模"。单击"特征"选项卡中的"拔模"按钮🔲，或者选择菜单栏中的"插入"→"特征"→"拔模"命令，系统弹出"拔模"属性管理器。

（2）在"拔模类型"选项组中选中"中性面"单选按钮。

（3）在"拔模角度"选项组的"角度"文本框🔲中设定拔模角度。

（4）单击"中性面"选项组中的列表框，然后在图形区中选择面或基准面作为中性面，如图 5-83（a）所示。

（5）图形区中的控标会显示拔模的方向，如果要向相反的方向生成拔模，单击"反向"按钮🔲。

（6）单击"拔模面"选项组中"拔模面"按钮🔲右侧的列表框，然后在图形区中选择拔模面。

（7）如果要将拔模面延伸到额外的面，从"拔模沿面延伸"下拉列表框中选择以下选项。

☑ 沿切面：将拔模延伸到所有与所选面相切的面。

☑ 所有面：对所有从中性面拉伸的面都进行拔模。

☑ 内部的面：对所有与中性面相邻的内部面都进行拔模。

☑ 外部的面：对所有与中性面相邻的外部面都进行拔模。

☑ 无：拔模面不进行延伸。

（8）拔模属性设置完毕，单击"确定"按钮 ✓，完成中性面拔模特征，如图5-83（b）所示。

（a）设置中性面拔模　　　（b）中性面拔模效果

图5-83　中性面拔模

5.6.2　分型线拔模特征

利用分型线拔模可以对分型线周围的曲面进行拔模。下面介绍插入分型线拔模特征的操作步骤。

（1）打开随书电子资料中的源文件"分型线拔模"。单击"特征"选项卡中的"拔模"按钮 📦，或者选择菜单栏中的"插入"→"特征"→"拔模"命令，系统弹出"拔模"属性管理器。

（2）在"拔模类型"选项组中选中"分型线"单选按钮。

（3）在"拔模角度"选项组的"角度"文本框 📐 中指定拔模角度。

（4）单击"拔模方向"选项组中的列表框，然后在图形区中选择一条边线或一个面来指示拔模方向。

（5）如果要向相反的方向生成拔模，单击"反向"按钮 📄。

（6）单击"分型线"选项组中"分型线"按钮 ⊕ 右侧的列表框，在图形区中选择分割线或现有的模型边线，如图5-84（a）所示，在生成分割线时，选择"插入"→"曲线"→"分割线"命令，选择指定的草图和分割面，完成分割线操作。

（7）如果要为分型线的每一线段指定不同的拔模方向，单击"分型线"选项组中"分型线"按钮 ⊕ 右侧列表框中的边线名称，然后单击"其他面"按钮。

（8）在"拔模沿面延伸"下拉列表框中选择拔模沿面延伸类型。

☑ 无：只在所选面上进行拔模。

☑ 沿切面：将拔模延伸到所有与所选面相切的面。

（9）拔模属性设置完毕，单击"确定"按钮 ✓，完成分型线拔模特征，如图5-84（b）所示。

(a) 设置分型线拔模

(b) 分型线拔模效果

图 5-84 分型线拔模

💡提示：拔模分型线必须满足以下条件：❶ 在每个拔模面上至少有一条分型线段与基准面重合；❷ 其他所有分型线段处于基准面的拔模方向；❸ 没有分型线段与基准面垂直。

5.6.3 阶梯拔模特征

除中性面拔模和分型线拔模以外，SOLIDWORKS 还提供了阶梯拔模。阶梯拔模为分型线拔模的变体，它的分型线可以不在同一平面内，如图 5-85 所示。

下面介绍插入阶梯拔模特征的操作步骤。

（1）打开随书电子资料中的源文件"阶梯拔模"。单击"特征"选项卡中的"拔模"按钮📦，或者选择菜单栏中的"插入"→"特征"→"拔模"命令，系统弹出"拔模"属性管理器。

（2）在"拔模类型"选项组中选中"阶梯拔模"单选按钮。

（3）如果想使曲面与锥形曲面一样生成，则选中"锥形阶梯"复选框；如果想使曲面垂直于原主要面，则选中"垂直阶梯"复选框。

（4）在"拔模角度"选项组的"角度"文本框⚹中指定拔模角度。

（5）单击"拔模方向"选项组中的列表框，然后在图形区中选择一基准面指示拔模方向。

（6）如果要向相反的方向生成拔模，则单击"反向"按钮⚡。

（7）单击"分型线"选项组中"分型线"按钮⊕右侧的列表框，然后在图形区中选择分型线，如图 5-86（a）所示。

（8）如果要为分型线的每一线段指定不同的拔模方向，则在"分型线"选项组中"分型线"按钮⊕右侧的列表框中选择边线名称，然后单击"其他面"按钮。

（9）在"拔模沿面延伸"下拉列表框中选择拔模沿面延伸类型。

（10）拔模属性设置完毕，单击"确定"按钮✔，完成阶梯拔模特征，如图 5-86（b）所示。

图 5-85　阶梯拔模中的分型线轮廓

（a）选择分型线

（b）阶梯拔模效果

图 5-86　创建阶梯拔模特征

5.6.4　实例——圆锥销

绘制如图 5-87 所示的圆锥销。

操作步骤：

（1）打开文件。打开随书电子资料中的源文件"圆锥销"，如图 5-88 所示。

（2）创建拔模特征。单击"特征"选项卡中的"拔模"按钮 ，系统弹出"拔模"属性管理器，在"拔模角度"文本框 中输入角度值为 1°，选择外圆柱面为拔模面，一端端面为中性面，如图 5-89 所示。单击"确定"按钮 ，结果如图 5-90 所示。

图 5-87　圆锥销

图 5-88　原始文件

图 5-89　设置拔模参数

（3）生成圆锥销倒角特征。单击"特征"选项卡中的"倒角"按钮 ，系统弹出"倒角"属性管理器。设置"倒角类型"为"角度距离"，在"距离"文本框 中输入倒角的距离值为 1mm，在"角度"文本框 中输入角度值为 45 度。选择生成倒角特征的圆锥销棱边，如图 5-91 所示。单击"确定"

按钮 ✔ ，完成后的圆锥销如图 5-87 所示。

图 5-90 创建拔模特征   图 5-91 设置倒角生成参数

5.7 筋 特 征

筋是零件上增加强度的部分，是一种从开环或闭环草图轮廓生成的特殊拉伸实体，在草图轮廓与现有零件之间添加指定方向和厚度的材料。

在 SOLIDWORKS 2024 中，筋实际上是由开环的草图轮廓生成的特殊类型的拉伸特征。图 5-92 展示了筋特征的几种效果。

图 5-92 筋特征效果

5.7.1 创建筋特征

下面介绍创建筋特征的操作步骤。

（1）创建一个新的零件文件。

（2）在左侧的 FeatureManager 设计树中选择"前视基准面"作为绘制图形的基准面。

（3）选择菜单栏中的"工具"→"草图绘制实体"→"边角矩形"命令，绘制两个矩形，并标注尺寸。

（4）单击"草图"选项卡中的"剪裁实体"按钮 ⚡，剪裁后的草图如图 5-93 所示。

（5）选择菜单栏中的"插入"→"凸台/基体"→"拉伸"命令，系统弹出"凸台-拉伸"属性管理器。在"深度"文本框🗃中输入"40"，然后单击"确定"按钮✔，创建的拉伸特征如图 5-94 所示。

图 5-93　剪裁后的草图

图 5-94　创建拉伸特征

（6）在左侧的 FeatureManager 设计树中选择"前视基准面"，然后单击"视图（前导）"工具栏"视图定向"下拉列表中的"正视于"按钮↓，将该基准面作为绘制图形的基准面。

（7）选择菜单栏中的"工具"→"草图绘制实体"→"直线"命令，在前视基准面上绘制如图 5-95 所示的草图。

（8）选择菜单栏中的"插入"→"特征"→"筋"命令，或者单击"特征"选项卡中的"筋"按钮◢，此时系统弹出"筋"属性管理器。按照图 5-96 进行参数设置，然后单击"确定"按钮✔。

（9）单击"视图（前导）"工具栏"视图定向"下拉列表中的"等轴测"按钮◈，将视图以等轴测方向显示，添加的筋如图 5-97 所示。

图 5-95　绘制草图

图 5-96　"筋"属性管理器

图 5-97　添加筋

5.7.2　实例——导流盖

本例创建的导流盖如图 5-98 所示。

首先绘制开环草图，旋转成薄壁模型，接着绘制筋特征，重复操作绘制其余筋，完成零件建模，最终生成导流盖模型。

操作步骤：

1．生成薄壁旋转特征

（1）新建草图。在 FeatureManager 设计树中选择"前视基准面"作为草图绘制基准面，绘制并标注草图，如图 5-99 所示。

图 5-98　导流盖

（2）旋转生成实体。单击"特征"选项卡中的"旋转凸台/基体"按钮◈，在弹出的询问对话框中单击"否"按钮，如图 5-100 所示。

图 5-99　绘制草图

图 5-100　询问对话框

（3）生成薄壁旋转特征。在"旋转"属性管理器中设置旋转终止条件为"给定深度"，并在"角度"文本框 中输入"360"；选中"薄壁特征"复选框，单击"薄壁特征"选项组中的"反向"按钮，使薄壁向内部拉伸，设置旋转类型为"单向"，在"厚度"文本框 中输入"2"，如图 5-101 所示。单击"确定"按钮 ，生成薄壁旋转特征。

图 5-101　生成薄壁旋转特征

2. 创建筋特征

（1）新建草图。在 FeatureManager 设计树中选择"右视基准面"作为草图绘制基准面，绘制并标注草图，如图 5-102 所示。

💡提示：草图斜线端点与盘体顶端要略有一段距离，否则会导致后续生成失败。

（2）设置视图方向。单击"视图（前导）"工具栏"视图定向"下拉列表中的"等轴测"按钮 ，用等轴测视图观察图形。

（3）创建筋特征。单击"特征"选项卡中的"筋"按钮 ，或者选择菜单栏中的"插入"→"特征"→"筋"命令，弹出"筋"属性管理器；单击"两侧"按钮 ，设置厚度生成方式为两边均等添加材料，在"筋厚度"文本框 中输入"3"，单击"平行于草图"按钮 ，设定筋的拉伸方向为平行于草图，如图 5-103 所示，单击"确定"按钮 ，生成筋特征。

（4）重复步骤（2）和步骤（3）的操作，创建其余 3 个筋特征。同时也可利用圆周阵列命令阵列筋特征，最终结果如图 5-98 所示。

图 5-102 绘制草图

图 5-103 创建筋特征

5.8 包   覆

该特征将草图包裹到平面或非平面。可从圆柱、圆锥或拉伸的模型生成一平面。也可选择一平面轮廓来添加多个闭合的样条曲线草图。包覆特征支持轮廓选择和草图再用。可以将包覆特征投影至多个面上。图 5-104 显示了不同参数设置下包覆实例效果。

浮雕   蚀雕   刻画

图 5-104 包覆特征效果

下面介绍创建包覆特征的操作步骤。

打开随书电子资料中的源文件"包裹"。单击"特征"选项卡中的"包覆"按钮，或者选择菜单栏中的"插入"→"特征"→"包覆"命令。系统打开如图 5-105 所示的"包覆"属性管理器，其中的可控参数如下。

1. "包覆类型"选项组

（1）浮雕：在面上生成一突起特征。

（2）蚀雕：在面上生成一缩进特征。

（3）刻划：在面上生成一草图轮廓的压印。

2. "包覆方法"选项组

（1）分析：将草图包覆至平面或非平面。

（2）样条曲面：可以在任何面类型上包覆草图。

图 5-105 "包覆"属性管理器

3. "包覆参数"选项组

　　（1）源草图：在视图中选择要创建包覆的草图。

　　（2）包覆草图的面：选择一个非平面的面。

　　（3）厚度 ：输入厚度值。选中"反向"复选框，可以更改方向。

　　4. "拔模方向"选项组

　　选取一直线、线性边线或基准面来设定拔模方向。对于直线或线性边线，拔模方向是选定实体的方向。对于基准面，拔模方向与基准面正交。

5.9　综合实例——托架的创建

　　叉架类零件主要起支撑和连接作用。其形状结构按功能的不同常分为 3 个部分：工作部分、安装固定部分和连接部分。本例创建的托架零件如图 5-106 所示。

5.9.1　固定部分基体的创建

　　（1）绘制草图。选择"前视基准面"作为草图绘制平面，绘制并标注草图，如图 5-107 所示。

图 5-106　托架零件

　　（2）拉伸实体。单击"特征"选项卡中的"拉伸凸台/基体"按钮 ，在弹出的"凸台-拉伸"属性管理器中设置拉伸的终止条件为"给定深度"；在 按钮右侧的文本框中设置拉伸深度为 24mm；其余选项设置如图 5-108 所示。单击"确定"按钮 ，创建固定部分基体。

图 5-107　添加尺寸和几何关系后的矩形草图　　图 5-108　设置固定部分基体的拉伸参数及拉伸后效果图

5.9.2　工作部分基体的创建

　　（1）绘制草图。选择"右视基准面"作为草图绘制平面，绘制并标注草图，如图 5-109 所示。

　　（2）拉伸实体。单击"特征"选项卡中的"拉伸凸台/基体"按钮 ，在弹出的"凸台-拉伸"属性管理器中设置拉伸的终止条件为"两侧对称"；在 按钮右侧的文本框中设置拉伸深度为 50mm；

其余选项设置如图 5-110 所示。单击"确定"按钮 ✔，创建拉伸基体。

图 5-109 绘制草图

图 5-110 设置拉伸参数

（3）创建基准面。单击"特征"选项卡"参考几何体"下拉列表中的"基准面"按钮 🗐，在右侧图形区域中的 FeatureManager 设计树中选择"上视基准面"作为参考实体；在"偏移距离"按钮 🗗 右侧的文本框中设置距离为 105mm，具体选项设置如图 5-111 所示。单击"确定"按钮 ✔，创建基准面。

（4）绘制草图。选择生成的"基准面 1"，单击"草图"选项卡中的"草图绘制"按钮 💢，在其上新建一草图。单击"视图（前导）"工具栏"视图定向"下拉列表中的"正视于"按钮 ↧，正视于该草图。绘制并标注草图，如图 5-112 所示。

（5）拉伸实体。单击"特征"选项卡中的"拉伸凸台/基体"按钮 🗐，弹出"凸台-拉伸"属性管理器，在"方向 1"选项组中设置拉伸的终止条件为"给定深度"；在 🗗 按钮右侧的文本框中设置拉伸深度为 12mm；在"方向 2"选项组中设置拉伸的终止条件为"给定深度"；在 🗗 按钮右侧的文本框中设置拉伸深度为 9mm；具体参数设置如图 5-113 所示。单击"确定"按钮 ✔，生成工作部分的基体。

图 5-111 设置基准面参数

图 5-112 绘制草图

图 5-113 设置拉伸参数

5.9.3   连接部分基体的创建

（1）选择"右视基准面"，单击"草图"选项卡中的"草图绘制"按钮 □，在其上新建一草图。单击"视图（前导）"工具栏"视图定向"下拉列表中的"正视于"按钮 ↓，正视于该草图平面。

（2）按住 Ctrl 键，选择固定部分轮廓（投影形状为矩形）的上部边线和工作部分中的支撑孔基体（投影形状为圆形），单击"草图"选项卡中的"转换实体引用"按钮 🔁，将该轮廓投影到草图上。

（3）单击"草图"选项卡中的"直线"按钮 ✏，绘制一条由圆到矩形的直线，直线的一个端点落在矩形直线上。

（4）按住 Ctrl 键，选择所绘直线和轮廓投影圆。在出现的"属性"属性管理器中单击"相切"按钮 ◔，为所选元素添加"相切"几何关系，如图 5-114 所示。单击"确定"按钮 ✔，完成几何关系的添加。

（5）单击"草图"选项卡中的"智能尺寸"按钮 ↖，标注落在矩形上的直线端点到坐标原点的距离为 4mm。

（6）选择所绘直线，单击"草图"选项卡中的"等距实体"按钮 □，在弹出的"等距实体"属性管理器中设置等距距离为 6mm，其他选项设置如图 5-115 所示。单击"确定"按钮 ✔，完成等距直线的绘制。

图 5-114　添加"相切"几何关系　　　　图 5-115　设置等距实体选项

（7）单击"草图"选项卡中的"剪裁实体"按钮 ⊁，剪裁掉多余的部分，完成 T 形肋中截面为 40mm×6mm 的肋板轮廓，如图 5-116 所示。

（8）拉伸实体。单击"特征"选项卡中的"拉伸凸台/基体"按钮 ⬚，在弹出的"凸台-拉伸"属性管理器中设置拉伸的终止条件为"两侧对称"；在 ⬚ 按钮右侧的文本框中设置拉伸深度为 40mm；其余选项设置如图 5-117 所示。单击"确定"按钮 ✔，创建 T 形肋中一个肋板。

（9）选择"右视基准面"，单击"草图"选项卡中的"草图绘制"按钮 □，在其上新建一个草图。单击"视图（前导）"工具栏"视图定向"下拉列表中的"正视于"按钮 ↓，正视于该草图平面。

（10）按住 Ctrl 键，选择固定部分（投影形状为矩形）左上角的两条边线、工作部分中的支撑孔基体（投影形状为圆形）和肋板内侧的边线，单击"草图"选项卡中的"转换实体引用"按钮 🔁，将该轮廓投影到草图上。

图 5-116　草图轮廓

图 5-117　设置拉伸选项

（11）单击"草图"选项卡中的"直线"按钮，绘制一条由圆到矩形的直线，直线的一个端点落在矩形的左侧边线上，另一个端点落在投影圆上。

（12）单击"草图"选项卡中的"智能尺寸"按钮，为所绘直线标注尺寸定位，如图 5-118所示。

（13）单击"草图"选项卡中的"剪裁实体"按钮，剪裁掉多余的部分，完成 T 形肋中另一肋板。

（14）拉伸实体。单击"特征"选项卡中的"拉伸凸台/基体"按钮，弹出"凸台-拉伸"属性管理器，设置拉伸的终止条件为"两侧对称"；在按钮右侧的文本框中设置拉伸深度为5mm；其余选项设置如图 5-119所示。单击"确定"按钮，创建肋板。

图 5-118　定位直线

图 5-119　设置拉伸选项

5.9.4　切除固定部分基体

（1）绘制草图。绘制并标注草图，如图 5-120所示。

（2）拉伸切除实体。单击"特征"选项卡中的"拉伸切除"按钮，弹出"切除-拉伸"属性管理器，设置拉伸的终止条件为"完全贯穿"；其他选项设置如图 5-120所示。单击"确定"按钮，切除固定部分基体。

图 5-120 设置拉伸切除选项

5.9.5 光孔、沉头孔和圆角的创建

（1）绘制草图。选择托架固定部分的正面，绘制并标注草图，如图 5-121 所示。

图 5-121 设置拉伸切除

（2）拉伸切除实体。单击"特征"选项卡中的"拉伸切除"按钮，弹出"切除-拉伸"属性管理器，设置终止条件为"给定深度"；在按钮右侧的文本框中设置拉伸切除深度为 3mm；其他选项设置如图 5-121 所示。单击"确定"按钮，创建孔。

（3）绘制草图。选择新创建的沉头孔的底面，绘制草图并添加"同心"几何关系，如图 5-122 所示。

（4）拉伸切除实体。单击"特征"选项卡中的"拉伸切除"按钮，在弹出的"切除-拉伸"属性管理器中设置终止条件为"完全贯穿"；其他选项设置如图 5-123 所示。单击"确定"按钮，完成沉头孔的创建。

图 5-122　添加"同心"几何关系

图 5-123　沉头孔的创建

（5）绘制草图。选择工作部分中高度为 50mm 的圆柱的一个侧面，绘制一个与圆柱轮廓同心的圆，标注圆的直径尺寸为 16mm。

（6）拉伸切除实体。单击"特征"选项卡中的"拉伸切除"按钮，在弹出的"切除-拉伸"属性管理器中设置终止条件为"完全贯穿"，其他选项设置如图 5-124 所示。单击"确定"按钮，完成孔的创建。

（7）绘制草图。选择工作部分的另一个圆柱段的上端面，绘制一个与圆柱轮廓同心的圆，标注圆的直径尺寸为 11mm。

（8）拉伸切除实体。单击"特征"选项卡中的"拉伸切除"按钮，在弹出的"切除-拉伸"属性管理器中设置终止条件为"完全贯穿"，其他选项设置如图 5-125 所示。单击"确定"按钮，完成孔的创建。

图 5-124　孔的创建

图 5-125　设置拉伸切除选项

（9）选择"基准面 1"，单击"草图"选项卡中的"草图绘制"按钮，在其上新建一草图。

（10）单击"草图"选项卡中的"边角矩形"按钮，绘制一个矩形，覆盖特定区域，如图 5-126 所示。

（11）拉伸切除实体。单击"特征"选项卡中的"拉伸切除"按钮 ，在弹出的"切除-拉伸"属性管理器中设置终止条件为"两侧对称"，在 按钮右侧的文本框中设置拉伸切除深度为 3mm，其他选项设置如图 5-126 所示，单击"确定"按钮 ，完成夹紧用间隙的创建。

（12）单击"特征"选项卡中的"圆角"按钮 ，弹出"圆角"属性管理器。在右侧的图形区域中选择所有非机械加工边线，即图示的边线，在 按钮右侧的文本框中设置圆角半径为 2mm，具体选项设置如图 5-127 所示。单击"确定"按钮 ，完成铸造圆角的创建。

图 5-126　夹紧用间隙的创建

图 5-127　设置圆角选项

（13）保存文件。选择菜单栏中的"文件"→"保存"命令，将零件文件保存，文件名为"托架"，最后结果如图 5-106 所示。

5.10　实践与操作

5.10.1　绘制异型孔零件

本例绘制如图 5-128 所示的异型孔零件。

操作提示：

（1）选择上视基准面，利用"草图绘制"命令绘制草图，再利用"旋转"命令，设置终止条件为"给定深度"，旋转角度为 360°，创建旋转实体。

图 5-128　异型孔零件

（2）创建基准面，以上视面基准面为参考，创建距离上视基准面为 25mm 的基准面。利用"草图绘制"命令，绘制草图。

（3）创建异型孔特征，选择柱形沉头孔、六角凹头 ISO 4762、M12，给定深度为 35mm。放置柱形沉头孔，绘制流程图如图 5-129 所示。

图 5-129　异型孔零件的绘制流程图

5.10.2　绘制阀门壳体

本例绘制如图 5-130 所示的阀门壳体零件。

图 5-130　绘制阀门壳体

操作提示：

（1）选择前视基准面，利用"草图绘制"命令绘制一个 50mm×50mm 的正方形，再利用"拉伸"命令，设置终止条件为"两侧对称"，拉伸深度为 40，创建拉伸实体。

（2）选择前视基准面，利用"草图绘制"命令绘制草图，再利用"拉伸切除"命令，设置终止条件为"两侧对称"，选中"反侧切除"复选框，切除深度为 30mm，创建主体轮廓。

（3）选择上视基准面，利用"草图绘制"命令绘制一个直径为 18mm 的圆，再利用"拉伸"命令，设置终止条件为"给定深度"，拉伸深度为 40mm，创建拉伸实体。

（4）选择刚刚拉伸实体的上表面为基准面，利用"草图绘制"命令绘制一个 35mm×35mm 的正方形，再利用"拉伸"命令，设置终止条件为"给定深度"，拉伸深度为 5mm，创建拉伸实体。

（5）选择右视基准面，利用"草图绘制"命令绘制一条直线，再利用"筋"命令，设置厚度生成方式为两边均等添加材料，设置"筋厚度"为"6"，设置筋的拉伸方向平行于草图，创建筋特征，利用同样的方法在另一侧创建相同的筋。

（6）选择第（1）步创建的拉伸实体的端面为基准面，利用"草图绘制"命令绘制一个直径为 36mm 的圆，再利用"拉伸切除"命令，设置终止条件为"完全贯穿"，拉伸切除实体。

（7）选择第（4）步创建的拉伸实体的上表面为基准面，利用"草图绘制"命令绘制一个直径为 10mm 的圆，再利用"拉伸切除"命令，设置终止条件为"成形到下一面"，拉伸切除实体。

（8）利用"圆角"命令，设置圆角类型为"等半径"、圆角半径为 5mm，创建圆角特征。

（9）选择第（1）步创建的拉伸实体的端面为基准面，利用"草图绘制"命令绘制 4 个直径为 4mm 的圆，绘制的圆与圆角同心，再利用"拉伸切除"命令，设置终止条件为"完全贯穿"，创建孔特征。

（10）选择第（4）步创建的拉伸实体的上表面为基准面，利用"草图绘制"命令绘制 4 个直径为 4mm 的圆，绘制的圆与圆角同心，再利用"拉伸切除"命令，设置终止条件为"成形到下一面"，创建孔特征。

（11）利用"圆角"命令，设置圆角类型为"等半径"、圆角半径为 1mm，对棱边倒圆角，绘制流程图如图 5-131 所示。

图 5-131　阀门壳体的绘制流程图

第6章

特征的复制

在进行特征建模时，为方便操作、简化步骤，选择进行特征复制操作，其中包括阵列特征、镜向特征等操作，将某特征根据不同参数设置进行复制，这一命令的使用在很大程度上缩短了操作时间，简化了实体创建过程，使建模功能更全面。

☑ 阵列特征   ☑ 特征的复制与删除

☑ 镜向特征

任务驱动&项目案例

6.1　阵 列 特 征

特征阵列用于将任意特征作为原始样本特征，通过指定阵列尺寸产生多个类似的子样本特征。特征阵列完成后，原始样本特征和子样本特征成为一个整体，用户可将其作为一个特征进行相关的操作，如删除、修改等。如果修改了原始样本特征，则阵列中的所有子样本特征也随之更改。

SOLIDWORKS 2024 提供了线性阵列、圆周阵列、草图驱动阵列、曲线驱动阵列、表格驱动阵列和填充阵列 6 种阵列方式。下面详细介绍这 6 种常用的阵列方式。

6.1.1　线性阵列

线性阵列是指沿一条或两条直线路径生成多个子样本特征。图 6-1 列举了线性阵列的零件模型。下面介绍创建线性阵列特征的操作步骤，阵列前实体如图 6-2 所示。

图 6-1　线性阵列模型

图 6-2　打开的文件实体

（1）打开随书电子资料中的源文件"线性阵列"，在图形区中选择原始样本特征（切除、孔或凸台等）。

（2）单击"特征"选项卡中的"线性阵列"按钮▦▦，或者选择菜单栏中的"插入"→"阵列/镜向"→"线性阵列"命令，系统弹出"线性阵列"属性管理器。在"特征和面"选项组中将显示所选择的特征。如果要选择多个原始样本特征，在选择特征时，需按住 Ctrl 键。

💡提示：当使用特型特征生成线性阵列时，所有阵列的特征都必须在相同的面上。

（3）在"方向 1"选项组中单击第一个列表框，然后在图形区中选择模型的一条边线或尺寸线指出阵列的第一个方向。所选边线或尺寸线的名称出现在该列表框中。

（4）如果图形区中表示阵列方向的箭头不正确，则单击"反向"按钮↗，可以反转阵列方向。

（5）在"方向 1"选项组的"间距"文本框⬍中指定阵列特征之间的距离。

（6）在"方向 1"选项组的"实例数"文本框▦#中指定该方向下阵列的特征数（包括原始样本特征）。此时在图形区中可以预览阵列效果，如图 6-3 所示。

（7）如果要在另一个方向上同时生成线性阵列，则仿照步骤（2）～步骤（6）中的操作，对"方向 2"选项组进行设置。

（8）在"方向 2"选项组中有一个"只阵列源"复选框。如果选中该复选框，则在第二个方向中只复制原始样本特征，而不复制"方向 1"中生成的其他子样本特征，如图 6-4 所示。

（9）在阵列中如果要跳过某个阵列子样本特征，则在"可跳过的实例"选项组中单击"要跳过的实例"按钮❖右侧的列表框，并在图形区中选择想要跳过的某个阵列特征，这些特征将显示在该列表框中。图 6-5 显示了可跳过的实例效果。

图 6-3　设置线性阵列

图 6-4　只阵列源与阵列所有特征的效果对比

图 6-5　阵列时应用可跳过实例

（10）线性阵列属性设置完毕，单击"确定"按钮✔，生成线性阵列。

6.1.2　圆周阵列

圆周阵列是指绕一个轴心以圆周路径生成多个子样本特征。在创建圆周阵列特征之前，首先要选择一个中心轴，这个轴可以是基准轴或者临时轴。每一个圆柱和圆锥面都有一条轴线，称之为临时轴。临时轴是由模型中的圆柱和圆锥隐含生成的，在图形区中一般不可见。在生成圆周阵列时需要使用临时轴，选择菜单栏中的"视图"→"隐藏/显示"→"临时轴"命令即可显示临时轴。此时该菜单旁边出现标记"√"，表示临时轴可见。此外，还可以生成基准轴作为中心轴。

下面介绍创建圆周阵列特征的操作步骤。

（1）打开随书电子资料中的源文件"圆周阵列"。选择菜单栏中的"视图"→"隐藏/显示"→"临时轴"命令，显示特征基准轴，如图 6-6 所示。

（2）在图形区选择原始样本特征（切除、孔或凸台等）。

（3）单击"特征"选项卡中的"圆周阵列"按钮 ，或者选择菜单栏中的"插入"→"阵列/镜向"→"圆周阵列"命令，系统弹出"阵列（圆周）"属性管理器。

（4）在"特征和面"选项组中高亮显示步骤（2）中所选择的特征。如果要选择多个原始样本特征，需按住 Ctrl 键进行选择。此时，在图形区将生成一个中心轴，作为圆周阵列的圆心位置。

在"方向 1"选项组中，单击第一个列表框，然后在图形区选择中心轴，则所选中心轴的名称将显示在该列表框中。

（5）如果图形区中阵列的方向不正确，则单击"反向"按钮 ，可以翻转阵列方向。

（6）在"方向 1"选项组的"角度"文本框 中指定阵列特征之间的角度。

（7）在"方向 1"选项组的"实例数"文本框 中指定阵列的特征数（包括原始样本特征）。此时在图形区中可以预览阵列效果，如图 6-7 所示。

图 6-6　特征基准轴

图 6-7　预览圆周阵列效果

（8）选中"等间距"单选按钮，则总角度将默认为 360°，所有的阵列特征会等角度均匀分布。

（9）选中"几何体阵列"复选框，则只复制原始样本特征而不对其进行求解，这样可以加速生成及重建模型的速度。但是如果某些特征的面与零件的其余部分合并在一起，则不能为这些特征生成几何体阵列。

（10）圆周阵列属性设置完毕，单击"确定"按钮✅，生成圆周阵列。

6.1.3　草图驱动阵列

SOLIDWORKS 2024 还可以根据草图上的草图点来安排特征的阵列。用户只要控制草图上的草图点，即可将整个阵列扩散到草图中的每个点。

下面介绍创建草图驱动阵列的操作步骤。

（1）打开随书电子资料中的源文件"草图驱动阵列"，单击"草图"选项卡中的"草图绘制"按钮，在零件的面上绘制一个草图。

（2）单击"草图"选项卡中的"点"按钮，绘制驱动阵列的草图点。

（3）单击"草图"选项卡中的"退出草图"按钮，关闭草图。

（4）单击"特征"选项卡中的"草图驱动的阵列"按钮，或者选择菜单栏中的"插入"→"阵列/镜向"→"由草图驱动的阵列"命令，系统弹出"由草图驱动的阵列"属性管理器。

（5）在"选择"选项组中单击"参考草图"按钮右侧的列表框，然后选择驱动阵列的草图，则所选草图的名称显示在该列表框中。

（6）选择参考点。

☑　重心：如果选中该单选按钮，则使用原始样本特征的重心作为参考点。

☑　所选点：如果选中该单选按钮，则在图形区中选择参考顶点。可以使用原始样本特征的重心、草图原点、顶点或另一个草图点作为参考点。

（7）单击"特征和面"选项组中"要阵列的特征"按钮右侧的列表框，然后选择要阵列的特征。此时在图形区中可以预览阵列效果，如图 6-8 所示。

图 6-8　预览阵列效果

（8）选中"几何体阵列"复选框，则只复制原始样本特征而不对其进行求解，这样可以加速生成及重建模型的速度。但是如果某些特征的面与零件的其余部分合并在一起，则不能为这些特征生成几何体阵列。

（9）草图驱动阵列属性设置完毕，单击"确定"按钮✅，生成草图驱动的阵列。

6.1.4 曲线驱动阵列

曲线驱动阵列是指沿平面曲线或者空间曲线生成的阵列实体。

下面介绍创建曲线驱动阵列的操作步骤。

（1）打开随书电子资料中的源文件"曲线驱动阵列"，并设置基准面。选择图 6-9 中的表面 1，然后单击"视图（前导）"工具栏"视图定向"下拉列表中的"正视于"按钮↓，将该表面作为绘制图形的基准面。

图 6-9　打开的文件实体　图 6-10　绘制样条曲线

（2）绘制草图。选择菜单栏中的"工具"→"草图绘制实体"→"样条曲线"命令，绘制如图 6-10 所示的样条曲线，之后退出草图绘制状态。

（3）执行"曲线驱动的阵列"命令。选择菜单栏中的"插入"→"阵列/镜向"→"曲线驱动的阵列"命令，或者单击"特征"选项卡"线性阵列"下拉列表中的"曲线驱动的阵列"按钮，此时系统弹出如图 6-11 所示的"曲线驱动的阵列"属性管理器。

（4）设置属性管理器。在"特征和面"选项组中选择如图 6-10 所示阵列的实体；在"方向 1"选项组中选择样条曲线，其他设置如图 6-11 所示。

（5）确认曲线驱动阵列的特征。单击"曲线驱动的阵列"属性管理器中的"确定"按钮✔，结果如图 6-12 所示。

（6）取消视图中的草图显示。选择菜单栏中的"视图"→"隐藏/显示"→"草图"命令，取消对视图中草图的显示，结果如图 6-13 所示。

图 6-12　曲线驱动阵列的图形

图 6-11　"曲线驱动的阵列"属性管理器

图 6-13　取消草图显示的图形

6.1.5 表格驱动阵列

表格驱动阵列是指添加或检索以前生成的 X-Y 坐标，在模型的面上增添源特征。

下面介绍创建表格驱动阵列的操作步骤。

（1）打开随书电子资料中的源文件"表格驱动阵列"，并执行"坐标系"命令。选择菜单栏中的"插入"→"参考几何体"→"坐标系"命令，或者单击"特征"选项卡"参考几何体"下拉列表中的"坐标系"按钮，此时系统弹出"坐标系"属性管理器，创建一个新的坐标系。

（2）设置属性管理器。在"原点"列表框中选择如图 6-14 所示的点 A，确认创建的坐标系。单击"坐标系"属性管理器中的"确定"按钮，结果如图 6-15 所示。

（3）执行"表格驱动的阵列"命令。选择菜单栏中的"插入"→"阵列/镜向"→"表格驱动的阵列"命令，或者单击"特征"选项卡中的"表格驱动的阵列"按钮，此时系统弹出如图 6-16 所示的"由表格驱动的阵列"属性管理器。

图 6-14　绘制的图形

图 6-15　创建坐标系的图形

图 6-16　"由表格驱动的阵列"属性管理器 1

（4）设置属性管理器。在"要复制的特征"列表框中选择 M12mm 的孔；在"坐标系"列表框中选择坐标系 1。点 0 的坐标为源特征的坐标；双击点 1 的 X 和 Y 文本框，输入要阵列的坐标值；重复此步骤，输入点 2 到点 5 的坐标值，"由表格驱动的阵列"属性管理器设置如图 6-17 所示。

（5）确认表格驱动阵列特征。单击"由表格驱动的阵列"属性管理器中的"确定"按钮，结果如图 6-18 所示。

（6）取消显示视图中的坐标系。选择菜单栏中的"视图"→"隐藏/显示"→"坐标系"命令，取消对视图中坐标系的显示，结果如图 6-19 所示。

图 6-17 "由表格驱动的阵列"属性管理器 2

图 6-18 阵列的图形

图 6-19 取消坐标系显示的图形

6.1.6 填充阵列

填充阵列是在特定边界内，通过设置参数来控制阵列位置、数量的特征方式。

下面介绍创建填充阵列的操作步骤。

（1）打开随书电子资料中的源文件"填充阵列"。选择菜单栏中的"插入"→"阵列/镜向"→"填充阵列"命令，或者单击"特征"选项卡中的"填充阵列"按钮 ，此时系统弹出如图 6-20 所示的"填充阵列"属性管理器。

（2）在"填充边界"选项组下"选择面或共面上的草图、平面曲线"按钮 右侧的列表框中选择面 1，如图 6-21 所示。

（3）在"阵列布局"选项组中设置参数。

☑ （穿孔）：为钣金穿孔式阵列生成网格。

➢ 在"实例间距"按钮 右侧文本框中输入两特征间距值。

➢ 在"交错断续角度"按钮 右侧文本框中输入两特征夹角值。

➢ 在"边距"按钮 右侧文本框中输入填充边界边距值。

➢ 在"阵列方向"按钮 右侧文本框中确定阵列方向。

➢ 在"实例数"按钮 右侧文本框中显示根据规格计算出的阵列中的实例数，此数量无法编辑。

☑ （圆周）：生成圆周形阵列。

图 6-20 "填充阵列"属性管理器

☑ ▦（方形）：生成方形阵列。

☑ ◎（多边形）：生成多边形阵列。

此处选择布局方式为"穿孔"。

（4）在"特征和面"选项组下选中"所选特征"单选按钮，在"要阵列的特征"按钮🗖右侧列表框中选择特征，如图 6-22 所示。

图 6-21　选择面

图 6-22　选择特征

6.1.7　实例——接口

接口零件主要起传动、连接、支撑、密封等作用，其主体为回转体或其他平板型实体，厚度方向的尺寸比其他两个方向的尺寸小，其上常有凸台、凹坑、螺孔、销孔、轮辐等局部结构。由于接口要和一段圆环焊接，因此其根部采用压制后再使用铣刀加工圆弧沟槽的方法加工。本例创建的接口零件如图 6-23 所示。

图 6-23　接口

操作步骤：

1. 创建接口基体端部特征

（1）新建草图。在 FeatureManager 设计树中选择"前视基准面"作为草图绘制基准面，绘制草图并添加尺寸标注，如图 6-24 所示。

（2）创建接口基体端部实体。单击"特征"选项卡中的"旋转凸台/基体"按钮❀，或者选择菜单栏中的"插入"→"凸台/基体"→"旋转"命令，弹出"旋转"属性管理器，SOLIDWORKS 会自动将草图中唯一的一条中心线作为旋转轴，设置旋转终止条件为"给定深度"，在"角度"文本框中输入"360"，其他选项设置如图 6-25 所示。单击"确定"按钮✔，生成接口基体端部实体。

图 6-24　绘制草图并标注尺寸

图 6-25　创建接口基体端部实体

2．创建接口根部特征

接口根部的长圆段是从距法兰密封端面 40mm 处开始的，所以这里要先创建一个与密封端面相距 40mm 的参考基准面。

（1）创建基准面。单击"特征"选项卡"参考几何体"下拉列表中的"基准面"按钮 🗐，弹出"基准面"属性管理器；在"参考实体"选项框 🗐 中选择接口的密封面作为参考平面，在"偏移距离"文本框 🗐 中输入"40"，选中"反转等距"复选框，其他选项设置如图 6-26 所示，单击"确定"按钮 ✔，创建基准面。

（2）新建草图。绘制草图并添加尺寸标注，如图 6-27 所示。

图 6-26　创建基准面

图 6-27　绘制草图

（3）拉伸实体。单击"特征"选项卡中的"拉伸凸台/基体"按钮 🗐，或者选择菜单栏中的"插入"→"凸台/基体"→"拉伸"命令，弹出"凸台-拉伸"属性管理器。

（4）设置拉伸方向和深度。单击"反向"按钮 🗷，使根部向外拉伸，指定拉伸终止条件为"给定深度"，在"深度"文本框 🗐 中设置拉伸深度为 10mm。

（5）生成接口根部特征。选中"薄壁特征"复选框，在"薄壁特征"选项组中单击"反向"按钮 🗷，使薄壁的拉伸方向指向轮廓内部，选择拉伸类型为"单向"，在"厚度"文本框 🗐 中输入"2"，

Note

其他选项设置如图 6-28 所示。单击"确定"按钮✔，生成法兰盘根部特征。

　　3．创建长圆段与端部的过渡段

　　（1）选择放样工具。单击"特征"选项卡中的"放样凸台/基体"按钮🍶，或者选择菜单栏中的"插入"→"凸台/基体"→"放样"命令，系统弹出"放样"属性管理器。

　　（2）生成放样特征。选择基体端部的外扩圆作为放样的一个轮廓，在 FeatureManager 设计树中选择如图 6-27 所示绘制的草图作为放样的另一个轮廓；选中"薄壁特征"复选框，展开"薄壁特征"选项组，单击"反向"按钮⬅，使薄壁的拉伸方向指向轮廓内部，选择拉伸类型为"单向"，在"厚度"文本框⬆中输入"2"，其他选项设置如图 6-29 所示。单击"确定"按钮✔，创建长圆段与基体端部圆弧段的过渡特征。

　　　图 6-28　生成法兰盘根部特征　　　　　　　　　　图 6-29　生成放样特征

　　4．创建接口根部的圆弧沟槽

　　（1）新建草图。在 FeatureManager 设计树中选择"前视基准面"作为草图绘制基准面，绘制草图并添加尺寸标注。

　　（2）添加"重合"几何关系。单击"草图"选项卡上"显示/删除几何关系"下拉列表中的"添加几何关系"按钮⤱，弹出"添加几何关系"属性管理器；为圆和法兰盘根部的角点添加"重合"几何关系，如图 6-30 所示，定位圆的位置。

　　（3）拉伸切除实体。单击"特征"选项卡中的"拉伸切除"按钮🔲，或者选择菜单栏中的"插入"→"切除"→"拉伸"命令，弹出"切除-拉伸"属性管理器。

　　（4）创建根部的圆弧沟槽。在"切除-拉伸"属性管理器中设置切除终止条件为"两侧对称"，在"深度"文本框⬆中输入"100"，其他选项设置如图 6-31 所示，单击"确定"按钮✔，生成根部的圆弧沟槽。

图 6-30 添加"重合"几何关系　　　　图 6-31 创建根部的圆弧沟槽

5. 创建接口螺栓孔

（1）新建草图。选择接口的基体端面，单击"草图"选项卡中的"草图绘制"按钮，在其上新建一张草图。单击"视图（前导）"工具栏"视图定向"下拉列表中的"正视于"按钮，使视图方向正视于草图平面。

（2）绘制构造线。单击"草图"选项卡中的"圆"按钮，或者选择菜单栏中的"工具"→"草图绘制实体"→"圆"命令，利用 SOLIDWORKS 的自动跟踪功能绘制一个圆，使其圆心与坐标原点重合，在"圆"属性管理器中选中"作为构造线"复选框，将圆设置为构造线，如图 6-32 所示。

（3）标注尺寸。单击"草图"选项卡中的"智能尺寸"按钮，或者选择菜单栏中的"工具"→"尺寸"→"智能尺寸"命令，标注圆的直径为70mm。

（4）绘制圆。单击"草图"选项卡中的"圆"按钮，或者选择菜单栏中的"工具"→"草图绘制实体"→"圆"命令，利用 SOLIDWORKS 的自动跟踪功能绘制一个圆，使其圆心落在所绘制的构造圆上，并且其 X 坐标值为 0。

（5）拉伸切除实体。单击"特征"选项卡中的"拉伸切除"按钮，或者选择菜单栏中的"插入"→"切除"→"拉伸"命令，弹出"切除-拉伸"属性管理器；设置切除的终止条件为"完全贯穿"，其他选项设置如图 6-33 所示。单击"确定"按钮，创建一个法兰盘螺栓孔。

图 6-32 设置圆为构造线　　　　图 6-33 拉伸切除实体

（6）显示临时轴。选择菜单栏中的"视图"→"隐藏/显示"→"临时轴"命令，显示模型中的临时轴，为下一步阵列特征做准备。

（7）阵列螺栓孔。单击"特征"选项卡中的"圆周阵列"按钮，或者选择菜单栏中的"插入"→"阵列/镜向"→"圆周阵列"命令，弹出"阵列（圆周）"属性管理器；在绘图区选择法兰盘基体的临时轴作为圆周阵列的阵列轴，在"角度"文本框中输入"360"，在"实例数"文本框中输入"8"，选中"等间距"单选按钮，在绘图区选择步骤（5）中创建的螺栓孔，其他选项设置如图 6-34 所示。单击"确定"按钮，完成螺栓孔的圆周阵列，最终效果如图 6-35 所示。

图 6-34　阵列螺栓孔

图 6-35　接口的最终效果

6.2　镜　向　特　征

如果零件结构是对称的，用户可以只创建零件模型的一半，然后使用镜向特征的方法生成整个零件。如果修改了原始特征，则镜向的特征也随之更改。如图 6-36 所示为运用镜向特征生成的零件模型。

图 6-36　镜向特征生成零件

镜向特征是指对称于基准面镜向所选的特征。按照镜向对象的不同，可以分为镜向特征和镜向实体。

6.2.1 镜向特征及其创建方法

镜向特征是指以某一平面或者基准面作为参考面，对称复制一个或者多个特征。

下面介绍创建镜向特征的操作步骤。

（1）打开随书电子资料中的源文件"镜向特征"，如图 6-37 所示为实体文件。选择菜单栏中的"插入"→"阵列/镜向"→"镜向"命令，或者单击"特征"选项卡中的"镜向"按钮，系统弹出"镜向"属性管理器。

（2）在"镜向面/基准面"选项组中选择如图 6-37 所示的前视基准面；在"要镜向的特征"选项组中选择"切除-旋转 1"，"镜向"属性管理器设置如图 6-38 所示。单击"确定"按钮，创建的镜向特征如图 6-39 所示。

图 6-37　打开实体文件　　　　图 6-38　"镜向"属性管理器　　　　图 6-39　镜向特征

6.2.2 镜向实体

镜向实体是指以某一平面或者基准面作为参考面，对称复制视图中的整个模型实体。

下面介绍创建镜向实体的操作步骤。

（1）打开随书电子资料中的源文件"镜向实体"，如图 6-37 所示，选择菜单栏中的"插入"→"阵列/镜向"→"镜向"命令，或者单击"特征"选项卡中的"镜向"按钮，系统弹出"镜向"属性管理器。

（2）在"镜向面/基准面"选项组中选择如图 6-40 所示的面 1；在"要镜向的实体"选项组中选择如图 6-37 所示模型实体上的任意一点。"镜向"属性管理器设置如图 6-40 所示。单击"确定"按钮，创建的镜向实体如图 6-41 所示。

图 6-40　"镜向"属性管理器　　　　　图 6-41　镜向实体

Note

6.2.3 实例——管接头

管接头是非常典型的拉伸类零件，其基本造型利用拉伸方法可以很容易地创建。拉伸特征是将一个用草图描述的截面沿指定的方向（一般情况下沿垂直于截面的方向）延伸一段距离后所形成的特征。拉伸是 SOLIDWORKS 模型中最常见的类型，具有相同截面、一定长度的实体，如长方体、圆柱体等都可以利用拉伸特征来生成。本例创建的管接头模型如图 6-42 所示。

图 6-42　管接头

操作步骤：

1. 创建长方形基体

（1）绘制草图。在 FeatureManager 设计树中选择"前视基准面"作为绘图基准面，绘制草图并添加尺寸标注，如图 6-43 所示。

（2）拉伸实体。单击"特征"选项卡中的"拉伸凸台/基体"按钮⬛，或者选择菜单栏中的"插入"→"凸台/基体"→"拉伸"命令，在弹出的"凸台-拉伸"属性管理器中设置拉伸终止条件为"两侧对称"，在"深度"文本框⬛中输入"23"，其他选项保持系统默认设置，如图 6-43 所示。单击"确定"按钮✔，完成长方形基体的创建，如图 6-44 所示。

图 6-43　设置拉伸参数

图 6-44　创建长方形基体

2. 创建直径为 10mm 的喇叭口基体

（1）新建草图。选择长方形基体上的 34mm×24mm 面，单击"草图"选项卡中的"草图绘制"按钮⬜，在其上创建草图。

（2）绘制草图。绘制草图并添加尺寸标注，如图 6-45 所示。

（3）拉伸凸台。单击"特征"选项卡中的"拉伸凸台/基体"按钮⬛，或者选择菜单栏中的"插入"→"凸台/基体"→"拉伸"命令，在弹出的"凸台-拉伸"属性管理器中设置拉伸终止条件为"给定深度"，在"深度"文本框⬛中输入"2.5"，其他选项保持系统默认设置，如图 6-45 所示，单击"确定"按钮✔，生成退刀槽圆柱。

（4）绘制草图。选择退刀槽圆柱的端面，单击"草图"选项卡中的"草图绘制"按钮⬜，在其上新建一张草图；单击"草图"选项卡中的"圆"按钮⊙，或者选择菜单栏中的"工具"→"草图绘制实体"→"圆"命令，以原点为圆心绘制一个圆。

（5）标注尺寸。单击"草图"选项卡中的"智能尺寸"按钮 ✓，或者选择菜单栏中的"工具"→"尺寸"→"智能尺寸"命令，标注圆的直径尺寸为 20mm。

（6）拉伸实体。单击"特征"选项卡中的"拉伸凸台/基体"按钮 🗊，或者选择菜单栏中的"插入"→"凸台/基体"→"拉伸"命令，在弹出的"凸台-拉伸"属性管理器中设置拉伸终止条件为"给定深度"，在"深度"文本框 ✓ 中输入"12.5"，其他选项保持系统默认设置。单击"确定"按钮 ✓，生成喇叭口基体，如图 6-46 所示。

 Note

图 6-45 "凸台-拉伸"属性管理器

图 6-46 生成喇叭口基体 1

3. 创建直径为 4mm 的喇叭口基体

（1）新建草图。选择长方形基体上的 24mm×23mm 面，单击"草图"选项卡中的"草图绘制"按钮 ▢，在其上新建一张草图。

（2）绘制圆。单击"草图"选项卡中的"圆"按钮 ⊙，或者选择菜单栏中的"工具"→"草图绘制实体"→"圆"命令，以坐标原点为圆心绘制一个圆。

（3）标注圆的尺寸。单击"草图"选项卡中的"智能尺寸"按钮 ✓，或者选择菜单栏中的"工具"→"尺寸"→"智能尺寸"命令，标注圆的直径尺寸为 10mm。

（4）拉伸实体。单击"特征"选项卡中的"拉伸凸台/基体"按钮 🗊，或者选择菜单栏中的"插入"→"凸台/基体"→"拉伸"命令，在弹出的"凸台-拉伸"属性管理器中设置拉伸终止条件为"给定深度"，在"深度"文本框 ✓ 中输入"2.5"，其他选项保持系统默认设置。单击"确定"按钮 ✓，创建的退刀槽圆柱如图 6-47 所示。

（5）新建草图。选择退刀槽圆柱的平面，单击"草图"选项卡中的"草图绘制"按钮 ▢，在其上新建一张草图。

图 6-47 创建退刀槽圆柱

（6）绘制圆。单击"草图"选项卡中的"圆"按钮 ⊙，或者选择菜单栏中的"工具"→"草图绘制实体"→"圆"命令，以坐标原点为圆心绘制一个圆。

（7）标注圆的尺寸。单击"草图"选项卡中的"智能尺寸"按钮 ✓，或者选择菜单栏中的"工具"→"尺寸"→"智能尺寸"命令，标注圆的直径尺寸为 12mm。

（8）创建喇叭口基体。单击"特征"选项卡中的"拉伸凸台/基体"按钮 🗊，或者选择菜单栏中的"插入"→"凸台/基体"→"拉伸"命令，在弹出的"凸台-拉伸"属性管理器中设置拉伸终止条件为"给定深度"，在"深度"文本框 ✓ 中输入"11.5"，其他选项保持系统默认设置。单击"确定"按钮 ✓，生成喇叭口基体，如图 6-48 所示。

4. 创建直径为 10mm 的球头基体

（1）新建草图。选择长方形基体上 24mm×23mm 的另一个面，单击"草图"选项卡中的"草图绘制"按钮，在其上新建一张草图。

（2）绘制圆。单击"草图"选项卡中的"圆"按钮，或者选择菜单栏中的"工具"→"草图绘制实体"→"圆"命令，以坐标原点为圆心绘制一个圆。

（3）标注圆的尺寸。单击"草图"选项卡中的"智能尺寸"按钮，或者选择菜单栏中的"工具"→"尺寸"→"智能尺寸"命令，标注圆的直径尺寸为 17mm。

（4）创建退刀槽圆柱。单击"特征"选项卡中的"拉伸凸台/基体"按钮，或者选择菜单栏中的"插入"→"凸台/基体"→"拉伸"命令，在弹出的"凸台-拉伸"属性管理器中设置拉伸终止条件为"给定深度"，在"深度"文本框中输入"2.5"，其他选项保持系统默认设置，单击"确定"按钮，生成退刀槽圆柱，如图 6-49 所示。

（5）新建草图。选择退刀槽圆柱的端面，单击"草图"选项卡中的"草图绘制"按钮，在其上新建一张草图。

（6）绘制圆。单击"草图"选项卡中的"圆"按钮，或者选择菜单栏中的"工具"→"草图绘制实体"→"圆"命令，以坐标原点为圆心绘制一个圆。

（7）标注圆的尺寸。单击"草图"选项卡中的"智能尺寸"按钮，或者选择菜单栏中的"工具"→"尺寸"→"智能尺寸"命令，标注圆的直径尺寸为 20mm。

（8）创建球头螺柱基体。单击"特征"选项卡中的"拉伸凸台/基体"按钮，或者选择菜单栏中的"插入"→"凸台/基体"→"拉伸"命令，在弹出的"凸台-拉伸"属性管理器中设置拉伸终止条件为"给定深度"，在"深度"文本框中输入"12.5"，其他选项保持系统默认设置。单击"确定"按钮，生成球头螺柱基体，如图 6-50 所示。

图 6-48　生成喇叭口基体 2　　　　图 6-49　创建退刀槽圆柱　　　　图 6-50　创建球头螺柱基体

（9）新建草图。选择球头螺柱基体的外侧面，单击"草图"选项卡中的"草图绘制"按钮，在其上新建一张草图。

（10）绘制圆。单击"草图"选项卡中的"圆"按钮，或者选择菜单栏中的"工具"→"草图绘制实体"→"圆"命令，以坐标原点为圆心绘制一个圆。

（11）标注圆的尺寸。单击"草图"选项卡中的"智能尺寸"按钮，或者选择菜单栏中的"工具"→"尺寸"→"智能尺寸"命令，标注圆的直径尺寸为 15mm。

（12）创建球头基体。单击"特征"选项卡中的"拉伸凸台/基体"按钮，或者选择菜单栏中的"插入"→"凸台/基体"→"拉伸"命令，在弹出的"凸台-拉伸"属性管理器中设置拉伸终止条件为"给定深度"，在"深度"文本框中输入"5"，其他选项保持系统默认设置，单击"确定"按钮，生成的球头基体如图 6-51 所示。

5. 打孔

（1）新建草图。选择直径为 20mm 的喇叭口基体平面，单击"草图"选项卡中的"草图绘制"

按钮◻，在其上新建一张草图。

（2）绘制圆。单击"草图"选项卡中的"圆"按钮◉，或者选择菜单栏中的"工具"→"草图绘制实体"→"圆"命令，以坐标原点为圆心绘制一个圆，作为拉伸切除孔的草图轮廓。

（3）标注圆的尺寸。单击"草图"选项卡中的"智能尺寸"按钮✦，或者选择菜单栏中的"工具"→"尺寸"→"智能尺寸"命令，标注圆的直径尺寸为 10mm。

（4）拉伸切除实体。单击"特征"选项卡中的"拉伸切除"按钮▣，或者选择菜单栏中的"插入"→"凸台/基体"→"切除"命令，系统弹出"切除-拉伸"属性管理器。设定切除终止条件为"给定深度"，在"深度"文本框◈中输入"26"，其他选项保持系统默认设置，如图 6-52 所示。单击"确定"按钮✔，生成直径为 10mm 的孔。

图 6-51 创建球头基体 图 6-52 "切除-拉伸"属性管理器

（5）新建草图。选择球头上直径为 15mm 的端面，单击"草图"选项卡中的"草图绘制"按钮◻，在其上新建一张草图。

（6）绘制圆。单击"草图"选项卡中的"圆"按钮◉，或者选择菜单栏中的"工具"→"草图绘制实体"→"圆"命令，以坐标原点为圆心绘制一个圆，作为拉伸切除孔的草图轮廓。

（7）标注圆的尺寸。单击"草图"选项卡中的"智能尺寸"按钮✦，或者选择菜单栏中的"工具"→"尺寸"→"智能尺寸"命令，标注圆的直径尺寸为 10mm。

（8）创建直径为 10mm 的孔。单击"特征"选项卡中的"拉伸切除"按钮▣，或者选择菜单栏中的"插入"→"凸台/基体"→"切除"命令，系统弹出"切除-拉伸"属性管理器；设定切除终止条件为"给定深度"，在"深度"文本框◈中输入"39"，其他选项保持系统默认设置，单击"确定"按钮✔，生成直径为 10mm 的孔，如图 6-53 所示。

（9）新建草图。选择直径为 12mm 的喇叭口基体端面，单击"草图"选项卡中的"草图绘制"按钮◻，在其上新建一张草图。

（10）绘制圆。单击"草图"选项卡中的"圆"按钮◉，或者选择菜单栏中的"工具"→"草图绘制实体"→"圆"命令，以坐标原点为圆心绘制一个圆，作为拉伸切除孔的草图轮廓。

（11）标注圆的尺寸。单击"草图"选项卡中的"智能尺寸"按钮✦，或者选择菜单栏中的"工具"→"尺寸"→"智能尺寸"命令，标注圆的直径尺寸为 4mm。

（12）创建直径为 4mm 的孔。单击"特征"选项卡中的"拉伸切除"按钮▣，或者选择菜单栏中的"插入"→"凸台/基体"→"切除"命令，系统弹出"切除-拉伸"属性管理器。设定拉伸终止条件为"完全贯穿"，其他选项保持系统默认设置，如图 6-54 所示。单击"确定"按钮✔，生成直径为 4mm 的孔。

图 6-53 创建直径为 10mm 的孔　　　　图 6-54 "切除-拉伸"属性管理器

　　到此，孔的建模就完成了。为了更好地观察所建孔的正确性，下面通过剖视来观察三通模型。单击"视图（前导）"工具栏中的"剖面视图"按钮，在弹出的"剖面视图"属性管理器中选择"上视基准面"作为参考剖面，其他选项保持系统默认设置，如图 6-55 所示。单击"确定"按钮，得到以剖面视图观察模型的效果，剖面视图效果如图 6-56 所示。

图 6-55 设置剖面视图参数　　　　　　　图 6-56 剖面视图效果

6. 创建喇叭口工作面

（1）选择倒角边。在绘图区选择直径为 10mm 的喇叭口基体的内径边线。

（2）创建倒角特征。单击"特征"选项卡中的"倒角"按钮🔲，或者选择菜单栏中的"插入"→"特征"→"倒角"命令，弹出"倒角"属性管理器；在"距离"文本框🔲中输入"3"，在"角度"文本框🔲中输入"60"，其他选项保持系统默认设置。单击"确定"按钮✔，创建直径为 10mm 的密封工作面，如图 6-57 所示。

（3）选择倒角边。在绘图区选择直径为 4mm 喇叭口的内径边线。

（4）创建倒角特征。单击"特征"选项卡中的"倒角"按钮🔲，或者选择菜单栏中的"插入"→"特征"→"倒角"命令，弹出"倒角"属性管理器；在"距离"文本框🔲中输入"2.5"，在"角度"文本框🔲中输入"60"，其他选项保持系统默认设置，如图 6-58 所示，单击"确定"按钮✔，生成直径为 4mm 的密封工作面。

图 6-57 创建倒角特征 1

图 6-58 创建倒角特征 2

7. 创建球头工作面

（1）新建草图。在 FeatureManager 设计树中选择"上视基准面"作为草图绘制基准面，单击"草图"选项卡中的"草图绘制"按钮🔲，在其上新建一张草图。单击"视图（前导）"工具栏"视图定向"下拉列表中的"正视于"按钮🔲，正视于该草绘平面。

（2）绘制中心线。单击"草图"选项卡中的"中心线"按钮🔲，过坐标原点绘制一条水平中心线，作为旋转中心轴。

（3）取消剖面视图观察。单击"视图（前导）"工具栏中的"剖面视图"按钮🔲，取消剖面视图观察。这样做是为了将模型中的边线投影到草绘平面上，剖面视图上的边线是不能被转换实体引用的。

（4）转换实体引用。选择球头上最外端拉伸凸台左上角的两条轮廓线，单击"草图"选项卡中的"转换实体引用"按钮🔲，将该轮廓线投影到草图中。

（5）绘制圆。单击"草图"选项卡中的"圆"按钮🔲，或者选择菜单栏中的"工具"→"草图绘制实体"→"圆"命令，绘制一个圆。

（6）标注尺寸。单击"草图"选项卡中的"智能尺寸"按钮🔲，或者选择菜单栏中的"工具"→"尺寸"→"智能尺寸"命令，标注圆的直径为 12mm，如图 6-59 所示。

（7）剪裁图形。单击"草图"选项卡中的"剪裁实体"按钮🔲，将草图中的部分多余线段裁剪掉，如图 6-60 所示。

（8）旋转切除特征。单击"特征"选项卡中的"旋转切除"按钮⬚，弹出"切除-旋转"属性管理器，参数设置如图6-61所示，单击"确定"按钮✓，生成球头工作面。

图6-59　标注尺寸　　　　图6-60　裁剪草图　　　　　图6-61　切除-旋转特征

8. 创建倒角和圆角特征

（1）单击"视图（前导）"工具栏中的"剖面视图"按钮⬚，选择"上视基准面"作为参考剖面观察视图。

（2）创建倒角特征。单击"特征"选项卡中的"倒角"按钮⬚，或者选择菜单栏中的"插入"→"特征"→"倒角"命令，弹出"倒角"属性管理器。在"距离"文本框⬚中输入"1"，在"角度"文本框⬚中输入"45"，其他选项保持系统默认设置，如图6-62所示。选择三通管中需要倒1mm×45°角的边线，单击"确定"按钮✓，生成倒角特征。

（3）创建圆角特征。单击"特征"选项卡中的"圆角"按钮⬚，或者选择菜单栏中的"插入"→"特征"→"圆角"命令，弹出"圆角"属性管理器。在"半径"文本框⬚中输入"0.8"，其他选项设置如图6-63所示。在绘图区选择要生成0.8mm圆角的3条边线，单击"确定"按钮✓，生成圆角特征。

图6-62　创建倒角特征3　　　　　　　　　图6-63　创建圆角特征

9. 创建保险孔

（1）创建基准面。单击"特征"选项卡"参考几何体"下拉列表中的"基准面"按钮📄，弹出"基准面"属性管理器。在绘图区选择如图 6-64 所示的长方体中的面和边线，单击"两面夹角"按钮📐，然后在右侧的文本框中输入"45"，单击"确定"按钮✔，创建通过所选长方体边线并与所选面成 45°角的参考基准面。

（2）取消剖面视图观察。单击"视图（前导）"工具栏中的"剖面视图"按钮📄，取消剖面视图观察。

（3）新建草图。选择刚创建的基准面 1，绘制草图并添加尺寸标注，如图 6-65 所示。

图 6-64　创建基准面 1　　　　　　　　　　图 6-65　标注尺寸

（4）创建保险孔。单击"特征"选项卡中的"拉伸切除"按钮📄，或者选择菜单栏中的"插入"→"凸台/基体"→"切除"命令，系统弹出"切除-拉伸"属性管理器。设置切除终止条件为"两侧对称"，在"深度"文本框📄中输入"20"，如图 6-66 所示，单击"确定"按钮✔，完成两个保险孔的创建。

（5）保险孔前视基准面的镜向。单击"特征"选项卡中的"镜向"按钮📄，弹出"镜向"属性管理器。在"镜向面/基准面"选项组中选择"前视基准面"作为镜向面，在"要镜向的特征"选项组中选择生成的保险孔作为要镜向的特征，其他选项设置如图 6-67 所示。单击"确定"按钮✔，完成保险孔前视基准面的镜向。

（6）保险孔上视基准面的镜向。单击"特征"选项卡中的"镜向"按钮📄，弹出"镜向"属性管理器，在"镜向面/基准面"选项组中选择"上视基准面"作为镜向面，在"要镜向的特征"选项组中选择保险孔特征和对应的镜向特征，如图 6-68 所示。单击"确定"按钮✔，完成保险孔上视基准面的镜向，最终效果如图 6-69 所示。

Note

图 6-66 "切除-拉伸"属性管理器

图 6-67 保险孔前视基准面的镜向

图 6-68 保险孔上视基准面的镜向

图 6-69 管接头模型最终效果

6.3 特征的复制与删除

在零件建模过程中，如果有相同的零件特征，用户可以利用系统提供的特征复制功能进行复制，这样可以节省大量的时间，达到事半功倍的效果。

SOLIDWORKS 2024 提供的复制功能，不仅可以实现同一个零件模型中的特征复制，还可以实现不同零件模型之间的特征复制。

下面介绍在同一个零件模型中复制特征的操作步骤。

（1）打开随书电子资料中的源文件"特征的复制与删除-1"。在图 6-70 中选择特征，此时该特征在图形区中将以高亮度显示。

（2）按住 Ctrl 键，拖动特征到所需的位置上（同一个面或其他

图 6-70 打开的文件实体

的面上）。

（3）如果特征具有限制其移动的定位尺寸或几何关系，则系统会弹出"复制确认"对话框，如图 6-71 所示，询问对该操作的处理。

☑ 单击"删除"按钮，将删除限制特征移动的几何关系和定位尺寸。

☑ 单击"悬空"按钮，将不对尺寸标注和几何关系进行求解。

☑ 单击"取消"按钮，将取消复制操作。

（4）如果在步骤（3）中单击"悬空"按钮，则系统会弹出"什么错"对话框，如图 6-72 所示。警告在模型特征中存在错误，可能会复制失败。

图 6-71 "复制确认"对话框

图 6-72 "什么错"对话框

（5）要重新定义悬空尺寸，首先在 FeatureManager 设计树中右击对应特征的草图，在弹出的快捷菜单中选择"编辑草图"命令。此时悬空尺寸将以灰色显示，在尺寸的旁边还有对应的红色控标，如图 6-73 所示。然后按住鼠标左键，将红色控标拖动到新的附加点。释放鼠标左键，将尺寸重新附加到新的边线或顶点上，即完成了悬空尺寸的重新定义。

下面介绍将特征从一个零件复制到另一个零件上的操作步骤。

（1）选择菜单栏中的"窗口"→"横向平铺"命令，以平铺的方式显示多个文件。

（2）在一个文件的 FeatureManager 设计树中选择要复制的特征。

（3）选择菜单栏中的"编辑"→"复制"命令。

（4）在另一个文件中，选择菜单栏中的"编辑"→"粘贴"命令。

如果要删除模型中的某个特征，只要在 FeatureManager 设计树或图形区中选择该特征，然后按 Delete 键，或右击，在弹出的快捷菜单中选择"删除"命令即可。系统会在"确认删除"对话框中提出询问，如图 6-74 所示。单击"是"按钮，即可将特征从模型中删除。

图 6-73 显示悬空尺寸

图 6-74 "确认删除"对话框

📢 **注意**：对于有父子关系的特征，如果删除父特征，则其所有子特征将一起被删除，而删除子特征时，父特征不受影响。

6.4 综合实例——壳体

本例创建的壳体模型如图 6-75 所示。创建壳体模型时，先利用"旋转""拉伸""拉伸切除"命令来创建壳体的底座主体，然后主要利用"拉伸"命令来创建壳体上半部分，之后生成安装沉头孔及其他工作部分用孔，最后生成壳体的筋及其倒角和圆角特征。

6.4.1 创建底座部分

1. 创建底座实体

图 6-75 壳体模型

（1）绘制底座轮廓草图。在 FeatureManager 设计树中选择"前视基准面"作为绘图基准面，绘制草图并添加尺寸标注，如图 6-76 所示。

（2）旋转生成底座实体。单击"特征"选项卡中的"旋转凸台/基体"按钮，或者选择菜单栏中的"插入"→"凸台/基体"→"旋转"命令，系统弹出"旋转"属性管理器，如图 6-77 所示，拾取草图中心线作为旋转轴，设置旋转终止条件为"给定深度"，在"角度"文本框中输入"360"，然后单击"确定"按钮，生成的底座实体如图 6-78 所示。

图 6-76 绘制底座轮廓草图并标注尺寸   图 6-77 "旋转"属性管理器   图 6-78 旋转生成的底座实体

2. 生成底座安装孔

（1）绘制凸台草图 1。在 FeatureManager 设计树中选择"上视基准面"作为绘图基准面，单击"草图"选项卡中的"圆"按钮，绘制如图 6-79 所示的凸台草图 1，并标注尺寸。

（2）拉伸凸台 1。单击"特征"选项卡中的"拉伸凸台/基体"按钮，或者选择菜单栏中的"插入"→"凸台/基体"→"拉伸"命令，系统弹出"凸台-拉伸"属性管理器。在"深度"文本框中输入"6"，其他拉伸参数设置如图 6-80 所示。单击"确定"按钮，效果如图 6-81 所示。

（3）创建基准面并生成切除拉伸 1 草图。选择刚才创建的圆柱实体顶面，单击"视图（前导）"工具栏"视图定向"下拉列表中的"正视于"按钮，将该表面作为绘制图形的基准面；然后选择圆柱的草图，单击"草图"选项卡中的"转换实体引用"按钮，生成切除拉伸 1 草图。

（4）切除拉伸实体。单击"特征"选项卡中的"拉伸切除"按钮，或者选择菜单栏中的"插入"→"切除"→"拉伸"命令，系统弹出"切除-拉伸"属性管理器。在"深度"文本框中输入"2"，单击"反向"按钮，单击"确定"按钮，拉伸切除效果如图 6-82 所示。

（5）绘制切除拉伸 2 草图。选择如图 6-82 所示的面 1，单击"视图（前导）"工具栏"视图定向"

下拉列表中的"正视于"按钮，将该表面作为绘制图形的基准面，绘制如图 6-83 所示的圆并标注尺寸。

图 6-79 绘制凸台草图 1　　图 6-80 "凸台-拉伸"属性管理器　　图 6-81 创建拉伸凸台 1

（6）切除拉伸实体。切除拉伸 $\Phi7$mm 圆孔特征，设置切除终止条件为"完全贯穿"，得到切除拉伸 2 特征。

（7）显示临时轴。选择菜单栏中的"视图"→"隐藏/显示"→"临时轴"命令，将隐藏的临时轴显示出来。

（8）圆周阵列实体。选择菜单栏中的"插入"→"阵列/镜向"→"圆周阵列"命令，弹出"阵列（圆周）"属性管理器。选择显示的临时轴作为阵列轴，在"角度"文本框中输入"360"，在"实例数"文本框中输入"4"，在"特征和面"选项组中，通过设计树选择刚才创建的一个拉伸和两个切除拉伸特征，如图 6-84 所示。单击"确定"按钮，完成阵列操作。

图 6-82 切除拉伸实体 1

图 6-83 绘制切除拉伸 2 草图

图 6-84 圆周阵列实体

6.4.2 创建主体部分

1. 创建拉伸凸台 2

（1）设置基准面。单击底座实体顶面，单击"视图（前导）"工具栏"视图定向"下拉列表中的"正视于"按钮↓，将该表面作为绘制图形的基准面。

（2）绘制凸台草图 2。单击"草图"选项卡中的"直线"按钮 / 和"圆"按钮⊙，或者选择菜单栏中的"工具"→"草图绘制实体"→"直线"和"圆"命令，绘制凸台草图 2，如图 6-85 所示。

（3）拉伸凸台 2。单击"特征"选项卡中的"拉伸凸台/基体"按钮▥，或者选择菜单栏中的"插入"→"凸台/基体"→"拉伸"命令，拉伸草图生成实体，设置拉伸深度为 6mm，效果如图 6-86 所示。

2. 创建拉伸凸台 3

（1）设置基准面。单击刚才创建的凸台顶面，单击"视图（前导）"工具栏"视图定向"下拉列表中的"正视于"按钮↓，将该表面作为绘图的基准面。

（2）绘制凸台草图 3。单击"草图"选项卡中的"直线"按钮 / 和"圆"按钮⊙，或者选择菜单栏中的"工具"→"草图绘制实体"→"直线"和"圆"命令，绘制凸台草图 3。单击"草图"选项卡中的"智能尺寸"按钮 ✨，或者选择菜单栏中的"工具"→"尺寸"→"智能尺寸"命令，对草图进行尺寸标注，效果如图 6-87 所示。

图 6-85 绘制凸台草图 2　　　　图 6-86 创建拉伸凸台 2　　　　图 6-87 绘制凸台草图 3

（3）拉伸凸台 3。单击"特征"选项卡中的"拉伸凸台/基体"按钮▥，或者选择菜单栏中的"插入"→"凸台/基体"→"拉伸"命令，拉伸草图生成实体，设置拉伸深度为 36mm，效果如图 6-88 所示。

3. 创建安装孔用凸台（拉伸凸台 4）

（1）设置基准面。单击刚才创建的凸台顶面，单击"视图（前导）"工具栏"视图定向"下拉列表中的"正视于"按钮↓，将该表面作为绘图的基准面。

（2）绘制凸台草图 4。绘制草图并添加尺寸标注，效果如图 6-89 所示。

（3）拉伸实体凸台 4。单击"特征"选项卡中的"拉伸凸台/基体"按钮▥，或者选择菜单栏中的"插入"→"凸台/基体"→"拉伸"命令，拉伸草图生成实体，拉伸深度为 16mm，效果如图 6-90 所示。

图 6-88　创建拉伸凸台 3

图 6-89　绘制凸台草图 4

图 6-90　创建拉伸凸台 4

4．创建工作部分顶面（拉伸凸台 5）

（1）设置基准面。选择刚才创建的凸台顶面，单击"视图（前导）"工具栏"视图定向"下拉列表中的"正视于"按钮⊥，将该表面作为绘图基准面。

（2）绘制凸台草图 5。绘制草图并添加尺寸标注，如图 6-91 所示。

（3）拉伸凸台 5。单击"特征"选项卡中的"拉伸凸台/基体"按钮🗔，或者选择菜单栏中的"插入"→"凸台/基体"→"拉伸"命令，拉伸草图生成实体，设置拉伸深度为 8mm，效果如图 6-92 所示。

图 6-91　绘制凸台草图 5

图 6-92　创建拉伸凸台 5

6.4.3　创建顶部安装孔

（1）设置基准面。单击如图 6-92 所示的面 1，单击"视图（前导）"工具栏"视图定向"下拉列表中的"正视于"按钮⊥，将该表面作为绘图的基准面。

（2）绘制切除拉伸 3 草图。绘制草图并添加尺寸标注，如图 6-93 所示。

（3）切除拉伸实体。单击"特征"选项卡中的"拉伸切除"按钮🔲，或者选择菜单栏中的"插入"→"切除"→"拉伸"命令，弹出"切除-拉伸"属性管理器，设置切除深度为 2mm，单击"确定"按钮✔，效果如图 6-94 所示。

（4）设置基准面。选择如图 6-94 所示的沉头孔底面，单击"视图（前导）"工具栏"视图定向"下拉列表中的"正视于"按钮⊥，将该表面作为绘图的基准面。

（5）显示隐藏线并绘制切除拉伸 4 草图。单击"视图（前导）"工具栏"显示类型"选项组中的

"隐藏线可见"按钮，或者选择菜单栏中的"视图"→"显示"→"隐藏线可见"命令，将隐藏的线显示出来；绘制草图并添加尺寸标注，如图 6-95 所示。

图 6-93　绘制切除拉伸 3 草图　　　图 6-94　切除拉伸实体 3　　　图 6-95　绘制切除拉伸 4 草图

（6）切除拉伸实体。单击"特征"选项卡中的"拉伸切除"按钮，或者选择菜单栏中的"插入"→"切除"→"拉伸"命令，弹出"切除-拉伸"属性管理器。设置切除深度为 6mm，然后单击"确定"按钮，生成的沉头孔如图 6-96 所示。

（7）镜向实体。单击"特征"选项卡中的"镜向"按钮，或者选择菜单栏中的"插入"→"阵列/镜向"→"镜向"命令，系统弹出"镜向"属性管理器；在"镜向面/基准面"选项组中选择"右视基准面"作为镜向面，在"要镜向的特征"选项组中选择前面创建的切除拉伸 3 和切除拉伸 4 特征，其他选项设置如图 6-97 所示，单击"确定"按钮，完成顶部安装孔特征的镜向。

图 6-96　切除拉伸实体 4　　　　　图 6-97　镜向实体

6.4.4　创建壳体内部孔

（1）绘制切除拉伸 5 草图。选择壳体底面作为绘图基准面，绘制草图并添加尺寸标注，如图 6-98 所示。

（2）创建底孔（切除拉伸 5 特征）。单击"特征"选项卡中的"拉伸切除"按钮💿，或者选择菜单栏中的"插入"→"切除"→"拉伸"命令，在弹出的"切除-拉伸"属性管理器中设置切除深度为 8mm，然后单击"确定"按钮✅，效果如图 6-99 所示。

图 6-98　绘制切除拉伸 5 草图

图 6-99　创建底孔

（3）绘制切除拉伸 6 草图。选择底孔底面作为绘图基准面，绘制草图并添加尺寸标注，如图 6-100 所示。

（4）创建通孔（切除拉伸 6 特征）。单击"特征"选项卡中的"拉伸切除"按钮💿，或者选择菜单栏中的"插入"→"切除"→"拉伸"命令，在弹出的"切除-拉伸"属性管理器中设置拉伸切除终止条件为"完全贯穿"，然后单击"确定"按钮✅，效果如图 6-101 所示。

图 6-100　绘制切除拉伸 6 草图

图 6-101　创建通孔

6.4.5　创建其他工作用孔

1. 创建侧面凸台（拉伸凸台 6）

（1）设置基准面。单击图 6-99 中的侧面 1，然后单击"视图（前导）"工具栏"视图定向"下拉列表中的"正视于"按钮🔲，将该表面作为绘图基准面。

（2）绘制侧面凸台草图。绘制草图并添加尺寸标注，如图 6-102 所示。

（3）拉伸侧面凸台。单击"特征"选项卡中的"拉伸凸台/基体"按钮💿，或者选择菜单栏中的"插入"→"凸台/基体"→"拉伸"命令，拉伸草图生成实体，设置拉伸深度为 16mm，效果如图 6-103 所示。

2. 创建顶部 Φ12mm 孔

（1）设置基准面。单击壳体的上表面，然后单击"视图（前导）"工具栏"视图定向"下拉列表中的"正视于"按钮↓，将该表面作为绘图基准面。

（2）添加孔。单击"特征"选项卡中的"异型孔向导"按钮，或者选择菜单栏中的"插入"→"特征"→"孔向导"命令，在弹出的"孔规格"属性管理器中选择"暗销孔"类型，在"孔规格"选项组的"大小"下拉列表框中选择"Φ12.0"规格，将终止条件设置为"给定深度"，将深度设为40mm，其他选项设置如图 6-104 所示。

（3）定位孔。选择"孔规格"属性管理器中的"位置"选项卡，利用草图工具确定孔的位置，如图 6-105 所示，单击"确定"按钮，结果如图 6-106 所示（利用"钻孔"工具添加的孔具有加工时生成的底部倒角）。

图 6-102　绘制侧面凸台孔草图

图 6-104　顶部 Φ12mm 孔参数设置

图 6-105　定位顶部 Φ12mm 孔

图 6-103　拉伸侧面凸台孔

图 6-106　创建顶部 Φ12mm 孔

3. 创建 Φ20mm 孔（切除拉伸 7 特征）

（1）设置基准面。单击凸台顶面，然后单击"视图（前导）"工具栏"视图定向"下拉列表中的"正视于"按钮↓，将该表面作为绘图基准面。

（2）绘制孔的草图。绘制草图并添加尺寸标注，如图 6-107 所示。

（3）拉伸切除生成孔。单击"特征"选项卡中的"拉伸切除"按钮，或者选择菜单栏中的"插入"→"切除"→"拉伸"命令，在弹出的"切除-拉伸"属性管理器中设置拉伸切除终止条件为"给定深度"，深度值为 12mm，然后单击"确定"按钮 ✔，如图 6-108 所示。

图 6-107　绘制 Φ20mm 孔的草图　　　　　　图 6-108　拉伸切除生成 Φ20mm 孔

4. 创建 Φ12mm 孔 2（切除拉伸 8 特征）

（1）设置基准面。单击上面创建孔的上表面，然后单击"视图（前导）"工具栏"视图定向"下拉列表中的"正视于"按钮 ↙，将该表面作为绘图基准面。

（2）绘制孔的草图。绘制草图并添加尺寸标注，如图 6-109 所示。

（3）拉伸切除生成孔。单击"特征"选项卡中的"拉伸切除"按钮 📷，或者选择菜单栏中的"插入"→"切除"→"拉伸"命令，在弹出的"切除-拉伸"属性管理器中设置拉伸切除终止条件为"给定深度"，深度值为 24mm，然后单击"确定"按钮 ✔，如图 6-110 所示。

图 6-109　绘制 Φ12mm 孔 2 的草图　　　　　　图 6-110　拉伸切除生成 Φ12mm 孔 2

5. 创建正面 Φ12mm 孔 3（切除拉伸 9 特征）

（1）设置基准面。单击如图 6-103 所示的面 2，然后单击"视图（前导）"工具栏"视图定向"下拉列表中的"正视于"按钮↓，将该表面作为绘图基准面。

（2）绘制正面 Φ12mm 孔 3 草图。绘制草图并添加尺寸标注，如图 6-111 所示。

（3）创建正面 Φ12mm 孔 3。单击"特征"选项卡中的"拉伸切除"按钮◙，或者选择菜单栏中的"插入"→"切除"→"拉伸"命令，拉伸草图生成实体，设置拉伸切除深度为 10mm，效果如图 6-112 所示。

图 6-111　绘制正面 Φ12mm 孔草图

图 6-112　创建正面 Φ12mm 孔

6. 创建正面 Φ8mm 孔（切除拉伸 10 特征）

（1）设置基准面。选择步骤 5 创建的 Φ12mm 孔 3 的底面，然后单击"视图（前导）"工具栏"视图定向"下拉列表中的"正视于"按钮↓，将该表面作为绘图基准面。

（2）绘制正面 Φ8mm 孔草图。绘制草图并添加尺寸标注，如图 6-113 所示。

（3）创建正面 Φ8mm 孔。单击"特征"选项卡中的"拉伸切除"按钮◙，或者选择菜单栏中的"插入"→"切除"→"拉伸"命令，拉伸草图生成实体，设置拉伸切除深度为 12mm，效果如图 6-114 所示。

图 6-113　绘制正面 Φ8mm 孔草图

图 6-114　创建正面 Φ8mm 孔

7. 创建正面 M6mm 螺纹孔 1

（1）设置基准面。单击壳体的顶面，然后单击"视图（前导）"工具栏"视图定向"下拉列表中的"正视于"按钮↓，将该表面作为绘图基准面。

（2）添加孔。单击"特征"选项卡中的"异型孔向导"按钮◉，或者选择菜单栏中的"插入"

→"特征"→"孔向导"命令，在弹出的"孔规格"属性管理器中选择"底部螺纹孔"类型，在"孔规格"选项组的"大小"下拉列表框中选择"M6"规格，设置终止条件为"给定深度"，将深度设为18mm，其他选项设置如图 6-115 所示。

（3）确定孔的位置。在 FeatureManager 设计树中右击"M6 螺纹孔 1"中的第一个草图，在弹出的快捷菜单中选择"编辑草图"命令，利用草图工具确定孔的位置，如图 6-116 所示。

图 6-115　正面 M6mm 螺纹孔 1 参数设置

图 6-116　确定孔的位置

8. 创建正面 M6mm 螺纹孔 2

（1）设置基准面。单击如图 6-103 所示的面 2，然后单击"视图（前导）"工具栏"视图定向"下拉列表中的"正视于"按钮，将该表面作为绘图基准面。

（2）添加孔。单击"特征"选项卡中的"异型孔向导"按钮，或者选择菜单栏中的"插入"→"特征"→"孔向导"命令，在弹出的"孔规格"属性管理器中选择"底部螺纹孔"类型，在"孔规格"选项组的"大小"下拉列表框中选择"M6"规格，设置终止条件为"给定深度"、深度为 15mm，其他选项设置如图 6-117 所示。

（3）再添加孔。选择"孔规格"属性管理器中的"位置"选项卡，在要添加孔的平面的适当位置单击，再添加一个 M6mm 螺纹孔，最后单击"确定"按钮。

（4）改变孔的位置。在 FeatureManager 设计树中右击"M6 螺纹孔 2"中的第一个草图，在弹出的快捷菜单中选择"编辑草图"命令，利用草图工具确定两孔的位置，如图 6-118 所示。生成的正面 M6mm 螺纹孔特征如图 6-119 所示。

Note

图 6-117　正面 M6mm 螺纹孔 2 参数设置

图 6-118　改变孔的位置

图 6-119　创建正面 M6mm 螺纹孔特征

6.4.6　创建筋、倒角及圆角特征

1．创建筋特征

（1）设置基准面。选择"右视基准面"作为绘图基准面，单击"视图（前导）"工具栏"视图定向"下拉列表中的"正视于"按钮，使视图方向正视于绘图基准面；单击"特征"选项卡中的"筋"按钮，或者选择菜单栏中的"插入"→"特征"→"筋"命令，系统自动进入草图绘制状态。

（2）绘制筋草图。绘制草图，如图 6-120 所示。

（3）生成筋特征。单击"特征"选项卡中的"筋"按钮，弹出"筋"属性管理器。单击"两侧"按钮，在"筋厚度"文本框中输入"3"，其他选项设置如图 6-121（a）所示；在绘图区选择如图 6-121（b）所示的拉伸方向，然后单击"确定"按钮。

2．倒角处理

（1）倒圆角。单击"特征"选项卡中的"圆角"按钮，或者选择菜单栏中的"插入"→"特征"→"圆角"命令，弹出"圆角"属性管理器。在绘图区选择如图 6-122 所示的边线，在"半径"文本框中设置圆角半径为 5mm，其他选项设置如图 6-123 所示。单击"确定"按钮，完成底座部分圆角的创建。

图 6-120　绘制筋草图

（a）"筋"属性管理器　　　　（b）拉伸方向

图 6-121　创建筋特征

图 6-122　选择倒圆角边

（2）创建 2mm 倒角。单击"特征"选项卡中的"倒角"按钮，或者选择菜单栏中的"插入"→"特征"→"倒角"命令，弹出"倒角"属性管理器；在绘图区选择如图 6-124 所示的顶面与底面的两条边线，在"距离"文本框中输入"2"，其他选项设置如图 6-125 所示。单击"确定"按钮，完成 2mm 倒角的创建。

图 6-123　设置倒圆角参数　　　图 6-124　倒角 1 边线选择　　　图 6-125　设置倒角 1 参数

（3）创建 1mm 倒角。采用相同的方法，在绘图区选择如图 6-126 所示的边线，在"距离"文本框中输入"1"，其他选项设置如图 6-127 所示。单击"确定"按钮，完成 1mm 倒角的创建。

壳体最终效果如图 6-128 所示。

图 6-126　倒角 2 边线选择　　　　图 6-127　设置倒角 2 参数　　　　图 6-128　壳体最终效果

6.5　实践与操作

6.5.1　绘制叶轮

本实践将绘制如图 6-129 所示的叶轮。

图 6-129　叶轮

操作提示：

（1）选择右视基准面，利用"草图绘制"和"旋转"命令绘制叶轮基体，设置终止条件为"给定深度"，旋转角度为 360°。

（2）利用"基准面"命令，以"前视基准面"为参考，设置偏移距离为 100mm，绘制基准面 1。

（3）选择创建的基准面 1，利用"草图绘制"和"拉伸"命令绘制弯曲叶片，设置终止条件为"成形到一面"，选择旋转实体的外表面。

（4）选择右视基准面，利用"草图绘制"和"拉伸切除"命令修剪叶片。

（5）利用"圆周阵列"命令将叶片圆周阵列成 15 份。

（6）选择旋转实体的底面为基准面，利用"草图绘制"和"拉伸"命令绘制底部凸起，设置终止条件为"给定深度"，拉伸距离为 10mm。

（7）选择旋转实体的上表面为基准面，利用"草图绘制"和"拉伸切除"命令绘制轴孔，设置终止条件为"完全贯穿"。

（8）利用"圆角"命令进行倒圆角处理，圆角半径为 2mm。绘制的流程图如图 6-130 所示。

图 6-130　叶轮的绘制流程图

6.5.2　绘制主连接零件

本实践将绘制如图 6-131 所示的主连接零件。

操作提示：

（1）选择前视基准面，利用"草图绘制"和"拉伸"命令绘制横杠，设置终止条件为"两侧对称"，拉伸距离为95mm。

（2）利用"基准面"命令，以"前视基准面"为第一参考，偏移距离为22mm，创建基准面 1。

图 6-131　主连接零件

（3）选择创建的基准面 1，利用"草图绘制"和"拉伸"命令绘制拉伸实体，设置终止条件为"给定深度"，拉伸距离为10mm，单击"反向"按钮。

（4）选择面1为基准面，利用"草图绘制"和"拉伸"命令绘制拉伸实体，设置终止条件为"成形到一面"，选择圆柱的端面。

（5）选择基准面，利用"草图绘制"和"拉伸"命令绘制拉伸实体，设置终止条件为"给定深度"，拉伸距离为5mm，单击"反向"按钮。

（6）选择另一侧的圆柱端面为基准面，利用"草图绘制"和"拉伸"命令绘制拉伸实体，设置终止条件为"给定深度"，拉伸距离为20mm。

（7）选择基准面，利用"草图绘制"和"拉伸"命令绘制拉伸实体，向两个方向分别拉伸10mm和30mm。

（8）选择镜向面，选择前面绘制的拉伸实体进行镜向，绘制的流程图如图 6-132 所示。

图 6-132　主连接零件的绘制流程图

第 **7** 章

修改零件

通过对特征和草图的动态修改，用拖曳的方式实现实时的设计修改。参数修改主要包括特征尺寸、库特征、查询等特征管理，使模型设计更智能化，同时也提高了设计效率。

- ☑ 参数化设计
- ☑ 库特征
- ☑ 查询
- ☑ 零件的特征管理
- ☑ 模型显示

任务驱动&项目案例

7.1 参数化设计

在设计的过程中,可以通过设置参数之间的关系或事先建立参数的规范达到参数化或智能化建模的目的,下面简要进行介绍。

7.1.1 特征尺寸

特征尺寸是指不属于草图部分的数值(如两个拉伸特征的深度)。

下面介绍显示零件所有特征尺寸的操作步骤。

(1)打开随书电子资料中的源文件"特征尺寸"。在FeatureManager 设计树中右击"注解"文件夹图标🅰,在弹出的快捷菜单中选择"显示特征尺寸"命令。此时图形区中零件的所有特征尺寸都显示出来。作为特征定义尺寸显示为蓝色,而对应特征中的草图尺寸则显示为黑色,如图 7-1 所示。

(2)如果要隐藏其中某个特征的所有尺寸,只要在FeatureManager 设计树中右击该特征,在弹出的快捷菜单中选择"隐藏所有尺寸"命令即可。

图 7-1 打开的文件实体

(3)如果要隐藏某个尺寸,只要在图形区域右击该尺寸,然后在弹出的快捷菜单中选择"隐藏"命令即可。

7.1.2 方程式驱动尺寸

特征尺寸只能控制特征中不属于草图部分的数值,即特征定义尺寸,而方程式可以驱动任何尺寸。当在模型尺寸之间生成方程式后,特征尺寸成为变量,各特征尺寸之间必须满足方程式的要求,以互相牵制。当删除方程式中使用的尺寸或尺寸所在的特征时,方程式也一起被删除。

下面介绍生成方程式驱动尺寸的操作步骤。

1. 为尺寸添加变量名

(1)在 FeatureManager 设计树中右击"注解"文件夹图标🅰,在弹出的快捷菜单中选择"显示特征尺寸"命令。此时图形区中零件的所有特征尺寸都显示出来。

(2)在图 7-1 所示的实体文件中,单击尺寸值,系统弹出"尺寸"属性管理器。

(3)在"数值"选项卡的"主要值"选项组的文本框中输入尺寸名称,如图 7-2 所示,单击"确定"按钮✔。

2. 建立方程式驱动尺寸

(1)选择菜单栏中的"工具"→"方程式"命令,系统弹出"方程式、整体变量及尺寸"对话框,如图 7-3 所示。

(2)在对话框中依次单击左上角的📊、🔲、🔲、🔲图标,分别显示"方程式视图""草图方程式视图"

图 7-2 "尺寸"属性管理器

"尺寸视图""按序排列的视图"，如图 7-3（a）～图 7-3（d）所示。

（a）方程式视图

（b）草图方程式视图

（c）尺寸视图

（d）按序排列的视图

图 7-3　"方程式、整体变量及尺寸"对话框

（3）单击对话框中的"重建模型"按钮，或者选择菜单栏中的"编辑"→"重建模型"命令来更新模型，所有被方程式驱动的尺寸会立即更新。此时在 FeatureManager 设计树中会出现"方程式"文件夹，右击该文件夹即可对方程式进行编辑、删除、添加等操作。

> 提示：被方程式驱动的尺寸无法在模型中以编辑尺寸值的方式来改变。

为了更好地了解设计者的设计意图，还可以在方程式中添加注释文字，也可以像编程那样将某个方程式注释掉，避免该方程式的运行。

下面介绍在方程式中添加注释文字的操作步骤。

（1）可直接在"方程式"下方空白框中输入内容，如图7-3（a）所示。

（2）单击"方程式、整体变量及尺寸"对话框中的"输入"按钮，弹出如图7-4所示的"打开"对话框，选择要添加注释的方程式，即可添加外部方程式文件。

图 7-4 "打开"对话框

（3）同理，单击"输出"按钮，输出外部方程式文件。

在 SOLIDWORKS 2024 中方程式支持的运算和函数如表7-1所示。

表 7-1 方程式支持的运算和函数

函数或运算符	说　　明	函数或运算符	说　　明
+	加法	tan(a)	正切，a 为以弧度表示的角度
−	减法	atn(a)	反正切，返回值为以弧度表示的角度
*	乘法	abs(a)	绝对值，返回 a 的绝对值
/	除法	exp(a)	指数，返回 e 的 a 次方
^	求幂	log(a)	对数，返回 a 的以 e 为底的自然对数
sin(a)	正弦，a 为以弧度表示的角度	sqr(a)	平方根，返回 a 的平方根
cos(a)	余弦，a 为以弧度表示的角度	int(a)	取整，返回 a 的整数部分

7.1.3　系列零件设计表

如果用户的计算机上同时安装了 Microsoft Excel，即可使用 Excel 在零件文件中直接嵌入新的配

置。配置是指由一个零件或一个部件派生而成的形状相似、大小不同的一系列零件或部件集合。在
SOLIDWORKS 中大量使用的配置是系列零件设计表，用户可以利用该表很容易地生成一系列形状相
似、大小不同的标准零件，如螺母、螺栓等，从而形成一个标准零件库。

使用系列零件设计表具有如下优点。

☑ 可以采用简单的方法生成大量的相似零件，对于标准化零件管
理有很大帮助。

☑ 使用系列零件设计表，不必逐一创建相似零件，可以节省大量
时间。

☑ 使用系列零件设计表，在零件装配中很容易实现零件的互换。

生成的系列零件设计表保存在模型文件中，不会连接到原来的
Excel 文件，在模型中所进行的更改不会影响原来的 Excel 文件。

下面介绍在模型中插入一个新的空白的系列零件设计表的操作步骤。

（1）打开随书电子资料中的源文件"系列零件设计表"。选择菜单
栏中的"插入"→"表格"→"Excel 设计表"命令，系统弹出"Excel
设计表"属性管理器，如图 7-5 所示。在"源"选项组中选中"空白"
单选按钮，然后单击"确定"按钮✔。

（2）此时，一个 Excel 工作表出现在零件文件窗口中，Excel 工具
栏取代了 SOLIDWORKS 工具栏，如图 7-6 所示。

图 7-5 "系列零件设计表"
属性管理器

图 7-6 插入的 Excel 工作表

（3）在表的第 2 行输入要控制的尺寸名称，也可以在图形区中双击要控制的尺寸，则相关的尺寸名称出现在第 2 行中，同时该尺寸名称对应的尺寸值出现在"第一实例"行中。

（4）重复步骤（3），直到定义完模型中所有要控制的尺寸。

（5）如果要建立多种型号，则在列 A（单元格 A4、A5……）中输入想生成的型号名称。

（6）在对应的单元格中输入该型号对应控制尺寸的尺寸值，如图 7-7 所示。

（7）向工作表中添加信息后，在表格外单击，将其关闭。

（8）此时系统会显示一条信息，列出所生成的型号，如图 7-8 所示。

	A	B	C	D	E	F	G
1	系列零件设计表是为：	8.1.3 系列零件设计表					
2		D3@草图1	D3@草图3	D1@草图1	D2@草图3	D1@凸台-拉伸2	
3	第一实例	100	10	11	10	14	
4	型号2	80	8	7	12	12.5	
5	型号3	60	6	5	6	10	
6							
7							
8							
9							
10							

Sheet1

图 7-7　输入控制尺寸的尺寸值

图 7-8　信息对话框

当用户创建完成一个系列零件设计表后，其原始样本零件就是其他所有型号的样板，原始零件的所有特征、尺寸、参数等均有可能被系列零件设计表中的型号复制使用。

下面介绍将系列零件设计表应用于零件设计的操作步骤。

（1）选择图形区左侧面板顶部的 ConfigurationManager 设计树选项卡 。

（2）ConfigurationManager 设计树中显示了该模型中系列零件设计表生成的所有型号。

（3）右击要应用的型号，在弹出的快捷菜单中选择"显示配置"命令，如图 7-9 所示。

图 7-9　快捷菜单

（4）系统会按照系列零件设计表中该型号的模型尺寸重建模型。

下面介绍对已有的系列零件设计表进行编辑的操作步骤。

（1）选择图形区左侧面板顶部的 ConfigurationManager 设计树选项卡 。

（2）在 ConfigurationManager 设计树中，右击"Excel 设计表"按钮 。

（3）在弹出的快捷菜单中选择"编辑表格"命令。

（4）如果要删除该系列零件设计表，则单击"删除"按钮。

在任何时候，用户均可在原始样本零件中加入或删除特征。如果是加入特征，则加入后的特征将是系列零件设计表中所有型号成员的共有特征。若某个型号成员正在被使用，则系统将会依照所加入的特征自动更新该型号成员。如果是删除原始样本零件中的某个特征，则系列零件设计表中的所有型号成员的该特征都将被删除。若某个型号成员正在被使用，则系统会将工作窗口自动切换到现在的工作窗口，完成更新被使用的型号成员。

7.2 库 特 征

SOLIDWORKS 2024 允许用户将常用的特征或特征组（如具有公用尺寸的孔或槽等）保存到库中，便于日后使用。用户可以使用几个库特征作为块来生成一个零件，这样既可以节省时间，又有助于保持模型中的统一性。

用户可以编辑插入零件的库特征。当库特征添加到零件后，目标零件与库特征零件就没有关系了，对目标零件中库特征的修改不会影响包含该库特征的其他零件。

库特征只能应用于零件，不能添加到装配体中。

> 💡提示：大多数类型的特征可以作为库特征使用，但不包括基体特征本身。系统无法将包含基体特征的库特征添加到已经具有基体特征的零件中。

7.2.1 库特征的创建与编辑

如果要创建一个库特征，首先要创建一个基体特征来承载作为库特征的其他特征，也可以将零件中的其他特征保存为库特征。

下面介绍创建库特征的操作步骤。

（1）新建一个零件，或打开随书电子资料中的源文件"创建库特征"。如果是新建的零件，必须首先创建一个基体特征。

（2）在基体上创建包括库特征的特征。如果要用尺寸来定位库特征，则必须在基体上标注特征的尺寸。

（3）在 FeatureManager 设计树中，选择作为库特征的特征。如果要同时选取多个特征，则在选择特征的同时按住 Ctrl 键。

（4）选择菜单栏中的"文件"→"另存为"命令，系统弹出"另存为"对话框。选择"保存类型"为"Lib Feat Part（*.sldlfp)"，并输入文件名称。单击"保存"按钮，生成库特征。

此时，在 FeatureManager 设计树中，零件图标将变为库特征图标，其中库特征包括的每个特征都用字母 L 标记。

在库特征零件文件中（.sldlfp）还可以对库特征进行编辑。

☑ 如要添加另一个特征，则右击要添加的特征，在弹出的快捷菜单中选择"添加到库"命令。

☑ 如要从库特征中移除一个特征，则右击该特征，在弹出的快捷菜单中选择"从库中删除"命令。

7.2.2 将库特征添加到零件中

在库特征创建完成后，即可将库特征添加到零件中。

下面介绍将库特征添加到零件中的操作步骤。

（1）在图形区右侧的任务窗格中单击"设计库"按钮🗔，系统弹出"设计库"对话框，如图 7-10 所示。这是 SOLIDWORKS 2024 安装时预设的库特征。

（2）浏览到库特征所在目录，从下面的窗格中选择库特征，然后将其拖动到零件的面上，即可将库特征添加到目标零件中。打开的库特征文件如图 7-11 所示。

图 7-10　"设计库"对话框

图 7-11　打开的库特征文件

在将库特征插入零件后，可以用下列方法编辑库特征。

☑　使用"编辑特征"按钮🗔或"编辑草图"命令编辑库特征。

☑　通过修改定位尺寸将库特征移动到目标零件的另一位置。

☑　还可以将库特征分解为该库特征中包含的每个单个特征。只需在 FeatureManager 设计树中右击库特征图标，然后在弹出的快捷菜单中选择"解散库特征"命令，则库特征图标被移除，库特征中包含的所有特征都在 FeatureManager 设计树中单独列出。

7.3　查　　询

查询功能主要用于查询所建模型的表面积、体积及质量等相关信息，计算设计零部件的结构强度、安全因子等。SOLIDWORKS 提供了 3 种查询功能，即测量、质量属性与截面属性，这 3 个命令按钮位于"评估"工具栏中。

7.3.1　测量

测量功能可以测量草图、三维模型、装配体，或者工程图中直线、点、曲面、基准面的距离、角度、半径、大小以及它们之间的距离、角度、半径或尺寸。当测量两个实体之间的距离时，Delta X、Delta Y 和 Delta Z 的距离会显示出来。当选择一个顶点或草图点时，会显示其 X、Y 和 Z 的坐标值。

下面介绍测量点坐标、测量距离、测量面积与周长的操作步骤。

（1）打开随书电子资料中的源文件"铲斗支撑架"。选择菜单栏中的"工具"→"评估"→"测量"命令，或者单击"评估"选项卡中的"测量"按钮 ，系统弹出"测量"对话框。

（2）测量点坐标。测量点坐标主要用来测量草图中的点、模型中的顶点坐标。单击如图 7-12 所示的点 1，在"测量"对话框中便会显示该点的坐标值，如图 7-13 所示。

图 7-12　打开的文件实体 　　　　　　　　图 7-13　测量点坐标的"测量"对话框

（3）测量距离。测量距离主要用来测量两点、两条边和两面之间的距离。单击如图 7-12 所示的点 1 和点 2，在"测量"对话框中便会显示所选两点的绝对距离以及 X、Y 和 Z 坐标的差值，如图 7-14 所示。

（4）测量面积与周长。测量面积与周长主要用来测量实体某一表面的面积与周长。单击如图 7-12 所示的面 3，在"测量"对话框中便会显示该面的面积与周长，如图 7-15 所示。

图 7-14　测量距离的"测量"对话框 　　　　　图 7-15　测量面积与周长的"测量"对话框

提示：执行"测量"命令时，可以不必关闭对话框而切换不同的文件。当前激活的文件名会出现在"测量"对话框的顶部，如果选择了已激活文件中的某一测量项目，则对话框中的测量信息会自动更新。

7.3.2　质量属性

质量属性功能可以测量模型实体的质量、体积、表面积与惯性矩等。

Note

下面介绍质量属性的操作步骤。

（1）打开随书电子资料中的源文件"铲斗支撑架"。选择菜单栏中的"工具"→"评估"→"质量属性"命令，或者单击"评估"选项卡中的"质量属性"按钮 ，系统弹出的"质量属性"对话框，如图 7-16 所示。在该对话框中会自动计算出该模型实体的质量、体积、表面积与惯性矩等，模型实体的主轴和质量中心显示在视图中，如图 7-17 所示。

（2）单击"质量属性"对话框中的"选项"按钮，系统弹出"质量/截面属性选项"对话框，如图 7-18 所示。选中"使用自定义设定"单选按钮，在"材料属性"选项组的"密度"文本框中可以设置模型实体的密度。

图 7-17　显示主轴和质量中心的视图

图 7-16　"质量属性"对话框

图 7-18　"质量/截面属性选项"对话框

提示：在计算另一个零件的质量属性时，不需要关闭"质量属性"对话框，选择需要计算的零部件，然后单击"重算"按钮即可。

7.3.3　截面属性

截面属性可以查询草图、模型实体平面或者剖面的某些特性，如截面面积、截面重心的坐标、在重心的面惯性矩、在重心的面惯性极力矩、位于主轴和零件轴之间的角度以及面心的二次矩等。下面介绍截面属性的操作步骤。

（1）打开随书电子资料中的源文件"铲斗支撑架"。选择菜单栏中的"工具"→"评估"→"截面属性"命令，或者单击"评估"选项卡中的"截面属性"按钮 ，系统弹出"截面属性"对话框。

（2）单击如图 7-19 所示的面 1，然后单击"截面属性"对话框中的"重算"按钮，计算结果出现在该对话框中，如图 7-20 所示。所选截面的主轴和重心显示在视图中，如图 7-21 所示。

截面属性不仅可以查询单个截面的属性，而且还可以查询多个平行截面的联合属性。如图 7-22 所示为图 7-19 中面 1 和面 2 的联合属性，如图 7-23 所示为面 1 和面 2 的主轴和重心显示。

图 7-19　打开的文件实体

图 7-20　"截面属性"对话框 1

图 7-22　"截面属性"对话框 2

图 7-21　显示主轴和重心的图形 1

图 7-23　显示主轴和重心的图形 2

7.4　零件的特征管理

零件的建模过程实际上是创建和管理特征的过程。本节介绍零件的特征管理，即退回与插入特征、压缩与解除压缩特征、动态修改特征。

7.4.1　退回与插入特征

退回特征命令可以查看某一特征生成前后模型的状态，插入特征命令用于在某一特征之后插入新的特征。

1．退回特征

退回特征有两种方式，第一种为使用"退回控制棒"，另一种为使用快捷菜单。在 FeatureManager 设计树的最底端有一条粗实线，该线就是"退回控制棒"。

下面介绍退回特征的操作步骤。

（1）打开随书电子资料中的源文件"铲斗支撑架"，如图 7-24 所示。铲斗支撑架的 FeatureManager 设计树如图 7-25 所示。

（2）将光标放置在"退回控制棒"上时，光标变为形状。单击，此时"退回控制棒"以蓝色显示，然后按住鼠标左键，拖动

图 7-24　打开的文件实体

光标到欲查看的特征上，并释放鼠标。操作后的 FeatureManager 设计树如图 7-26 所示，退回的零件模型如图 7-27 所示。

图 7-25　铲斗支撑架的 FeatureManager 设计树　　图 7-26　操作后的 FeatureManager 设计树

从图 7-27 中可以看出，查看特征后的特征在零件模型上没有显示，表明该零件模型退回到该特征以前的状态。

退回特征可以使用快捷菜单进行操作，右击 FeatureManager 设计树中的"镜向 7"特征，系统弹出的快捷菜单如图 7-28 所示，单击"退回"按钮↰，此时该零件模型退回到该特征以前的状态，如图 7-27 所示。也可以在退回状态下，使用如图 7-29 所示的退回快捷菜单，根据需要选择需要的退回操作。

在退回快捷菜单中，"向前推进"命令表示退回到下一个特征；"退回到前"命令表示退回到上一退回特征状态；"退回到尾"命令表示退回到特征模型的末尾，即处于模型的原始状态。

图 7-27 退回的零件模型	图 7-28 快捷菜单	图 7-29 退回快捷菜单

💡提示：
（1）当零件模型处于退回特征状态时，将无法访问该零件的工程图和基于该零件的装配图。
（2）不能保存处于退回特征状态的零件图，在保存零件时，系统将自动释放退回状态。
（3）在重新创建零件的模型时，处于退回状态的特征不会被考虑，即视其处于压缩状态。

2. 插入特征

插入特征是零件设计中一项非常实用的操作，其操作步骤如下。

（1）将 FeatureManager 设计树中的"退回控制棒"拖到需要插入特征的位置。

（2）根据设计需要生成新的特征。

（3）将"退回控制棒"拖动到设计树的最后位置，完成特征插入。

7.4.2　压缩与解除压缩特征

1. 压缩特征

压缩的特征可以从 FeatureManager 设计树中选择需要压缩的特征，也可以从视图中选择需要压缩特征的一个面。压缩特征的方法有以下几种。

（1）菜单栏方式：选择要压缩的特征，然后选择菜单栏中的"编辑"→"压缩"→"此配置"命令。

（2）快捷菜单方式：在 FeatureManager 设计树中，右击需要压缩的特征，在弹出的快捷菜单中单击"压缩"按钮，如图 7-30 所示。

（3）对话框方式：在 FeatureManager 设计树中，右击需要压缩的特征，在弹出的快捷菜单中选择"特征属性"命令。在弹出的"特征属性"对话框中选中"压缩"复选框，然后单击"确定"按钮，如图 7-31 所示。

特征被压缩后，在模型中不再被显示，但是并没有被删除，被压缩的特征在 FeatureManager 设计树中以灰色显示。如图 7-32 所示为铲斗支撑架中 3 个特征被压缩后的图形，如图 7-33 所示为压缩后的 FeatureManager 设计树。

图 7-31　"特征属性"对话框

图 7-30　快捷菜单　　　图 7-32　压缩特征后的铲斗支撑架　　　图 7-33　压缩后的 FeatureManager 设计树

2. 解除压缩特征

解除压缩特征必须从 FeatureManager 设计树中选择需要压缩的特征，而不能从视图中选择该特征的某一个面，因为视图中该特征不被显示。与压缩特征相对应，解除压缩特征的方法有以下几种。

（1）菜单栏方式：选择要解除压缩的特征，然后选择菜单栏中的"编辑"→"解除压缩"→"此配置"命令。

（2）快捷菜单方式：在 FeatureManager 设计树中右击要解除压缩的特征，在弹出的快捷菜单中单击"解除压缩"按钮。

（3）对话框方式：在 FeatureManager 设计树中右击要解除压缩的特征，在弹出的快捷菜单中选择"特征属性"命令。在弹出的"特征属性"对话框中取消选中"压缩"复选框，然后单击"确定"按钮。

压缩的特征被解除以后，视图中将显示该特征，FeatureManager 设计树中该特征将以正常模式显示。

7.4.3　Instant3D

Instant3D 可以使用户通过拖动控标或标尺来快速生成和修改模型几何体。动态修改特征是指系统不需要退回编辑特征的位置，直接对特征进行动态修改的命令。动态修改是通过控标移动、旋转来调整拉伸及旋转特征的大小。通过动态修改可以修改草图，也可以修改特征。

下面介绍动态修改特征的操作步骤。

1. 修改草图

（1）打开随书电子资料中的源文件"铲斗支撑架"。单击"特征"选项卡中的"Instant3D"按钮，开始动态修改特征操作。

（2）单击 FeatureManager 设计树中的"凸台-拉伸 1"作为要修改的特征，视图中该特征被亮显，如图 7-34 所示，同时出现该特征的修改控标。

（3）拖动指定尺寸的控标，屏幕出现标尺，如图 7-35 所示。使用屏幕上的标尺可以精确地修改草图，修改后的草图如图 7-36 所示。

图 7-34　选择需要修改的特征 1

图 7-35　标尺

（4）单击"特征"选项卡中的"Instant3D"按钮，退出 Instant3D 特征操作，修改后的模型如图 7-37 所示。

图 7-36　修改后的草图

图 7-37　修改后的模型 1

2. 修改特征

（1）单击"特征"选项卡中的"Instant3D"按钮，开始动态修改特征操作。

（2）单击 FeatureManager 设计树中的"凸台-拉伸 3"作为要修改的特征，视图中该特征被亮显，如图 7-38 所示，同时出现该特征的修改控标。

（3）拖动距离为 17.5mm 的修改光标，调整拉伸的长度，如图 7-39 所示。

（4）单击"特征"选项卡中的"Instant3D"按钮，退出 Instant3D 特征操作，修改后的模型如图 7-40 所示。

图 7-38　选择需要修改的特征 2　　　图 7-39　拖动修改控标　　　图 7-40　修改后的模型 2

7.5　模型显示

零件建模时，SOLIDWORKS 提供了外观显示。可以根据实际需要设置零件的颜色及透明度，使设计的零件更加接近实际情况。

7.5.1　设置零件的颜色

设置零件的颜色包括设置整个零件的颜色属性、设置所选特征的颜色属性以及设置所选面的颜色属性。

下面介绍设置零件颜色的操作步骤。

1. 设置零件的颜色属性

（1）打开随书电子资料中的源文件"铲斗支撑架"。右击 FeatureManager 设计树中的文件名称，在弹出的快捷菜单中选择"外观"→"外观"命令，如图 7-41 所示。

（2）系统弹出的"颜色"属性管理器如图 7-42 所示，在"颜色"选项组中选择需要的颜色，然后单击"确定"按钮✔️，此时整个零件将以设置的颜色显示。

图 7-41　快捷菜单 1　　　　　　　　图 7-42　"颜色"属性管理器

Note

2．设置所选特征的颜色

（1）在 FeatureManager 设计树中选择需要改变颜色的特征，可以按 Ctrl 键选择多个特征。

（2）右击所选特征，在弹出的快捷菜单中单击"外观"按钮，在下拉列表中选择步骤（1）中选中的特征，如图 7-43 所示。

（3）系统弹出的"颜色"属性管理器如图 7-42 所示，在"颜色"选项组中选择需要的颜色，然后单击"确定"按钮，设置颜色后的特征如图 7-44 所示。

图 7-43　快捷菜单 2

图 7-44　设置特征颜色

3．设置所选面的颜色属性

（1）右击如图 7-44 所示的面 1，在弹出的快捷菜单中单击"外观"按钮，在下拉列表中选择刚选中的面，如图 7-45 所示。

（2）系统弹出的"颜色"属性管理器如图 7-42 所示。在"颜色"选项组中选择需要的颜色，然后单击"确定"按钮，设置颜色后的面如图 7-46 所示。

图 7-45　快捷菜单 3

图 7-46　设置面颜色

7.5.2　设置零件的透明度

在装配体零件中，外面零件遮挡内部的零件，给零件的选择造成困难。设置零件的透明度后，可以透过透明零件选择非透明对象。

下面介绍设置零件透明度的操作步骤。

（1）打开随书电子资料中的源文件"轴承装配体"，打开的文件实体如图 7-47 所示。轴承装配体的 FeatureManager 设计树如图 7-48 所示。

图 7-47　打开的文件实体　　　　　　　图 7-48　轴承装配体的 FeatureManager 设计树

（2）右击 FeatureManager 设计树中的文件名称"（固定）轴承 6315 内外圈<1>（默认）"，或者右击视图中的基座 1，在弹出的快捷菜单中单击"更改透明度"按钮，如图 7-49 所示。

（3）设置透明度后的图形如图 7-50 所示。

图 7-49　快捷菜单　　　　　　　　　图 7-50　设置透明度后的图形

7.5.3　贴图

贴图是指在零件、装配模型面上覆盖图片，覆盖的图片在特定路径下保存，若特殊需要，读者也可以自己绘制图片，保存添加到零件、装配图中。

下面介绍设置零件贴图的操作步骤。

（1）打开随书电子资料中的源文件"轴承 6315 内外圈"。在绘图区右侧单击"外观、布景和贴图"按钮，如图 7-51 所示，弹出"外观、布景和贴图"属性管理器，单击"标志"按钮，在管理器下部显示一个标志图片。选择对应图标"GS"，将图标拖动到零件模型面上，在左侧显示"贴图"属性管理器，如图 7-52 所示。

图 7-51　右侧属性按钮

图 7-52　放置贴图

（2）打开"图像"选项卡，在"贴图预览"选项组中显示图标，在"图像文件路径"文本框中显示图片路径，单击"浏览"按钮，弹出"打开"对话框，选择所需图片，单击"显示预览窗格"按钮，在右侧显示图片缩略图，如图 7-53 所示。

（3）打开"映射"选项卡，在"所选几何体"选项组中选择贴图面，在"映射"选项组、"大小/方向"选项组中设置参数，如图 7-54 所示。

图 7-53　"打开"对话框　　　　　　图 7-54　"贴图"属性管理器

（4）同时也可以在绘图区调节矩形框大小，调整图片大小；选择矩形框中心左边，旋转图标，如图 7-55 所示。

（a）调整图标大小　　　　　（b）调整图标角度　　　　　（c）贴图结果

图 7-55　设置贴图

7.5.4　布景

布景是指在模型后面提供一个可视背景。在 SOLIDWORKS 中，布景在模型上提供反射。在插入了 PhotoView 360 插件时，布景提供逼真的光源，包括照明度和反射，从而要求更少光源操纵。布景中的对象和光源可在模型上形成反射并可在楼板上投射阴影。

布景由以下内容组成。

☑　选择的基于预设布景或图像的球形环境映射到模型周围。

☑　2D 背景可以是单色、渐变颜色或所选择的图像。虽然环境单元被背景部分遮掩，但仍然会在模型中反映出来。也可以关闭背景，以显示球形环境。

☑　可以在 2D 地板上看到阴影和反射。用户可以更改模型与地板之间的距离。

下面介绍设置布景的操作步骤。

打开随书电子资料中的源文件"轴承外圈"。在绘图区右侧单击"外观、布景和贴图"按钮，弹出"外观、布景和贴图"属性管理器，如图 7-56 所示。

在"基本布景"子选项中选择"三点绿色"，并将所选背景拖动到绘图区，模型显示如图 7-57 所示。

图 7-56 "外观、布景和贴图"属性管理器

图 7-57 模型显示

7.6 实践与操作

7.6.1 查询属性

本实践对如图 7-58 所示的高速轴进行测量、质量属性与截面属性的查询。

操作提示：

（1）打开如图 7-58 所示的高速轴零件。

（2）执行测量、质量属性与截面属性的命令。

图 7-58 高速轴

7.6.2 更改颜色

本实践对如图 7-59 所示的手柄轴装配体中的各个零件更改颜色。

操作提示：

（1）打开手柄轴装配体文件。

（2）更改各个零件颜色。

图 7-59 手柄轴装配体

第8章

装配体设计

在 SOLIDWORKS 中，当生成新零件时，可以直接参考其他零件并保持这种参考关系。在装配的环境里，可以方便地设计和修改零部件，使 SOLIDWORKS 的性能得到极大的提高。

- ☑ 装配体基本操作
- ☑ 定位零部件
- ☑ 设计方法和配合关系
- ☑ 零件的复制、阵列与镜向

- ☑ 装配体检查
- ☑ 爆炸视图
- ☑ 装配体的简化

任务驱动&项目案例

8.1 装配体基本操作

要实现对零部件进行装配，必须首先创建一个装配体文件。本节将介绍创建装配体的基本操作，包括新建装配体文件、插入装配零件与删除装配零件。

8.1.1 创建装配体文件

下面介绍创建装配体文件的操作步骤。

（1）选择菜单栏中的"文件"→"新建"命令，弹出"新建 SOLIDWORKS 文件"对话框，如图 8-1 所示。

图 8-1 "新建 SOLIDWORKS 文件"对话框

（2）单击"装配体"按钮 ，再单击"确定"按钮，进入装配体制作界面，如图 8-2 所示。

（3）在"开始装配体"属性管理器中，单击"要插入的零件/装配体"选项组中的"浏览"按钮，弹出"打开"对话框。

（4）打开源文件"保持架"，单击"打开"按钮，然后在图形区合适位置单击以放置零件。调整视图为"等轴测"，即可得到导入零件后的界面，如图 8-3 所示。

装配体制作界面与零件的制作界面基本相同，特征管理器中出现一个配合组，在装配体制作界面中出现如图 8-4 所示的"装配体"选项卡，对"装配体"选项卡的操作与前面介绍的选项卡操作相同。

（5）将一个零部件（单个零件或子装配体）放入装配体中时，这个零部件文件会与装配体文件链接。此时零部件出现在装配体中，零部件的数据还保存在原零部件文件中。

💡提示：对零部件文件所进行的任何改变都会更新装配体。保存装配体时文件的扩展名为"*.sldasm"，其文件名前的图标也与零件图标不同。

Note

图 8-2　装配体制作界面

图 8-3　导入零件后的界面

图 8-4 "装配体"选项卡

8.1.2 插入装配零件

制作装配体需要按照装配的过程依次插入相关零件,有多种方法可以将零部件添加到一个新的或现有的装配体中。具体如下。

（1）使用"插入零部件"属性管理器。

（2）从任何窗格中的文件探索器中拖动。

（3）从一个打开的文件窗口中拖动。

（4）从资源管理器中拖动。

（5）从 Internet Explorer 中拖动超文本链接。

（6）在装配体中拖动以增加现有零部件的实例。

（7）从任何窗格的设计库中拖动。

（8）使用插入、智能扣件来添加螺栓、螺钉、螺母、销钉以及垫圈。

8.1.3 删除装配零件

下面介绍删除装配零件的操作步骤。

（1）在图形区或 FeatureManager 设计树中单击零部件。

（2）按 Delete 键,或者选择菜单栏中的"编辑"→"删除"命令,或者右击,在弹出的快捷菜单中选择"删除"命令,此时会弹出如图 8-5 所示的"确认删除"对话框。

（3）单击"是"按钮确认删除,此零部件及其所有相关项目（配合、零部件阵列、爆炸步骤等）都会被删除。

图 8-5 "确认删除"对话框

💡提示：

（1）第一个插入的零件在装配图中默认的状态是固定的,即不能移动和旋转,在 FeatureManager 设计树中显示为"（f）"。如果不是第一个零件,则是浮动的,在 FeatureManager 设计树中显示为"（-）",固定和浮动显示如图 8-6 所示。

（2）系统默认第一个插入的零件是固定的,也可以将其设置为浮动状态,右击 FeatureManager 设计树中固定的文件,在弹出的快捷菜单中选择"浮动"命令。反之,也可以将其设置为固定状态。

图 8-6 固定和浮动显示

8.2 定位零部件

在零部件放入装配体中后,用户可以移动、旋转零部件或固定其位置,用这些方法可以大致确定零部件的位置，然后再使用配合关系精确地定位零部件。

8.2.1 固定零部件

当一个零部件被固定之后，就不能相对于装配体原点移动了。默认情况下，装配体中的第一个零件是固定的。如果装配体中至少有一个零部件被固定下来，即可为其余零部件提供参考，防止其他零部件在添加配合关系时意外移动。

要固定零部件，只要在 FeatureManager 设计树或图形区中右击要固定的零部件，在弹出的快捷菜单中选择"固定"命令即可。如果要解除固定关系，只要在快捷菜单中选择"浮动"命令即可。

当一个零部件被固定之后，在 FeatureManager 设计树中，该零部件名称的左侧出现字母"（f）"，表明该零部件已被固定。

8.2.2 移动零部件

在 FeatureManager 设计树中，前面有"（-）"符号的，表示该零件可被移动。

下面介绍移动零部件的操作步骤。

（1）选择菜单栏中的"工具"→"零部件"→"移动"命令，或者单击"装配体"选项卡中的"移动零部件"按钮📷，系统弹出的"移动零部件"（SmartMates）属性管理器如图 8-7 所示。

（2）选择需要移动的类型，然后拖动到需要的位置。

（3）单击"确定"按钮✔，或者按 Esc 键，取消命令操作。

在"移动零部件"属性管理器中，移动零部件的类型有"自由拖动""沿装配体 XYZ""沿实体""由 Delta XYZ""到 XYZ 位置"5 种，如图 8-8 所示，下面分别进行介绍。

图 8-7 "移动零部件"属性管理器

图 8-8 移动零部件的类型

☑ 自由拖动：系统默认选项，可以在视图中把选中的文件拖动到任意位置。

☑ 沿装配体 XYZ：选择零部件并沿装配体的 X、Y 或 Z 方向拖动。视图中显示的装配体坐标系可以确定移动的方向，在移动前要在欲移动方向的轴附近单击。

☑ 沿实体：首先选择实体，然后选择零部件并沿该实体拖动。如果选择的实体是一条直线、边线或轴，则所移动的零部件具有一个自由度。如果选择的实体是一个基准面或平面，则所移动的零部件具有两个自由度。

Note

☑ 由 Delta XYZ：在属性管理器中输入移动 Delta XYZ 的范围，如图 8-9 所示，然后单击"应用"按钮，零部件按照指定的数值移动。

☑ 到 XYZ 位置：选择零部件的一点，在属性管理器中输入 X、Y 或 Z 坐标，如图 8-10 所示，然后单击"应用"按钮，所选零部件的点移动到指定的坐标位置。如果选择的项目不是顶点或点，则零部件的原点会移动到指定的坐标处。

图 8-9 "由 Delta XYZ"设置   图 8-10 "到 XYZ 位置"设置

8.2.3 旋转零部件

在 FeatureManager 设计树中，只要前面有"(-)"符号，该零件即可被旋转。

下面介绍旋转零部件的操作步骤。

（1）选择菜单栏中的"工具"→"零部件"→"旋转"命令，或者单击"装配体"选项卡中的"旋转零部件"按钮 ，系统弹出"旋转零部件"属性管理器，如图 8-11 所示。

（2）选择需要旋转的类型，然后根据需要确定零部件的旋转角度。

（3）单击"确定"按钮 ，或者按 Esc 键，取消命令操作。

在"旋转零部件"属性管理器中，旋转零部件的类型有 3 种，即"自由拖动""对于实体""由 Delta XYZ"，如图 8-12 所示，下面分别进行介绍。

图 8-11 "旋转零部件"属性管理器   图 8-12 旋转零部件的类型

☑ 自由拖动：选择零部件并沿任何方向旋转拖动。

☑ 对于实体：选择一条直线、边线或轴，然后围绕所选实体旋转零部件。

☑ 由 Delta XYZ：在属性管理器中输入旋转 Delta XYZ 的范围，然后单击"应用"按钮，零部件按照指定的数值进行旋转。

> 提示：
> （1）不能移动或者旋转一个已经固定或者完全定义的零部件。
> （2）只能在配合关系允许的自由度范围内移动和选择该零部件。

8.3 设计方法

设计方法分为自下而上和自上而下两种。在零件的某些特征上、完整零件上或整个装配体上使用自上而下设计方法技术。在实践中，设计师通常使用自上而下设计方法来布局其装配体并捕捉对其装配体特定的自定义零件的关键方面。

8.3.1 自下而上设计方法

自下而上设计法是比较传统的方法。首先设计并创建零件，然后将零件插入装配体，再使用配合来定位零件。如果想更改零件，必须单独编辑零件。更改后的零件在装配体中可见。

自下而上设计方法对于先前建造、现售的零件或者对于金属器件、皮带轮、马达等标准零部件是优先技术，这些零件不根据设计而更改形状和大小。本书中的装配文件都采用自下而上设计方法。

8.3.2 自上而下设计方法

在自上而下装配设计中，零件的一个或多个特征由装配体中的某项定义，如布局草图或另一个零件的几何体。设计意图来自装配体并下移到零件中，因此称为"自上而下"。

可以在关联装配体中生成一个新零件，也可以在关联装配体中生成新的子装配体。

下面介绍在装配体中生成零件的操作步骤。

（1）新创建一个装配体文件。

（2）单击"装配体"选项卡中的"新零件"按钮🖱，或者选择菜单栏中的"插入"→"零部件"→"新零件"命令，在设计树中添加一个新零件，如图 8-13 所示。

图 8-13　设计树

图 8-14　进入零件编辑模式

（3）在设计树中的新建零件上右击，弹出如图 8-14 所示的快捷菜单，单击"编辑零件"按钮，进入零件编辑模式。

（4）绘制完零件后，单击右上角的🖱按钮，返回到装配环境。

8.4 配合关系

要完成装配体的设计，其中很重要的环节就是设置各零部件之间的配合关系，以使各零部件之间能够正确连接和精确地定位。用户可以通过添加、删除或修改零部件之间的配合关系来完成装配体的设计。

8.4.1 添加配合关系

使用配合关系，可相对于其他零部件来精确地定位零部件，还可定义零部件如何相对于其他的零部件移动和旋转。只有添加了完整的配合关系，才算完成了装配体模型。

下面介绍为零部件添加配合关系的操作步骤。

（1）单击"装配体"选项卡中的"配合"按钮 🖉，或者选择菜单栏中的"插入"→"配合"命令，系统弹出"配合"属性管理器。

（2）在图形区中的零部件上选择要配合的实体，所选实体会显示在"要配合实体"列表框 🖉 中，如图8-15所示。

（3）选择所需的对齐条件。

☑ 🔠（同向对齐）：以所选面的法向或轴向的相同方向来放置零部件。

☑ 🔠（反向对齐）：以所选面的法向或轴向的相反方向来放置零部件。

图8-15 "配合"属性管理器

（4）系统会根据所选的实体列出有效的配合类型。单击对应的配合类型按钮，选择配合类型。

☑ 🟢（重合）：面与面、面与直线（轴）、直线与直线（轴）、点与面、点与直线之间重合。

☑ ◥（平行）：面与面、面与直线（轴）、直线与直线（轴）、曲线与曲线之间平行。

☑ ⊥（垂直）：面与面、直线（轴）与面之间垂直。

☑ ◑（相切）：创建和编辑物体和曲面之间的相切关系。

☑ ◎（同轴心）：圆柱与圆柱、圆柱与圆锥、圆形与圆弧边线之间具有相同的轴。

（5）图形区中的零部件将根据指定的配合关系移动，如果配合不正确，单击"撤销"按钮 🖙，然后根据需要修改选项。

（6）单击"确定"按钮 ✔，应用配合。

当在装配体中建立配合关系后，配合关系会在FeatureManager设计树中以 🔠 图标表示。

8.4.2 删除配合关系

如果装配体中的某个配合关系有错误，用户可以随时将它从装配体中删除。

下面介绍删除配合关系的操作步骤。

（1）在FeatureManager设计树中右击想要删除的配合关系。

（2）在弹出的快捷菜单中选择"删除"命令，或按Delete键。

（3）弹出"确认删除"对话框，如图8-16所示，单击"是"按钮确认删除。

图8-16 "确认删除"对话框

8.4.3　修改配合关系

用户可以像重新定义特征一样，对已经存在的配合关系进行修改。

下面介绍修改配合关系的操作步骤。

（1）在 FeatureManager 设计树中右击要修改的配合关系。

（2）在弹出的快捷菜单中单击"编辑特征"按钮🖉。

（3）在弹出的属性管理器中改变所需选项。

（4）如果要替换配合实体，在"要配合实体"列表框🖧中删除原来的实体后重新选择实体。

（5）单击"确定"按钮✔，完成配合关系的重新定义。

8.5　零件的复制、阵列与镜向

在同一个装配体中可能存在多个相同的零件，在装配时用户可以不必重复插入零件，而是利用复制、阵列或者镜向的方法，快速完成具有规律性的零件的插入和装配。

8.5.1　零件的复制

SOLIDWORKS 可以复制已经在装配体文件中存在的零部件，下面介绍复制零部件的操作步骤。

（1）打开源文件"零件的复制"，如图 8-17 所示。按住 Ctrl 键，在 FeatureManager 设计树中选择需要复制的零部件，然后将其拖动到视图中合适的位置，复制后的装配体如图 8-18 所示，复制后的 FeatureManager 设计树如图 8-19 所示。

图 8-17　打开的文件实体

图 8-18　复制后的装配体

（2）添加相应的配合关系，配合后的装配体如图 8-20 所示。

图 8-19　复制后的 FeatureManager 设计树

图 8-20　配合后的装配体

8.5.2　零件的阵列

零件的阵列分为线性阵列和圆周阵列。如果装配体中具有相同的零件,并且这些零件按照线性或者圆周的方式排列,可以使用"线性阵列"和"圆周阵列"命令进行操作。下面结合实例介绍线性阵列的操作步骤,其圆周阵列操作与此类似,读者可自行练习。

线性阵列可以同时阵列一个或者多个零部件,并且阵列出来的零件不需要再添加配合关系,即可完成配合。

（1）打开源文件"零件的阵列",或者选择菜单栏中的"文件"→"新建"命令,创建一个装配体文件。

（2）选择菜单栏中的"插入"→"零部件"→"现有零件/装配体"命令,插入已绘制的名为"底座"的文件,并调节视图中零件的方向,底座零件的尺寸如图 8-21 所示。

（3）选择菜单栏中的"插入"→"零部件"→"现有零件/装配体"命令,插入已绘制的名为"圆柱"的文件,圆柱零件的尺寸如图 8-22 所示。调节视图中各零件的方向,插入零件后的装配体如图 8-23 所示。

（4）选择菜单栏中的"插入"→"配合"命令,或者单击"装配体"选项卡中的"配合"按钮 ◎,系统弹出"配合"属性管理器。

（5）为如图 8-23 所示的平面 1 和平面 2 添加"重合"配合关系,为圆柱面 3 和圆柱面 4 添加"同轴心"配合关系,注意配合的方向。

图 8-21　底座零件

（6）单击"确定"按钮 ✓,配合添加完毕。

（7）单击"标准视图"工具栏中的"等轴测"按钮 ◉,将视图以等轴测方向显示,配合后的等轴测视图如图 8-24 所示。

图 8-22　圆柱零件

图 8-23　插入零件后的装配体

图 8-24　配合后的等轴测视图

（8）选择菜单栏中的"插入"→"零部件阵列"→"线性阵列"命令,系统弹出"线性阵列"属性管理器。

（9）在"要阵列的零部件"选项组中选择如图 8-24 所示的圆柱;在"方向 1"选项组的"阵列方向"列表框 中选择如图 8-24 所示的边线 1,注意设置阵列的方向,其他设置如图 8-25 所示。

（10）单击"确定"按钮 ✓,完成零件的线性阵列。线性阵列后的图形如图 8-26 所示,此时装配体的 FeatureManager 设计树如图 8-27 所示。

图 8-25　"线性阵列"属性管理器　　　图 8-26　线性阵列　　　图 8-27　FeatureManager 设计树

8.5.3　零件的镜向

装配体环境中的镜向操作与零件设计环境中的镜向操作类似。在装配体环境中，有相同且对称的零部件时，可以使用"镜向零部件"命令来完成。

（1）打开源文件"零件的镜向"，如图 8-28 所示。

（2）选择菜单栏中的"插入"→"镜向零部件"命令，系统弹出"镜向零部件"属性管理器。

（3）在"镜向基准面"列表框中选择"前视基准面"（Front Plane）；在"要镜向的零部件"列表框中选择如图 8-28 所示的零件。单击"下一步"按钮，"镜向零部件"属性管理器如图 8-29 所示。

图 8-28　"镜向零部件"属性管理器 1　　　图 8-29　"镜向零部件"属性管理器 2

（4）单击"确定"按钮 ✔，零件镜向完毕，镜向后的图形如图 8-30 所示。此时装配体文件的 FeatureManager 设计树如图 8-31 所示。

Note

图 8-30　镜向零件　　　　图 8-31　FeatureManager 设计树

提示：从上面的案例操作步骤可以看出，不但可以对称地镜向原零部件，而且还可以反方向镜向零部件，要灵活应用该命令。

8.6　装配体检查

装配体检查主要包括碰撞测试、动态间隙、体积干涉检查和装配体统计等，用来检查装配体各个零部件装配后的正确性、装配信息等。

8.6.1　碰撞测试

在 SOLIDWORKS 装配体环境中，移动或者旋转零部件时，提供了检查其与其他零部件碰撞情况的功能。在进行碰撞测试时，零件必须做适当的配合，但是不能完全限制配合，否则零件无法移动。

物资动力是碰撞检查中的一个选项，选中"物资动力"复选框时，等同于向被撞零部件施加一个碰撞力。

下面介绍碰撞测试的操作步骤。

（1）打开源文件"碰撞测试"，如图 8-32 所示。为两个撞块与撞击台添加配合，使撞块只能在边线 3 方向移动。

（2）单击"装配体"选项卡中的"移动零部件"按钮 或"旋转零部件"按钮 ，系统弹出"移动零部件"属性管理器或者"旋转零部件"属性管理器。

（3）在"选项"选项组中选中"碰撞检查"和"所有零部件之间"单选按钮及"碰撞时停止"复选框，则碰撞时零件会停止运动；在"高级选项"选项组中选中"高亮显示面"和"声音"复选框，则碰撞时零件会亮显并且计算机会发出碰撞的声音，碰撞设置如图 8-33 所示。

（4）拖动如图 8-32 所示的零件 2，使其向零件 1 移动，在碰撞零件 1 时，零件 2 会停止运动，并且零件 2 会亮显，碰撞检查时的装配体如图 8-34 所示。

物理动力学是碰撞检查中的一个选项，选中"物理动力学"单选按钮时，等同于向被撞零部件施加一个碰撞力。

图 8-32　打开的文件实体　　　　　　　图 8-33　碰撞设置

（5）在"移动零部件"属性管理器或者"旋转零部件"属性管理器的"选项"选项组中，选中"物理动力学"和"所有零部件之间"单选按钮，用"敏感度"工具条可以调节施加的力；在"高级选项"选项组中选中"高亮显示面"和"声音"复选框，则碰撞时零件会亮显并且计算机会发出碰撞的声音，物理动力设置如图 8-35 所示。

（6）拖动如图 8-32 所示的零件 2，使其向零件 1 移动，在碰撞零件 1 时，零件 1 和零件 2 会以给定的力一起向前运动，物理动力检查时的装配体如图 8-36 所示。

图 8-34　碰撞检查时的装配体　　　　图 8-35　物理动力设置　　　　图 8-36　物理动力检查时的装配体

8.6.2　动态间隙

动态间隙用于在零部件移动过程中动态显示两个零部件间的距离，下面介绍动态间隙的操作步骤。

（1）打开源文件"动态间隙"，如图 8-32 所示。

（2）单击"装配体"选项卡中的"移动零部件"按钮，系统弹出"移动零部件"属性管理器。

（3）选中"动态间隙"复选框，在"所选零部件几何体"列表框中选择如图 8-32 所示的撞块 1 和撞块 2，然后单击"恢复拖动"按钮，动态间隙设置如图 8-37 所示。

（4）拖动如图 8-32 所示的零件 2，则两个撞块之间的距离会实时地改变，动态间隙图形如图 8-38 所示。

图 8-37　动态间隙设置

图 8-38　动态间隙图形

💡提示：设置动态间隙时，在"指定间隙停止"文本框🔳中输入的值用于确定两零件之间停止的距离。当两零件之间的距离为该值时，零件就会停止运动。

8.6.3　体积干涉检查

在一个复杂的装配体文件中，直接判别零部件是否发生干涉是一件比较困难的事情。SOLIDWORKS 提供了体积干涉检查工具，利用该工具可以比较容易地在零部件之间进行干涉检查，并且可以查看发生干涉的体积。

下面介绍体积干涉检查的操作步骤。

（1）打开源文件"体积干涉检查"，调节两个撞块相互重合，体积干涉检查装配体文件如图 8-39 所示。

（2）选择菜单栏中的"工具"→"评估"→"干涉检查"命令，系统弹出"干涉检查"属性管理器。

（3）选中"视重合为干涉"复选框，单击"计算"按钮，如图 8-40 所示。

（4）干涉检查结果出现在"结果"选项组中，如图 8-41 所示。在"结果"选项组中，不但显示干涉的体积，而且还显示干涉的数量以及干涉的个数等信息。

图 8-39　体积干涉检查装配体文件　图 8-40　"干涉检查"属性管理器　图 8-41　干涉检查结果

8.6.4 装配体统计

SOLIDWORKS 提供了对装配体进行统计报告的功能，即装配体统计。通过装配体统计，可以生成一个装配体文件的统计资料，下面介绍装配体统计的操作步骤。

（1）打开源文件"移动轮装配体"，如图 8-42 所示，装配体的 FeatureManager 设计树如图 8-43 所示。

图 8-42　打开的文件实体

（2）选择菜单栏中的"工具"→"评估"→"性能评估"命令，系统弹出"性能评估-移动轮装配体.SLDASM"对话框，如图 8-44 所示。

图 8-43　FeatureManager 设计树

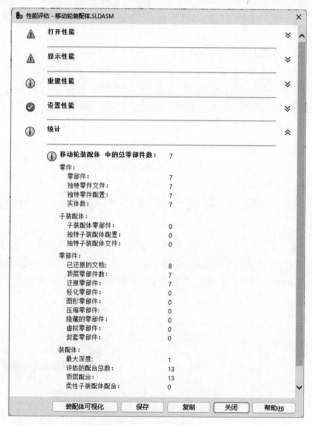

图 8-44　"性能评估-移动轮装配体.SLDASM"对话框

（3）单击"性能评估-移动轮装配体.SLDASM"对话框中的"关闭"按钮，关闭该对话框。

8.7　爆　炸　视　图

在零部件装配体完成后，为了在制造、维修及销售中直观地分析各个零部件之间的相互关系，将装配图按照零部件的配合条件来产生爆炸视图。装配体爆炸以后，用户不可以对装配体添加新的配合关系。

8.7.1　生成爆炸视图

爆炸视图可以很形象地查看装配体中各个零部件的配合关系，常称为系统立体图。爆炸视图通常用于介绍零件的组装流程、仪器的操作手册及产品使用说明书中。

下面介绍爆炸视图的操作步骤。

（1）打开源文件"平移台装配体"，如图 8-45 所示。

（2）选择菜单栏中的"插入"→"爆炸视图"命令，系统弹出"爆炸"属性管理器。

（3）在"添加阶梯"选项组的"爆炸步骤零部件"列表框●中，单击如图 8-45 所示的"后挡板"零件，此时装配体中被选中的零件被亮显，并且出现一个设置移动方向的坐标，选择零件后的装配体如图 8-46 所示。

（4）单击如图 8-46 所示的坐标的某一方向，确定要爆炸的方向，然后在"添加阶梯"选项组的"爆炸距离"文本框●中输入爆炸的距离值，如图 8-47 所示。

图 8-45　打开的文件实体

图 8-46　选择零件后的装配体

图 8-47　爆炸设置

（5）在"添加阶梯"选项组中单击"反向"按钮●，反方向调整爆炸视图，单击"应用"按钮，观测视图中预览的爆炸效果。单击"添加阶梯"按钮，第一个零件爆炸完成，其视图如图 8-48 所示，并且在"爆炸步骤"选项组中生成"爆炸步骤 1"，如图 8-49 所示。

（6）重复步骤（3）～步骤（5），将其他零部件爆炸，最终生成的爆炸视图如图 8-50 所示，共有 9 个爆炸步骤。

图 8-48　第一个爆炸零件视图

图 8-49　生成的爆炸步骤 1

图 8-50　最终爆炸视图

提示：在生成爆炸视图时，建议对每一个零件在每一个方向上的爆炸设置为一个爆炸步骤。如果一个零件需要在 3 个方向上爆炸，建议使用 3 个爆炸步骤，这样可以很方便地修改爆炸视图。

8.7.2　编辑爆炸视图

装配体爆炸后，可以利用"爆炸"属性管理器进行编辑，也可以添加新的爆炸步骤。

下面介绍编辑爆炸视图的操作步骤。

（1）打开源文件"爆炸视图"，如图 8-50 所示。

（2）单击设计树右侧的"配置"按钮，展开"爆炸视图"。

（3）右击"爆炸步骤 1"，在弹出的快捷菜单中选择"编辑爆炸步骤"命令，弹出"爆炸视图"属性管理器，此时"爆炸步骤 1"的爆炸设置显示在"在编辑爆炸步骤"选项组中。

（4）修改"在编辑爆炸步骤"选项组中的距离参数，或者拖动视图中要爆炸的零部件，然后单击"确定"按钮，即可完成对爆炸视图的修改。

（5）右击"爆炸步骤 1"，在弹出的快捷菜单中选择"删除"命令，该爆炸步骤就会被删除，零部件恢复到爆炸前的配合状态，删除爆炸步骤 1 后的视图如图 8-51 所示。

图 8-51　删除爆炸步骤 1 后的视图

8.8　装配体的简化

在实际设计过程中，一个完整的机械产品的总装配图是很复杂的，通常由许多零件组成。SOLIDWORKS 提供了多种简化的手段，通常使用的是改变零部件的显示属性以及改变零部件的压缩状态来简化复杂的装配体。SOLIDWORKS 中的零部件有 4 种显示状态。

- ☑　（还原）：零部件以正常方式显示，装入零部件所有的设计信息。
- ☑　（隐藏）：仅隐藏所选零部件在装配图中的显示。
- ☑　（压缩）：装配体中的零部件不被显示，并且可以减少工作时装入和计算的数据量。
- ☑　（轻化）：装配体中的零部件处于轻化状态，只占用部分内存资源。

8.8.1　零部件显示状态的切换

零部件有显示和隐藏两种状态。通过设置装配体文件中零部件的显示状态，可以将装配体文件中暂时不需要修改的零部件隐藏起来。零部件的显示和隐藏不影响零部件的本身，只是改变在装配体中的显示状态。

切换零部件显示状态常用的方法有 3 种，下面分别介绍。

（1）快捷菜单方式。在 FeatureManager 设计树或者图形区中左键单击要隐藏的零部件，在弹出的左键快捷菜单中单击"隐藏零部件"按钮，如图 8-52 所示。如果要显示隐藏的零部件，则右击图形区，在弹出的右键快捷菜单中选择"显示隐藏的零部件"命令，如图 8-53 所示。

图 8-52　左键快捷菜单

（2）工具栏方式。在 FeatureManager 设计树或者图形区中选择需要隐藏或者显示的零部件，然后单击"装配体"选项卡中的"隐藏/显示零部件"按钮，即可实现零部件的隐藏和显示状态的切换。

（3）菜单方式。在 FeatureManager 设计树或者图形区中选择需要隐藏的零部件，然后选择菜单栏中的"编辑"→"隐藏"→"当前显示状态"命令，将所选零部件切换到隐藏状态。选择需要显示的零部件，然后选择菜单栏中的"编辑"→"显示"→"当前显示状态"命令，将所选的零部件切换到显示状态。

如图 8-54 所示为平移台装配体图形，如图 8-55 所示为平移台的 FeatureManager 设计树，如图 8-56 所示为隐藏底座零件后的装配体图形，如图 8-57 所示为隐藏零件后的 FeatureManager 设计树（"底座"前的零件图标变为灰色）。

图 8-53　右键快捷菜单　　　　图 8-54　平移台装配体图形　　　图 8-55　平移台的 FeatureManager 设计树

图 8-56　隐藏底座后的装配体图形　　　图 8-57　隐藏零件后的 FeatureManager 设计树

8.8.2　零部件压缩状态的切换

在某段设计时间内，可以将某些零部件设置为压缩状态，这样可以减少工作时装入和计算的数据量。装配体的显示和重建会更快，可以更有效地利用系统资源。

装配体零部件共有还原、压缩和轻化 3 种压缩状态，下面分别进行介绍。

1．还原

还原是使装配体中的零部件处于正常显示状态，还原的零部件会完全装入内存，可以使用所有功能并可以完全访问。

常用设置还原状态的操作步骤是使用左键快捷菜单，具体操作步骤如下。

Note

（1）在 FeatureManager 设计树中单击被轻化或者压缩的零件，系统弹出左键快捷菜单，单击"解除压缩"按钮↑。

（2）在 FeatureManager 设计树中右击被轻化的零件，在系统弹出的右键快捷菜单中选择"设定为还原"命令，则所选的零部件将处于正常的显示状态。

2. 压缩

"压缩"命令可以使零件暂时从装配体中消失。处于压缩状态的零件不再装入内存，所以装入速度、重建模型速度及显示性能均有提高，减少了装配体的复杂程度，提高了计算机的运行速度。

被压缩的零部件不等同于该零部件被删除，其相关数据仍然保存在内存中，只是不参与运算而已，可以通过设置很方便地调入装配体中。

被压缩零部件包含的配合关系也被压缩。因此，装配体中的零部件位置可能变为欠定义。当恢复零部件显示时，配合关系可能会发生矛盾，因此在生成模型时，要小心使用压缩状态。

常用设置压缩状态的操作步骤是使用右键快捷菜单，在 FeatureManager 设计树或者图形区中右击需要压缩的零件，在系统弹出的右键快捷菜单中单击"压缩"按钮↓，则所选的零部件将处于压缩状态。

3. 轻化

当零部件为轻化时，只有部分零件模型数据装入内存，其余的模型数据根据需要装入，这样可以显著提高大型装配体的性能。使用轻化的零件装入装配体比使用完全还原的零部件装入同一装配体速度更快。因为需要计算的数据比较少，包含轻化零部件的装配重建速度也更快。

常用设置轻化状态的操作步骤是使用右键快捷菜单，在 FeatureManager 设计树或者图形区中右击需要轻化的零件，在系统弹出的右键快捷菜单中选择"设定为轻化"命令，则所选的零部件将处于轻化的显示状态。

8.9　综合实例——机械臂装配

本例创建的机械臂装配如图 8-58 所示。首先导入基座定位，然后插入大臂并装配，再插入小臂并装配，最后将零件旋转到适当角度。

操作步骤：

（1）启动 SOLIDWORKS 2024，单击"标准"工具栏中的"新建"按钮，或者选择菜单栏中的"文件"→"新建"命令，在弹出的"新建 SOLIDWORKS 文件"对话框中单击"装配体"按钮，如图 8-59 所示。然后单击"确定"按钮，创建一个新的装配文件。系统弹出"开始装配体"属性管理器，如图 8-60 所示。

（2）定位基座。单击"开始装配体"属性管理器中的"浏览"按钮，系统弹出"打开"对话框，选择已创建的"基座"零件，这时对

图 8-58　机械臂装配

话框的浏览区中将显示零件的预览结果，如图 8-61 所示。在"打开"对话框中单击"打开"按钮，系统进入装配界面，光标变为形状，选择菜单栏中的"视图"→"隐藏/显示"→"原点"命令，显示坐标原点，将光标移动至原点位置，光标变为形状，如图 8-62 所示，在目标位置单击，将基座放入装配界面中，如图 8-63 所示。

图 8-59　"新建 SOLIDWORKS 文件"对话框

图 8-60　"开始装配体"属性管理器

Note

图 8-61　"打开"对话框

图 8-62　定位原点

图 8-63　插入基座

（3）插入大臂。选择菜单栏中的"插入"→"零部件"→"现有零件/装配体"命令，或者单击"装配体"选项卡中的"插入零部件"按钮，弹出如图 8-64 所示的"插入零部件"属性管理器。单击"浏览"按钮，在弹出的"打开"对话框中选择"大臂"零件，将其插入装配界面中，如图 8-65 所示。

（4）添加装配关系。选择菜单栏中的"插入"→"配合"命令，或单击"装配体"选项卡中的"配合"按钮，系统弹出"配合"属性管理器，如图 8-66 所示。选择如图 8-67 所示的配合面，在"配合"属性管理器中单击"同轴心"按钮，添加"同轴心"关系；选择如图 8-67 所示的配合面，在"配合"属性管理器中单击"重合"按钮，添加"重合"关系，单击"确定"按钮，拖动大臂，将其旋转到适当位置，如图 8-68 所示。

Note

图 8-64　"插入零部件"属性管理器

图 8-65　插入大臂

图 8-66　"配合"属性管理器

图 8-67　选择配合面

图 8-68　添加装配关系并将大臂旋转到适当位置

（5）插入小臂。选择菜单栏中的"插入"→"零部件"→"现有零件/装配体"命令，或者单击"装配体"选项卡中的"插入零部件"按钮🗗，弹出"插入零部件"属性管理器。单击"浏览"按钮，在弹出的"打开"对话框中选择"小臂"零件，将其插入装配界面中，如图 8-69 所示。

（6）添加装配关系。选择菜单栏中的"插入"→"配合"命令，或者单击"装配体"选项卡中的"配合"按钮◎，系统弹出"配合"属性管理器，如图 8-66 所示。选择如图 8-70 所示的配合面，在"配合"属性管理器中单击"同轴心"按钮◎，添加"同轴心"关系；选择如图 8-71 所示的配合面，在"配合"属性管理器中单击"重合"按钮人，添加"重合"关系，单击"确定"按钮✔，拖动小臂，将其旋转到适当位置，如图 8-72 所示。

图 8-69 插入小臂

图 8-70 选择配合面

图 8-71 选择配合面

图 8-72 配合结果

8.10 实践与操作

8.10.1 绘制液压杆装配体

创建如图 8-73 所示的液压杆装配体。

图 8-73 液压杆装配体

操作提示：

（1）新建一个装配体文件，利用"插入零部件"命令将两个零件插入装配体中。

（2）利用"配合"命令，为两个零件的内圆面添加"同轴心"关系。

（3）利用"配合"命令，为两个零件的表面添加"重合"关系，绘制的流程图如图 8-74 所示。

图 8-74　装配流程图

8.10.2　绘制制动器装配体

创建如图 8-75 所示的制动器装配图。

图 8-75　制动器装配体

操作提示：

（1）新建一个装配体文件，利用"插入零部件"命令将图 8-76 中的零件插入装配体中。

（a）阀体　　　　　　　　（b）挡板　　　　　　　　（c）盘

（d）键　　　　　　　　（e）轴　　　　　　　　（f）臂

图 8-76　各零件图

（2）利用"配合"命令，为键和轴的键槽添加"同轴心"和"重合"关系。

（3）利用"配合"命令，为盘和轴的两个圆孔及表面添加"同轴心"和"重合"关系。

（4）利用"配合"命令，为挡板和阀体的端面添加"同轴心"和"重合"关系。

（5）利用"配合"命令，为臂和轴上的键添加"平行"关系，为臂与轴的圆柱面添加"同轴心"和"重合"关系。

（6）利用"配合"命令，为轴和阀体上的挡板添加"同轴心"和"重合"关系。

（7）利用"配合"命令，为轴上的盘和右视基准面添加"平行"关系，绘制的流程图如图 8-77 所示。

图 8-77　制动器装配体的绘制流程图

第 9 章

动画制作

  SOLIDWORKS 是一款功能强大的中高端 CAD 软件，方便快捷是其最大特色，特别是自 SOLIDWORKS 2001 后内置的 animator 插件，秉承 SOLIDWORKS 一贯的简便易用的风格，可以很方便地生成工程机构的演示动画，让原先呆板的设计成品动起来，用最简单的办法实现了产品的功能展示，增强了产品的竞争力以及与客户的亲和力。

- ☑ 运动算例
- ☑ 添加动画
- ☑ 动画进阶

- ☑ 基本运动
- ☑ 更改视象属性

任务驱动&项目案例

9.1　运　动　算　例

运动算例是装配体模型运动的图形模拟。可将诸如光源和相机透视图之类的视觉属性融合到运动算例中。运动算例不更改装配体模型或其属性。

9.1.1　新建运动算例

新建运动算例有以下两种方法。

（1）新建一个零件文件或装配体文件，在 SOLIDWORKS 界面左下角会出现"运动算例"标签。右击"运动算例"标签，在弹出的快捷菜单中选择"生成新运动算例"命令，如图 9-1 所示。自动生成新的运动算例。

（2）打开装配体文件，单击"装配体"选项卡中的"新建运动算例"按钮，在左下角自动生成新的运动算例。

图 9-1　快捷菜单

9.1.2　运动算例 MotionManager 简介

单击"运动算例 1"标签，弹出"运动算例 1"MotionManager，如图 9-2 所示。

图 9-2　MotionManager

1．MotionManager 工具

☑　动画 ▼（算例类型）：选取运动类型的逼真度，包括动画和基本运动两种类型。

☑　🖳（计算）：单击此按钮，部件的视象属性将会随着动画的进程而变化。

☑　▶（从头播放）：重设定部件并播放模拟。在计算模拟后使用。

☑　▶（播放）：从当前时间栏位置播放模拟。

☑　■（停止）：停止播放模拟。

☑　🖫（播放速度）：设定播放速度乘数或总的播放持续时间。

☑　→·（播放模式）：包括正常、循环和往复 3 种模式。正常即一次性从头到尾播放；循环即从头到尾连续播放，然后从头反复，继续播放；往复即从头到尾连续播放，然后从尾反放。

☑　🖫（保存动画）：将动画保存为 MP4 或其他类型。

☑　🎨（动画向导）：在当前时间栏位置插入视图旋转或爆炸/解除爆炸。

☑　✔（自动解码）：此按钮处于选中状态时，在移动或更改零部件时自动放置新键码。再次单击可切换该选项。

Note

☑ ♣ (添加/更新键码)：单击以添加新键码或更新现有键码的属性。

☑ ♨ (马达)：移动零部件，似乎由马达驱动。

☑ ▤ (弹簧)：在两个零部件之间添加一弹簧。

☑ ♨ (接触)：定义选定零部件之间的接触。

☑ ♨ (引力)：给算例添加引力。

☑ ▽ (无过滤)：显示所有项。

☑ ▣ (过滤动画)：显示在动画过程中移动或更改的项目。

☑ ♣ (过滤驱动)：显示引发运动或其他更改的项目。

☑ ▼ (过滤选定)：显示选中项。

☑ ▣ (过滤结果)：显示模拟结果项目。

☑ ♪ (放大)：放大时间线以将关键点和时间栏更精确定位。

☑ ♪ (缩小)：缩小时间线以在窗口中显示更大时间间隔。

☑ ♪ (全屏显示全图)：重新调整时间线视图比例。

2. MotionManager 界面

☑ 时间线：时间线是动画的时间界面。时间线位于 MotionManager 设计树的右方，显示运动算例中动画事件的时间和类型。时间线被竖直网格线均分，这些网络线对应于表示时间的数字标记。数字标记从 00:00:00 开始。时标依赖于窗口大小和缩放等级。

☑ 时间栏：时间线上的纯黑灰色竖直线即为时间栏，代表当前时间。在时间栏上右击，弹出如图 9-3 所示的快捷菜单。

    ➤ 放置键码：在指针位置添加新键码点并拖动键码点以调整位置。

    ➤ 粘贴：粘贴先前剪切或复制的键码点。

    ➤ 选择所有：选取所有键码点以将之重组。

☑ 更改栏：更改栏是连接键码点的水平栏，表示键码点之间的更改。

☑ 键码点：代表动画位置更改的开始或结束，或者某特定时间的其他特性。

☑ 关键帧：是键码点之间可以为任何时间长度的区域。此定义装配体零部件运动或视觉属性更改所发生的时间。

MotionManager 界面上的按钮和更改栏功能如图 9-4 所示。

图标和更改栏		更改栏功能
⬢	◆━━━━━━◆	总动画持续时间
✎	◆━━━━━━◆	视向及相机视图
✎	◆━━━━━━◆	选取了禁用观阅键码播放
🔳	◆━━━━━━◆	驱动运动
🔳	━━━━━━━	从动运动
⌐	◆━━━━━━◆	爆炸
●	◆━━━━━━◆	外观
✐	◆━━━━━━◆	配合尺寸
🔳	◆	任何零部件或配合键码
🔳	◆	任何压缩的键码
🔳	◆	位置还未解出
🔳	◆	位置不能到达
📁	◆━━━━━━◆	隐藏的子关系

菜单内容（图9-3）：

- ◆ Move Time Bar
- ♣ 放置键码(K)
- ▣ 粘贴(P)
- 选择所有(A)
- ▣ 动画向导...

图 9-3　时间栏右键快捷菜单　　　　图 9-4　按钮和更改栏功能

9.2 添 加 动 画

9.2.1 动画向导

在当前时间栏位置插入动画。执行"动画向导"命令：单击 MotionManager 工具栏上的"动画向导"按钮，弹出"选择动画类型"对话框，如图 9-5 所示。

图 9-5 "选择动画类型"对话框

对话框中的主要选项说明如下。

☑ 爆炸/解除爆炸：在使用爆炸或解除爆炸动画向导之前，必须先生成装配体的爆炸视图。

☑ 从基本运动输入运动：在运动算例中计算了模拟之后，可使用基本运动。

☑ 从 Motion 分析输入运动：安装 Motion 插件并在运动算例中计算了结果之后才能使用 Motion 分析。

☑ 删除所有现有路径：选中此复选框，则删除现有的动画序列。

9.2.2 旋转

旋转零件或装配体，下面介绍该方式的操作步骤。

（1）打开源文件"凸轮"，如图 9-6 所示。

（2）单击"运动算例 1"中 MotionManager 工具栏上的"动画向导"按钮，弹出"选择动画类型"对话框，选中"旋转模型"单选按钮，单

图 9-6 凸轮零件

击"下一页"按钮。

（3）弹出"选择-旋转轴"对话框，如图 9-7 所示，在对话框中设置旋转轴为"Z 轴"，设置"旋转次数"为 1，逆时针旋转，单击"下一页"按钮。

（4）弹出"动画控制选项"对话框，如图 9-8 所示。在对话框中设置"时间长度（秒）"为 10，"开始时间（秒）"为 0，单击"完成"按钮。

图 9-7 "选择-旋转轴"对话框

图 9-8 "动画控制选项"对话框

（5）单击"运动算例 1" MotionManager 工具栏上的"播放"按钮 ▶，视图中的实体绕 Z 轴逆时针旋转 10 秒，如图 9-9 所示是凸轮旋转到 5 秒时的效果。MotionManager 界面如图 9-10 所示。

图 9-9 动画

图 9-10 MotionManager 界面

9.2.3 实例——齿轮旋转

旋转零件或装配体。

操作步骤：

（1）打开源文件"齿轮"，如图 9-11 所示。

（2）单击"运动算例 1"中 MotionManager 工具栏上的"动画向导"按钮，弹出"选择动画类型"对话框，选中"旋转模型"单选按钮，单击"下一页"按钮。

图 9-11 齿轮零件

（3）弹出"选择-旋转轴"对话框，如图 9-12 所示，在对话框中选择旋转轴为"Y 轴"，设置"旋转次数"为 1，顺时针旋转，单击"下一页"按钮。

（4）弹出"动画控制选项"对话框，如图 9-13 所示。在对话框中设置"时间长度（秒）"为 10，"开始时间（秒）"为 0，单击"完成"按钮。

图 9-12 "选择-旋转轴"对话框

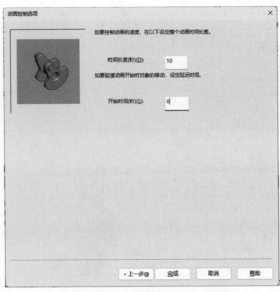

图 9-13 "动画控制选项"对话框

（5）单击 MotionManager 工具栏上的"播放"按钮 ▶，视图中的实体绕 Y 轴逆时针旋转 10 秒，如图 9-14 所示是齿轮旋转到 2 秒时的效果。MotionManager 界面如图 9-15 所示。

图 9-14 动画

图 9-15 MotionManager 界面

9.2.4 爆炸/解除爆炸

（1）打开源文件"同轴心"装配体，如图 9-16 所示。

（2）执行"爆炸视图"命令。选择菜单栏中的"插入"→"爆炸视图"命令，此时系统弹出如图 9-17 所示的"爆炸"属性管理器。

（3）设置属性管理器。在"添加阶梯"选项组的"爆炸步骤零部件"列表框中单击图 9-16 中的"同轴心 1"零件，此时装配体中被选中的零件被亮显，并且出现一个设置移动方向的坐标，如图 9-18 所示。

（4）设置爆炸方向。单击如图 9-18 所示坐标的某一方向，并在"爆炸距离"文本框中设置爆炸距离，如图 9-19 所示。

（5）单击"爆炸方向"前面的"反向"按钮，可以反方向调整爆炸视图。单击"添加阶梯"按钮，第一个零件爆炸完成，单击"确定"按钮 ✔，结果如图 9-20 所示。

同轴心 1

图 9-16 同轴心装配体

图 9-17 "爆炸" 属性管理器　图 9-18 移动方向的坐标　图 9-19 设置方向和距离　图 9-20 爆炸视图

（6）单击"运动算例 1" MotionManager 工具栏上的"动画向导"按钮，弹出"选择动画类型"对话框，如图 9-21 所示。

（7）选中"选择动画类型"对话框中的"爆炸"单选按钮，单击"下一页"按钮。

（8）弹出"动画控制选项"对话框，如图 9-22 所示。在对话框中设置"时间长度（秒）"为 10，"开始时间（秒）"为 0，单击"完成"按钮。

图 9-21 "选择动画类型"对话框

图 9-22 "动画控制选项"对话框

（9）单击"运动算例 1"MotionManager 工具栏上的"播放"按钮 ▶，视图中的"同轴心 1"零件沿 Z 轴正向运动，动画如图 9-23 所示，MotionManager 界面如图 9-24 所示。

图 9-23　动画

图 9-24　MotionManager 界面

（10）再次打开"选择动画类型"对话框并选中"解除爆炸"单选按钮。

（11）单击"运动算例 1"MotionManager 工具栏上的"播放"按钮 ▶，视图中的"同轴心 1"零件向 Z 轴负方向运动，动画如图 9-25 所示，MotionManager 界面如图 9-26 所示。

图 9-25　动画

图 9-26　MotionManager 界面

9.2.5　保存动画

将动画保存为 MP4 或其他文件类型。执行"保存动画"命令：单击 MotionManager 工具栏上的"保存动画"按钮，弹出"保存动画到文件"对话框，如图 9-27 所示。

图 9-27　"保存动画到文件"对话框

（1）保存类型包含 MP4 视频文件.mp4、一系列 Windows 位图.bmp、一系列 Truevision Targas.tag。其中一系列 Windows 位图.bmp 和一系列 Truevision Targas.tag 是静止图像系列。

（2）渲染器。

SOLIDWORKS 屏幕：制作荧屏动画的副本。

（3）图像大小与高宽比例。

☑ 固定高宽比例：在变更宽度或高度时，保留图像的原有比例。

☑ 使用相机高宽比例：在至少定义了一个相机时可用。

☑ 自定义高宽比例（宽度：高度）：选择或输入新的比例。调整此比例以在输出中使用不同的视野显示模型。

（4）画面信息。

☑ 每秒的画面：为每秒的画面输入数值。

☑ 整个动画：保存整个动画

☑ 时间范围：要保存部分动画，选择时间范围并输入开始和结束数值的秒数（如 3.5～15）。

9.2.6　实例——传动装配体分解结合动画

操作步骤：

（1）打开装配体文件。打开"传动装配体爆炸"装配体，如图 9-28 所示。

图 9-28　传动装配体爆炸

（2）解除爆炸。单击 ConfigurationManager 按钮，打开如图 9-29 所示的"配置"属性管理器，在爆炸视图处右击，弹出如图 9-30 所示的右键快捷菜单，选择"解除爆炸"命令，装配体恢复爆炸前状态，如图 9-31 所示。

图 9-29　"配置"属性管理器　　　图 9-30　右键快捷菜单

图 9-31　解除爆炸

（3）爆炸动画。

❶ 单击"运动算例 1"MotionManager 工具栏上的"动画向导"按钮，弹出"选择动画类型"对话框，如图 9-32 所示。

❷ 选中"选择动画类型"对话框中的"爆炸"单选按钮，单击"下一页"按钮。

❸ 弹出"动画控制选项"对话框，如图 9-33 所示。在对话框中设置"时间长度（秒）"为 15，"开始时间（秒）"为 0，单击"完成"按钮。

图 9-32　"选择动画类型"对话框　　　　　图 9-33　"动画控制选项"对话框

❹ 单击"运动算例 1"MotionManager 工具栏上的"播放"按钮，视图中的各个零件按照爆炸图的路径运动。在 6 秒处的动画如图 9-34 所示，MotionManager 界面如图 9-35 所示。

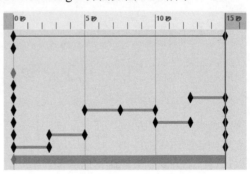

图 9-34　在 6 秒处的动画　　　　　　　图 9-35　MotionManager 界面

（4）结合动画。

❶ 单击"运动算例 1"MotionManager 工具栏上的"动画向导"按钮，弹出"选择动画类型"对话框，如图 9-36 所示。

❷ 选中"选择动画类型"对话框中的"解除爆炸"单选按钮，单击"下一页"按钮。

❸ 弹出"动画控制选项"对话框，如图 9-37 所示。在对话框中设置"时间长度（秒）"为 15，"开始时间（秒）"为 16，单击"完成"按钮。

图 9-36　"选择动画类型"对话框　　　　图 9-37　"动画控制选项"对话框

❹ 单击"运动算例 1"MotionManager 工具栏上的"播放"按钮▶，视图中的各个零件按照爆炸图的路径运动。在 21.5 秒处的动画如图 9-38 所示，MotionManager 界面如图 9-39 所示。

图 9-38　在 21.5 秒处的动画　　　　图 9-39　MotionManager 界面

9.3　动　画　进　阶

使用动画来生成使用插值以在装配体中指定零件点到点运动的简单动画。可使用动画将基于马达的动画应用到装配体零部件。

可以通过以下方式生成动画运动算例。

☑　通过拖动时间栏并移动零部件生成基本动画。

☑　使用动画向导生成动画或给现有运动算例添加旋转、爆炸或解除爆炸效果（在运动分析算例中无法使用）。

☑　生成基于相机的动画。

☑　使用马达或其他模拟单元驱动。

9.3.1　基于关键帧动画

沿时间线拖动时间栏到某一时间关键点，然后移动零部件到目标位置。MotionManager 将零部件从其初始位置移动到用户以特定时间指定的位置。

沿时间线移动时间栏为装配体位置中的下一更改定义时间。

在图形区域中将装配体零部件移动到对应于时间栏键码点处装配体的位置处。

9.3.2 实例——创建传动装配体的动画

操作步骤:

（1）打开源文件"传动装配体"，单击"视图（前导）"工具栏"视图定向"下拉列表中的"等轴测"按钮，将视图转换到等轴测视图，如图 9-40 所示。

（2）在"视向及相机视图"栏时间线 0 秒处右击，在弹出的快捷菜单中选择"替换键码"命令。

（3）将时间线拖动到 2 秒处，将视图旋转，如图 9-41 所示。

（4）在"视向及相机视图"栏时间线上右击，在弹出的快捷菜单中选择"放置键码"命令。

（5）单击 MotionManager 工具栏上的"播放"按钮▶，传动装配体动画如图 9-42 所示，MotionManager 界面如图 9-43 所示。

图 9-40 等轴测视图

图 9-41 旋转后的视图

图 9-42 动画中的传动装配体

（6）将时间线拖动到 4 秒处。

（7）在传动装配体 FeatureManager 设计树中删除重合配合，如图 9-44 所示。

（8）在视图中拖动带轮，使其沿 Z 轴移动，如图 9-45 所示，在"带轮"栏时间线上右击，在弹出的快捷菜单中选择"放置键码"命令。

图 9-43 MotionManager 界面 图 9-44 传动装配体 FeatureManager 设计树 图 9-45 移动带轮

（9）单击 MotionManager 工具栏上的"播放"按钮▶，传动装配体动画如图 9-46 所示，MotionManager 界面如图 9-47 所示。

图 9-46 动画中的带轮

图 9-47 MotionManager 界面

9.3.3 基于马达的动画

运动算例马达模拟作用于实体上的运动，似乎由马达所驱动。

下面介绍设置基于马达的动画的操作步骤。

（1）单击 MotionManager 工具栏上的"马达"按钮 ，弹出"马达"属性管理器，如图 9-48 所示。

（2）设置马达类型。在"马达类型"选项组中，选择旋转或者线性马达。

（3）选择零部件和方向。在"马达"属性管理器的"零部件/方向"选项组中选择要做动画的表面或零件，通过单击"反向"按钮 来调节旋转方向。

（4）选择运动类型。在"马达"属性管理器的"运动"选项组中，在"类型"下拉列表框中选择运动类型，包括等速、距离、振荡、线段、数据点和表达式。

☑ 等速：马达速度为常量。输入速度值。

☑ 距离：马达以设定的距离和时间帧运行。为位移、开始时间及持续时间输入值，如图 9-49 所示。

☑ 振荡：为振幅和频率输入值，如图 9-50 所示。

图 9-48 "马达"属性管理器

图 9-49 "距离"运动

图 9-50 "振荡"运动

☑ 线段：选定线段（位移、速度、加速度），为插值时间和数值设定值，线段"函数编制程序"
对话框如图 9-51 所示。

图 9-51 "线段"运动

☑ 数据点：输入表达数据（位移、时间、立方样条曲线），数据点"函数编制程序"对话框如
图 9-52 所示。

图 9-52 "数据点"运动

☑ 表达式：选取马达运动表达式所应用的变量（位移、速度、加速度），表达式"函数编制程序"对话框如图 9-53 所示。

图 9-53　"表达式"运动

（5）确认动画。单击"马达"属性管理器中的"确定"按钮✔，动画设置完毕。

9.3.4　实例——传动装配体动画

操作步骤：

1. 基于旋转马达动画

（1）打开源文件"传动装配体"，如图 9-54 所示。

（2）将时间线拖到 5 秒处。

（3）单击 MotionManager 工具栏上的"马达"按钮，弹出"马达"属性管理器。

（4）在"马达类型"选项组中选择"旋转马达"，在视图中选择带轮表面，设置旋转方向，如图 9-55 所示。

（5）在"运动"选项组中选择"等速"运动，单击"确定"按钮✔，完成马达的创建。

图 9-54　传动装配体

（6）单击 MotionManager 工具栏上的"播放"按钮▶，带轮通过键带动轴绕中心轴旋转，传动动画如图 9-56 所示，MotionManager 界面如图 9-57 所示。

2. 基于线性马达的动画

（1）新建运动算例，在传动装配体 FeatureManager 设计树上删除所有的配合，如图 9-58 所示。

（2）单击 MotionManager 工具栏上的"马达"按钮，弹出"马达"属性管理器。

（3）在"马达类型"选项组中选择"线性马达（驱动器）"，在视图中选择带轮上的边线，属性管理器和线性方向如图 9-59 所示。

图 9-56　传动动画

图 9-55　选择旋转方向

图 9-57　MotionManager 界面

图 9-58　FeatureManager 设计树

图 9-59　属性管理器和线性方向

（4）单击"马达"属性管理器中的"确定"按钮 ✓，完成马达的创建。

（5）单击 MotionManager 工具栏上的"播放"按钮 ▶，带轮沿 Z 轴移动，传动动画如图 9-60 所示，MotionManager 界面如图 9-61 所示。

图 9-60　传动动画

图 9-61　MotionManager 界面

（6）单击 MotionManager 工具栏上的"马达"按钮，弹出"马达"属性管理器。

（7）在"马达类型"选项组中选择"线性马达（驱动器）"，在视图中选择法兰盘上的边线，设置线性方向，如图 9-62 所示。

（8）在"运动"选项组中选择"距离"运动，设置距离为 100mm，起始时间为 0 秒，终止时间为 10 秒，如图 9-63 所示。

（9）单击"马达"属性管理器中的"确定"按钮，完成马达的创建。

（10）在 MotionManager 界面的时间栏上将总动画持续时间拉到 10 秒处，在线性马达 1 栏 5 秒时间栏键码处右击，在弹出的快捷菜单中选择"关闭"命令，关闭线性马达 1。在线性马达 2 栏将时间拉至 5 秒处。

（11）单击 MotionManager 工具栏上的"播放"按钮，带轮通过键带动轴绕 Z 轴旋转，传动动画如图 9-64 所示。

图 9-62　选择零件和方向

图 9-63　设置"运动"参数

图 9-64　传动动画

（12）传动动画的结果如图 9-65 所示，MotionManager 界面如图 9-66 所示。

图 9-65　动画结果

图 9-66　MotionManager 界面

9.3.5　基于相机橇的动画

通过生成一假零部件作为相机橇，然后将相机附加到相机橇上的草图实体来生成基于相机橇的动画，有以下几种。

（1）沿模型或通过模型移动相机。

（2）观看一个解除爆炸或爆炸的装配体。

（3）导览虚拟建筑。

（4）隐藏假零部件以只在动画过程中观看相机视图。

要使用假零部件生成相机橇动画，下面介绍操作步骤。

（1）创建一个相机橇。

（2）添加相机，将之附加到相机橇，然后定位相机橇。

（3）右击"视向及相机视图"图标（MotionManager 设计树），然后切换禁用观阅键码。

（4）在视图工具栏上单击适当的工具以在左边显示相机橇，在右侧显示装配体零部件。

（5）为动画中的每个时间点重复以下步骤以设定动画序列。

❶ 在时间线中拖动时间栏。

❷ 在图形区域中将相机橇拖到新位置。

（6）重复步骤（4）和步骤（5），直到完成相机橇的路径为止。

（7）在 FeatureManager 设计树中右击相机橇，在弹出的快捷菜单中选择"隐藏"命令。

（8）在第一个视向及相机视图键码点处（时间 00:00:00）右击时间线。

（9）选取视图方向和相机。

（10）单击 MotionManager 工具栏中的"从头播放"按钮▶。

下面介绍创建相机橇的操作步骤。

（1）生成一假零部件作为相机橇。

（2）打开一装配体并将相机橇（假零部件）插入装配体中。

（3）将相机橇远离模型定位，从而包容用户移动装配体时零部件的位置。

（4）在相机橇侧面和模型之间添加一平行配合。

（5）在相机橇正面和模型正面之间添加一平行配合。

（6）使用前视视图将相机橇相对于模型大致置中。

（7）保存此装配体。

下面介绍添加相机并定位相机橇的操作步骤。

（1）打开包括相机橇的装配体文档。

（2）单击"视图（前导）"工具栏"视图定向"下拉列表中的"前视"按钮🔲。

（3）在 MotionManager 设计树中右击"SOLIDWORKS 光源"按钮🖼️，在弹出的快捷菜单中选择"添加相机"命令。

（4）荧屏分割成视口，相机在 PropertyManager 中显示。

（5）在 PropertyManager 中，在目标点下选择目标。

（6）在图形区域中，选择一草图实体用来将目标点附加到相机橇。

（7）在 PropertyManager 中，在相机位置下单击选择的位置。

（8）在图形区域中，选择一草图实体用来指定相机位置。

（9）拖动视野以通过使用视口作为参考来进行拍照。

（10）在 PropertyManager 中，在相机旋转下单击，通过选择设定卷数。

（11）在图形区域中，选择一个面以在拖动相机橇来生成路径时防止相机滑动。

9.3.6　实例——传动装配体基于相机的动画

操作步骤：

1．创建相机橇

（1）在左侧的 FeatureManager 设计树中选择"上视基准面"作为绘制图形的基准面。

（2）选择菜单栏中的"工具"→"草图绘制实体"→"边角矩形"命令，以原点为一角点绘制一个边长为 60mm 的正方形，结果如图 9-67 所示。

（3）选择菜单栏中的"插入"→"凸台/基体"→"拉伸"命令，将步骤（2）中绘制的草图拉伸为"深度"为 10mm 的实体，结果如图 9-68 所示。

（4）单击"保存"按钮🖫，将文件保存为"相机橇.sldprt"。

图 9-67 绘制草图

图 9-68 拉伸实体

（5）打开"传动装配体"文件，调整视图方向，如图 9-69 所示。

（6）选择菜单栏中的"插入"→"零部件"→"现有零件/装配体"命令，或者单击"装配体"选项卡中的"插入零部件"按钮 。将步骤（1）～步骤（4）中创建的相机橇零件添加到传动装配文件中，如图 9-70 所示。

图 9-69 传动装配体

图 9-70 插入相机橇

（7）选择菜单栏中的"插入"→"配合"命令，或者单击"装配体"选项卡中的"配合"按钮 ，弹出"配合"属性管理器。将相机橇正面和传动装配体中的基座正面进行平行装配，如图 9-71 所示。

图 9-71 平行装配 1

（8）将相机撬侧面和传动装配体中的基座侧面进行平行装配，如图 9-72 所示。

图 9-72 平行装配 2

（9）单击"视图（前导）"工具栏"视图定向"下拉列表中的"前视"按钮，将视图切换到前视，将相机撬移动到如图 9-73 所示的位置。

（10）选择菜单栏中的"文件"→"另存为"命令，将传动装配体保存为"相机撬-传动装配.sldasm"。

2. 添加相机并定位相机撬

（1）右击 MotionManager 设计树中的"光源、相机与布景"按钮，在弹出的快捷菜单中选择"添加相机"命令，如图 9-74 所示。

图 9-73 前视图   图 9-74 添加相机

（2）弹出"相机"属性管理器，屏幕被分割成两个视口，如图 9-75 所示。

（3）在左边视口中选择相机撬的上表面前边线中点为目标点，如图 9-76 所示。

（4）选择相机撬的上表面后边线中点为相机位置，"相机"属性管理器和视图如图 9-77 所示。

图 9-75　相机视口

图 9-76　设置目标点

（5）拖动相机视野以通过使用视口作为参考来进行拍照，右视口中的图形如图 9-78 所示。

图 9-77　设置相机位置　　　　　　　　　　　图 9-78　相机定位

（6）在"相机"属性管理器中单击"确定"按钮✔，完成相机的定位。

3. 生成动画

（1）在"标准视图"工具栏上选择右视，在左边显示相机橇，在右侧显示传动装配体零部件，如图 9-79 所示。

图 9-79　右视图

（2）将时间栏放置在 6 秒处，将相机橇移动到如图 9-80 所示的位置。

（3）在 MotionManager 设计树的"视向及相机视图"图标上右击，在弹出的快捷菜单中选择"禁用观阅键码播放"命令，如图 9-81 所示。

（4）在 MotionManager 界面时间 6 秒内右击，在弹出的快捷菜单中选择"相机视图"命令，如图 9-82 所示，切换到相机视图。

图 9-80　移动相机橇　　　　　图 9-81　右键快捷菜单　　　　图 9-82　添加视图

（5）在 MotionManager 工具栏上单击"从头播放"按钮▶，动画如图 9-83 所示。MotionManager 界面如图 9-84 所示。

图 9-83　动画　　　　　　　图 9-84　MotionManager 界面

9.4　基　本　运　动

基本运动在计算运动时考虑到质量。基本运动计算相当快，所以可将之用来生成使用基于物理的模拟的演示性动画。

（1）在 MotionManager 工具栏中设置算例类型为"基本运动"。

（2）在 MotionManager 工具栏中选取工具以包括模拟单元，如马达、弹簧、接触及引力。

（3）设置好参数后，单击 MotionManager 工具栏中的"计算"按钮▦，以计算模拟。

（4）单击 MotionManager 工具栏中的"从头播放"按钮▐▶，从头播放模拟。

9.4.1　弹簧

弹簧为通过模拟各种弹簧类型的效果而绕装配体移动零部件的模拟单元。

（1）打开源文件"同轴心"装配体，单击 MotionManager 工具栏中的"弹簧"按钮▤，弹出"弹簧"属性管理器。

（2）在"弹簧"属性管理器中选择"线性弹簧"类型，在视图中选择要添加弹簧的两个面，如图 9-85 所示。

（3）在"弹簧"属性管理器中设置其他参数，单击"确定"按钮✔，完成弹簧的创建。

（4）单击 MotionManager 工具栏中的"计算"按钮▦，计算模拟。单击"从头播放"按钮▐▶，动画如图 9-86 所示，MotionManager 界面如图 9-87 所示。

图 9-86　动画

图 9-85　选择放置弹簧面

图 9-87　MotionManager 界面

9.4.2　引力

引力（仅限基本运动和运动分析）为一通过插入模拟引力而绕装配体移动零部件的模拟单元。下面介绍该方式的操作步骤。

（1）打开源文件"同轴心"装配体，单击 MotionManager 工具栏中的"引力"按钮▯，弹出"引力"属性管理器。

（2）在"引力"属性管理器中选中"Z"单选按钮，单击"反向"按钮↗，调节方向，也可以在视图中选择线或者面作为引力参考，如图 9-88 所示。

（3）在"引力"属性管理器中设置其他参数，单击"确定"按钮✔，完成引力的创建。

（4）单击 MotionManager 工具栏中的"计算"按钮▦，计算

图 9-88　"引力"属性管理器

模拟。单击"从头播放"按钮▐▶，动画如图 9-89 所示，MotionManager 界面如图 9-90 所示。

图 9-89　动画

图 9-90　MotionManager 界面

9.5　更改视象属性

在动画过程中的任意点更改视象属性。例如，当零部件开始移动时，可以将视图从上色改为线架图。还可以更改视象属性时间而不必移动动画零部件。可以更改单个或多个零部件的显示，并在相同或不同的装配体零部件中组合不同的显示选项。设置完成后单击 MotionManager 工具栏上的"计算"或"从头播放"按钮时，这些部件的视象属性将会随着动画的进程而变化。

9.6　综合实例——差动机构运动模拟

操作步骤：

1. 创建上锥齿轮转动

（1）打开源文件"差动机构装配体"，如图 9-91 所示。

（2）单击 MotionManager 工具栏上的"马达"按钮 ，弹出"马达"属性管理器。

（3）在"马达类型"选项组中选择"旋转马达"类型，在视图中选择上锥齿轮，属性管理器和旋转方向设置如图 9-92 所示。

图 9-91　差动机构装配体

图 9-92　"马达"属性管理器

（4）在"马达"属性管理器中选择"等速"运动，设置转速为2RPM，单击"确定"按钮✔，完成马达的创建。

（5）单击 MotionManager 工具栏上的"播放"按钮▶，上锥齿轮绕 Y 轴旋转，传动动画如图 9-93 所示，MotionManager 界面如图 9-94 所示。

图 9-93　传动动画　　　　　　　　　　图 9-94　MotionManager 界面

2. 创建卫星齿轮公转

（1）单击 MotionManager 工具栏上的"马达"按钮🔧，弹出"马达"属性管理器。

（2）在"马达类型"选项组中选择"旋转马达"类型，在视图中选择定向筒，属性管理器和旋转方向设置如图 9-95 所示。

（3）在"马达"属性管理器中选择"等速"运动，设置转速为1RPM，单击"确定"按钮✔，完成马达的创建。

（4）单击 MotionManager 工具栏上的"计算"按钮🖩，定向筒绕 Y 轴旋转，传动动画如图 9-96 所示，MotionManager 界面如图 9-97 所示。

图 9-95　"马达"属性管理器　　　　　　　图 9-96　传动动画

图 9-97 MotionManager 界面

3. 创建卫星齿轮自转

（1）将时间轴放到 1 秒处，拖动卫星齿轮绕自身中心轴旋转一个齿，如图 9-98 所示。MotionManager 界面如图 9-99 所示。

图 9-98 传动动画　　　　　　　　　　　图 9-99 MotionManager 界面

（2）单击 MotionManager 工具栏上的"计算"按钮![icon]，拖动卫星齿轮绕自身中心轴旋转一个齿。

（3）重复步骤（1）和步骤（2），创建卫星齿轮在 5 秒内的自转，如图 9-100 所示。MotionManager 界面如图 9-101 所示。

图 9-100 传动动画　　　　　　　　　　图 9-101 MotionManager 界面

4. 更改时间点

在 MotionManager 界面中的"差动机构"栏上 5 秒处右击，弹出如图 9-102 所示的快捷菜单，选择"编辑关键点时间"命令，弹出"编辑时间"对话框，输入时间为 60 秒，如图 9-103 所示。单击"确定"按钮![icon]，完成时间点的编辑，如图 9-104 所示。

5. 创建卫星齿轮自转

重复步骤 3，继续创建卫星齿轮自转的其他帧，完成卫星齿轮在下锥形齿轮上公转一周，并自转。

6. 设置差动机构的视图方向

为了更好地观察齿轮一周的转动，下面将视图转换到其他方向。

图 9-102　右键快捷菜单　　　　　　　　　　　图 9-103　"编辑时时"对话框

（1）将时间轴拖到时间栏上某一位置，将视图调到合适的位置，在"视向及相机视图"选项组与时间轴的交点处单击，弹出如图 9-105 所示的快捷菜单，选择"放置键码"命令。

图 9-104　编辑时间点　　　　　　　　　　　　图 9-105　快捷菜单

（2）重复步骤（1），在其他时间放置视图键码。

（3）为了保证视图在某一时间段是不变的，可以将前一个时间键码复制，并粘贴到视图变化前的某一个时间点。

7．保存动画

（1）单击"运动算例 1"MotionManager 工具栏上的"动画向导"按钮，弹出"保存动画到文件"对话框，如图 9-106 所示。

图 9-106　"保存动画到文件"对话框

（2）设置保存路径，输入文件名为"差动机构装配体"。在"画面信息"选项组中选择"整个动画"选项。

（3）在"图像大小与高宽比例"选项组中设置宽度为 800，高度为 600，单击"保存"按钮。

（4）弹出"视频压缩"对话框，如图 9-107 所示。在"压缩程序"下拉列表框中选择"Microsoft Video 1"，拖动"压缩质量"下的滑动块，设置"压缩质量"为 85，输入帧为 8，单击"确定"按钮，生成动画。

图 9-107　"视频压缩"对话框

9.7　实践与操作

9.7.1　创建动画

本实践将创建如图 9-108 所示的制动器装配体的动画。

图 9-108　制动器装配体

操作提示：

（1）打开装配体文件，打开"运动算例 1"标签，单击"马达"按钮，选择"旋转马达"类型，马达位置选择"臂"的表面。单击"反向"按钮，设置马达属性为"等速"运动，速度为 100RPM，单击"确定"按钮。

（2）单击"播放"按钮 ▶，创建动画流程如图 9-109 所示。

图 9-109　创建动画流程图

9.7.2　创建线性马达的制动器装配体动画

本实践将创建如图 9-108 中制动器装配体的线性马达的动画。

操作提示：

（1）沿用上例中的装配体，单击"马达"按钮，选择"线性马达（驱动器）"类型，选择"臂"的边线。设置马达属性为"等速"运动，速度为 30mm/s，单击"确定"按钮✔。

（2）再次单击"马达"按钮，选择"线性马达（驱动器）"类型，选择"键"相应的面，设置马达属性为"距离"运动，设置距离为 250mm，开始时间为 5 秒，持续时间为 10 秒，单击"确定"按钮✔。

（3）在 MotionManager 界面的时间栏上将总动画持续时间拉到 10 秒处，在线性马达 1 更改栏 5 秒时间栏键码处右击，在弹出的快捷菜单中选择"关闭"命令，关闭线性马达 1。单击"播放"按钮，创建流程如图 9-110 所示。

图 9-110　创建线性马达运动流程图

第10章

工程图设计

SOLIDWORKS 提供了生成完整的详细工程图的工具。同时工程图是全相关的，当修改图纸时，三维模型、各个视图、装配体都会自动更新，也可从三维模型中自动产生工程图，包括视图、尺寸和标注。

- ☑ 工程图的绘制方法
- ☑ 定义图纸格式
- ☑ 标准三视图的绘制
- ☑ 模型视图的绘制
- ☑ 绘制视图

- ☑ 编辑工程视图
- ☑ 视图显示控制
- ☑ 标注尺寸
- ☑ 打印工程图

任务驱动&项目案例

10.1　工程图的绘制方法

默认情况下，SOLIDWORKS 系统在工程图和零件或装配体三维模型之间提供全相关的功能，全相关意味着无论什么时候修改零件或装配体的三维模型，所有相关的工程视图将自动更新，以反映零件或装配体的形状和尺寸变化；反之，当在一个工程图中修改一个零件或装配体尺寸时，系统也自动将相关的其他工程视图及三维零件或装配体中的相应尺寸加以更新。

在安装 SOLIDWORKS 软件时，可以设定工程图与三维模型之间的单向链接关系，这样当在工程图中对尺寸进行修改时，三维模型并不更新。如果要改变此选项，只有再重新安装一次软件。

此外，SOLIDWORKS 系统提供多种类型的图形文件输出格式，包括最常用的 DWG 和 DXF 格式以及其他几种常用的标准格式。

工程图包含一个或多个由零件或装配体生成的视图。在生成工程图之前，必须先保存与其有关的零件或装配体的三维模型。

下面介绍创建工程图的操作步骤。

（1）单击"快速访问"工具栏中的"新建"按钮 ，或者选择菜单栏中的"文件"→"新建"命令。

（2）在弹出的"新建 SOLIDWORKS 文件"对话框中单击"工程图"按钮，如图 10-1 所示。

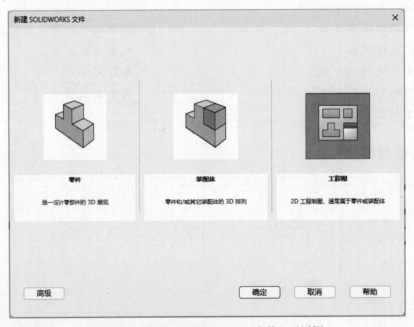

图 10-1　"新建 SOLIDWORKS 文件"对话框

（3）单击"确定"按钮，关闭该对话框。

（4）在弹出的"图纸格式/大小"对话框中选择图纸格式，如图 10-2 所示。

☑　标准图纸大小：在列表框中选择一个标准图纸大小的图纸格式。

☑　自定义图纸大小：在"宽度"和"高度"文本框中设置图纸的大小。

☑　如果要选择已有的图纸格式，则单击"浏览"按钮并选择所需的图纸格式文件。

图 10-2　"图纸格式/大小"对话框

（5）在"图纸格式/大小"对话框中单击"确定"按钮，进入工程图编辑状态。

工程图窗口中也包括 FeatureManager 设计树，它与零件和装配体窗口中的 FeatureManager 设计树相似，包括项目层次关系的清单。每张图纸下有图纸格式和每个视图的图标。项目图标旁边的符号 ▶ 表示它包含相关的项目，单击它将展开所有的项目并显示其内容。工程图窗口如图 10-3 所示。

图 10-3　工程图窗口

标准视图包含视图中显示的零件和装配体的特征清单。派生的视图（如局部或剖面视图）包含不同的特定视图项目（如局部视图图标、剖切线等）。

工程图窗口的四周有标尺，标尺会报告图纸中光标的位置。选择菜单栏中的"视图"→"用户界面"→"标尺"命令，可以打开或关闭标尺。

如果要放大视图，右击 FeatureManager 设计树中的视图名称，在弹出的快捷菜单中选择"放大所选范围"命令。

用户可以在 FeatureManager 设计树中重新排列工程图文件的顺序，在图形区拖动工程图到指定的位置。

工程图文件的扩展名为".slddrw"。新工程图使用所插入的第一个模型的名称自动命名。保存工程图时，模型名称作为默认文件名出现在"另存为"对话框中，并带有扩展名".slddrw"。

10.2　定义图纸格式

SOLIDWORKS 提供的图纸格式不符合任何标准，用户可以自定义工程图纸格式以符合本单位的标准格式。

1. 定义图纸格式

下面介绍定义工程图纸格式的操作步骤。

（1）右击工程图纸上的空白区域，或者右击 FeatureManager 设计树中的"图纸格式 1"按钮。

（2）在弹出的快捷菜单中选择"编辑图纸格式"命令。

（3）双击标题栏中的文字，即可修改文字。同时在"注释"属性管理器的"文字格式"选项组中可以修改对齐方式、文字旋转角度和字体等属性，如图 10-4 所示。

图 10-4　"注释"属性管理器

（4）如果要移动线条或文字，单击该项目后将其拖动到新的位置。

（5）如果要添加线条，则单击"草图"选项卡中的"直线"按钮，然后绘制线条。

（6）在 FeatureManager 设计树中右击"图纸"按钮，在弹出的快捷菜单中选择"属性"命令。

（7）系统弹出"图纸属性"对话框，如图 10-5 所示，具体设置如下。

图 10-5　"图纸属性"对话框

❶ 在"名称"文本框中输入图纸的标题。

❷ 在"比例"文本框中指定图纸上所有视图的默认比例。

❸ 在"标准图纸大小"列表框中选择一种标准纸张（如 A4、B5 等）。如果选中"自定义图纸大小"单选按钮，则在下面的"宽度"和"高度"文本框中指定纸张的大小。

❹ 单击"浏览"按钮，可以使用其他图纸格式。

❺ 在"投影类型"选项组中选中"第一视角"或"第三视角"单选按钮。

❻ 在"下一视图标号"文本框中指定下一个视图要使用的英文字母代号。

❼ 在"下一基准标号"文本框中指定下一个基准标号要使用的英文字母代号。

❽ 如果图纸上显示了多个三维模型文件，在"使用模型中此处显示的自定义属性值"下拉列表框中选择一个视图，工程图将使用该视图包含模型的自定义属性。

（8）单击"应用更改"按钮，关闭"图纸属性"对话框。

2．保存图纸格式

下面介绍保存图纸格式的操作步骤。

（1）选择菜单栏中的"文件"→"保存图纸格式"命令，系统弹出"保存图纸格式"对话框。

（2）如果要替换 SOLIDWORKS 提供的标准图纸格式，则在下拉列表框中选择一种图纸格式。单击"保存"按钮，图纸格式将被保存在"安装目录\data"下。

（3）如果要使用新的图纸格式，可以输入图纸格式名称，最后单击"保存"按钮。

10.3　标准三视图的绘制

在创建工程图前，应根据零件的三维模型考虑和规划零件视图，如工程图由几个视图组成、是否需要剖视图等。考虑清楚后，再进行零件视图的创建工作，否则如同用手工绘图一样，可能创建的视图不能很好地表达零件的空间关系，给其他用户的识图、看图造成困难。

标准三视图是指从三维模型的主视、左视、俯视 3 个正交角度投影生成 3 个正交视图，如图 10-6 所示。

主（前视）视图

左（侧视）视图

俯（上视）视图

（a）零件　　　　　　　　　　　　　　　（b）标准三视图

图 10-6　绘制标准三视图

在标准三视图中，主视图与俯视图及侧视图有固定的对齐关系。俯视图可以竖直移动，侧视图可以水平移动。SOLIDWORKS 生成标准三视图的方法有多种，这里只介绍常用的两种。

10.3.1　用标准方法生成标准三视图

下面介绍用标准方法生成标准三视图的操作步骤。

（1）新建一张工程图。

（2）单击"工程图"选项卡中的"标准三视图"按钮，或者选择菜单栏中的"插入"→"工程图视图"→"标准三视图"命令，此时光标变为形状。

（3）"标准视图"属性管理器提供了 3 种选择模型的方法。

☑　选择一个包含模型的视图。

☑　从另一窗口的 FeatureManager 设计树中选择模型。

☑　从另一窗口的图形区中选择模型。

（4）选择菜单栏中的"窗口"→"文件"命令，进入零件或装配体文件中。

（5）利用步骤（3）中的一种方法选择模型，系统会自动回到工程图文件中，并将三视图放置在工程图中。

如果不打开零件或装配体模型文件，用标准方法生成标准三视图的操作步骤如下。

（1）新建一张工程图。

（2）单击"工程图"选项卡中的"标准三视图"按钮，或者选择菜单栏中的"插入"→"工程图视图"→"标准三视图"命令。

（3）在弹出的"标准三视图"属性管理器中单击"浏览"按钮。

（4）在弹出的"打开"对话框中选择所需的模型文件，单击"打开"按钮，标准三视图便会放置在图形区中。

10.3.2　利用拖动的方法生成标准三视图

利用拖动的方法生成标准三视图的操作步骤如下。

（1）新建一张工程图。

（2）执行以下操作之一。

☑　将零件或装配体文档从"文件探索器"拖放到工程图窗口中。

☑　将打开的零件或装配体文件的名称从 FeatureManager 设计树顶部拖放到工程图窗口中。

（3）将视图添加到工程图上。

10.4　模型视图的绘制

标准三视图是最基本也是最常用的工程图，但是它所提供的视角十分固定，有时不能很好地描述模型的实际情况。SOLIDWORKS 提供的模型视图解决了这个问题。通过在标准三视图中插入模型视图，可以从不同的角度生成工程图。

下面介绍插入模型视图的操作步骤。

（1）单击"工程图"选项卡中的"模型视图"按钮，或者选择菜单栏中的"插入"→"工程图视图"→"模型视图"命令。

（2）和生成标准三视图中选择模型的方法一样，在零件或装配体文件中选择一个模型［文件实体如图 10-6（a）所示］。

（3）当回到工程图文件中时，光标变为形状，用光标拖动一个视图方框表示模型视图的大小。

（4）在"模型视图"属性管理器的"方向"选项组中选择视图的投影方向。

（5）在工程图窗口中单击以放置模型视图，如图 10-7 所示。

（6）如果要更改模型视图的投影方向，则单击"方向"选项组中的视图方向。

（7）如果要更改模型视图的显示比例，则选中"使用自定义比例"单选按钮，然后输入显示比例。

（8）单击"确定"按钮，完成模型视图的插入。

图 10-7　放置模型视图

10.5　绘　制　视　图

10.5.1　剖面视图

剖面视图是指用一条剖切线分割工程图中的一个视图，然后从垂直于剖面方向投影得到的视图，如图 10-8 所示。

下面介绍绘制剖面视图的操作步骤。

打开源文件"剖面视图"，如图 10-6（b）所示。

（1）单击"工程图"选项卡中的"剖面视图"按钮 ，或者选择菜单栏中的"插入"→"工程图视图"→"剖面视图"命令。

（2）系统弹出"剖面视图辅助"属性管理器，如图 10-9（a）所示，在"切割线"选项组中选择切割线类型，在工程图上的适当位置放置切割线，单击"确定"按钮 。放置完剖切线之后，系统会在垂直于剖切线的方向出现一个方框，表示剖切视图的大小。拖动这个方框到适当的位置，则剖切视图被放置在工程图中。

（3）在"剖面视图"属性管理器中设置相关选项，如图 10-9（b）所示。

❶ 如果单击"反转方向"按钮 反转方向(L) ，则会反转剖切的方向。

图 10-8　剖面视图举例

❷ 在"标号"文本框 中指定与剖面线或剖面视图相关的字母。

❸ 如果剖面线没有完全穿过视图，选中"部分剖面"复选框将会生成局部剖面视图。

❹ 如果选中"横截剖面"复选框，则只有被剖面线切除的曲面才会出现在剖面视图上。

❺ 如果选中"使用自定义比例"单选按钮，则定义剖面视图在工程图纸中的显示比例。

（4）单击"确定"按钮 ✔，完成剖面视图的插入，如图 10-9（c）所示。

（a）"剖面视图辅助"属性管理器　　（b）"剖面视图"属性管理器　　　（c）剖面视图效果

图 10-9　绘制剖面视图

新剖面是由原实体模型计算得来的，如果模型更改，此视图将随之更新。

10.5.2　对齐剖视图

对齐剖视图中的剖切线是由两条具有一定角度的线段组成的。系统从垂直于剖切方向投影生成剖面视图，如图 10-10 所示。

（a）实体　　　　（b）投影视图

图 10-10　对齐剖视图举例

下面介绍生成对齐剖切视图的操作步骤。

（1）打开源文件"对齐剖视图"，如图 10-10（a）所示。

（2）单击"工程图"选项卡中的"剖面视图"按钮♿，或者选择菜单栏中的"插入"→"工程图视图"→"剖面视图"命令。

（3）系统会在垂直第一条剖切线段的方向出现一个方框，表示剖切视图的大小，拖动这个方框到适当的位置，则对齐剖切视图被放置在工程图中。

（4）在"剖面视图"属性管理器中设置相关选项，如图 10-11（a）所示。

❶ 如果单击"反转方向"按钮，则会反转剖切的方向。

❷ 如果选中"随模型缩放比例"复选框，则剖面视图上的剖面线将会随着模型尺寸比例的改变而改变。

❸ 在"标号"文本框⚲中指定与剖面线或剖面视图相关的字母。

❹ 如果剖面线没有完全穿过视图，选中"部分剖面"复选框将会生成局部剖面视图。

❺ 如果选中"横截剖面"复选框，则只有被剖面线切除的曲面才会出现在剖面视图上。

❻ 选中"使用自定义比例"单选按钮后，用户可以自定义剖面视图在工程图纸中的显示比例。

（5）单击"确定"按钮✔，完成对齐剖面视图的插入，如图 10-11（b）所示。

（a）"剖面视图"属性管理器

（b）对齐剖面视图

图 10-11　绘制对齐剖面视图

10.5.3 投影视图

投影视图是通过从正交方向对现有视图投影生成的视图，如图 10-12 所示。

图 10-12 投影视图

下面介绍生成投影视图的操作步骤。

（1）打开源文件"投影视图"，在工程图中选择一个要投影的工程视图（打开的工程图如图 10-12 所示）。

（2）单击"工程图"选项卡中的"投影视图"按钮晶，或者选择菜单栏中的"插入"→"工程图视图"→"投影视图"命令。

（3）系统将根据光标所在位置决定投影方向。可以从所选视图的上、下、左、右 4 个方向生成投影视图。

（4）系统会在投影方向出现一个方框，表示投影视图的大小，拖动这个方框到适当的位置，则投影视图被放置在工程图中。

（5）单击"确定"按钮✔，生成投影视图。

10.5.4 辅助视图

辅助视图类似于投影视图，其投影方向垂直于所选视图的参考边线，如图 10-13 所示。

图 10-13 辅助视图举例

下面介绍插入辅助视图的操作步骤。

（1）打开源文件"辅助视图"，如图 10-13 所示。

（2）单击"工程图"选项卡中的"辅助视图"按钮✧，或者选择菜单栏中的"插入"→"工程

Note

图视图"→"辅助视图"命令。

（3）选择要生成辅助视图的工程视图中的一条直线作为参考边线，参考边线可以是零件的边线、侧影轮廓线、轴线或所绘制的直线。

（4）系统会在与参考边线垂直的方向出现一个方框，表示辅助视图的大小，拖动这个方框到适当的位置，则辅助视图被放置在工程图中。

（5）在"辅助视图"属性管理器中设置相关选项，如图10-14（a）所示。

❶ 在"标号"文本框中指定与剖面线或剖面视图相关的字母。

❷ 如果选中"反转方向"复选框，则会反转切除的方向。

（6）单击"确定"按钮 ✔，生成辅助视图，如图10-14（b）所示。

（a）"辅助视图"属性管理器　　　　　　　（b）辅助视图

图10-14　绘制辅助视图

10.5.5　局部视图

可以在工程图中生成一个局部视图来放大显示视图中的某个部分，如图10-15所示。局部视图可以是正交视图、三维视图或剖面视图。

下面介绍绘制局部视图的操作步骤。

（1）打开源文件"局部视图"，如图10-15（a）所示。

（2）单击"工程图"选项卡中的"局部视图"按钮 🅐，或者选择菜单栏中的"插入"→"工程图视图"→"局部视图"命令。

（3）此时，"草图"选项卡中的"圆"按钮 ⊙ 被激活，利用它在要放大的区域绘制一个圆。

（4）系统会弹出一个方框，表示局部视图的大小，拖动这个方框到适当的位置，则局部视图被放置在工程图中。生成的局部视图如图10-15（b）所示。

（a）工程图　　　　　　　　　　　（b）局部视图

图 10-15　局部视图举例

（5）在"局部视图"属性管理器中设置相关选项，如图 10-16（a）所示。

☑　"样式"下拉列表框**C A**：在此下拉列表框中选择局部视图图标的样式，有"依照标准""中断圆形""带引线""无引线""相连" 5 种样式。

☑　"名称"文本框**C A**：在文本框中输入与局部视图相关的字母。

☑　"完整外形"复选框：如果在"局部视图"选项组中选中此复选框，则系统会显示局部视图中的轮廓外形。

☑　"钉住位置"复选框：如果在"局部视图"选项组中选中此复选框，在改变派生局部视图的视图大小时，局部视图将不会改变大小。

☑　"缩放剖面线图样比例"复选框：如果在"局部视图"选项组中选中此复选框，将根据局部视图的比例来缩放剖面线图样的比例。

（6）单击"确定"按钮 ✔ ，生成局部视图，如图 10-16（b）所示。

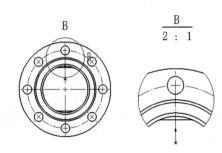

（a）"局部视图"属性管理器　　　　　　　（b）局部视图

图 10-16　绘制局部视图

此外，局部视图中的放大区域还可以是其他任何的闭合图形。其方法是首先绘制用来作放大区域的闭合图形，然后单击"局部视图"按钮，其余的步骤相同。

10.5.6　断裂视图

工程图中有一些截面相同的长杆件（如长轴、螺纹杆等），这些零件在某个方向的尺寸比其他方向的尺寸大很多，而且截面没有变化。因此可以利用断裂视图将零件用较大比例显示在工程图上，如图 10-17 所示。

下面介绍绘制断裂视图的操作步骤。

（1）打开源文件"断裂视图"，如图 10-17（a）所示。

（2）选择菜单栏中的"插入"→"工程图视图"→"断裂视图"命令，此时折断线出现在视图中。可以添加多组折断线到一个视图中，但所有折断线必须为同一个方向。

（3）将折断线拖动到希望生成断裂视图的位置。

（4）在视图边界内部右击，在弹出的快捷菜单中选择"断裂视图"命令，生成断裂视图，如图 10-17（b）所示。

（a）原工程图　　　　　　　　　　　　　（b）断裂视图

图 10-17　绘制断裂视图

此时，折断线之间的工程图都被删除，折断线之间的尺寸变为悬空状态。如果要修改折断线的形状，则右击折断线，在弹出的快捷菜单中选择一种折断线样式（直线、曲线、锯齿线和小锯齿线）即可。

10.5.7　实例——基座模型视图

基座零件模型如图 10-18 所示。

图 10-18　机械臂基座

本例将通过如图 10-18 所示机械臂基座模型介绍基座零件图到工程图的转换及工程图的创建，熟悉绘制工程图的步骤与方法，流程图如图 10-19 所示。

图 10-19　流程图

操作步骤：

（1）进入 SOLIDWORKS 2024，选择菜单栏中的"文件"→"新建"命令或单击"快速访问"工具栏中的"新建"按钮🗋，在弹出的"新建 SOLIDWORKS 文件"对话框中单击"工程图"按钮，新建工程图文件，如图 10-20 所示。

图 10-20　"新建 SOLIDWORKS 文件"对话框

（2）单击"工程图"选项卡中的"模型视图"按钮，或者选择菜单栏中的"插入"→"工程图视图"→"模型视图"命令。此时在图形编辑窗口左侧会出现如图 10-21 所示的"模型视图"属性管理器，单击"浏览"按钮 ，在弹出的"打开"对话框中选择需要转换成工程视图的零件"基座"，单击"打开"按钮，在图形编辑窗口出现矩形框，如图 10-22 所示，打开左侧"模型视图"属性管理器中的"方向"选项组，选择视图方向为"前视"，如图 10-23 所示，并在图纸中合适的位置放置视图，如图 10-24 所示。

图 10-21 "模型视图" 图 10-22 矩形 图 10-23 设置"前视" 图 10-24 视图模型
属性管理器 图框 方向

（3）选择菜单栏中的"插入"→"工程图视图"→"剖面视图"命令，或者单击"工程图"选项卡中的"剖面视图"按钮，会出现"剖面视图辅助"属性管理器，如图 10-25 所示，选择"切割线"选项组中的"对齐"剖切线，在工程图中的适当位置放置剖切线，系统会在垂直第一条剖切线段的方向出现一个方框，表示剖切视图的大小，拖动这个方框到适当的位置，则对齐剖切视图被放置在工程图中。在属性管理器中设置各参数，在"标号"文本框中输入剖面号"A"，取消选中"文档字体"复选框，如图 10-26 所示，单击"字体"按钮 ，弹出"选择字体"对话框，设置"高度"值，如图 10-27 所示，单击"确定"按钮。单击属性管理器中的"确定"按钮，这时会在视图中显示剖面图，如图 10-28 所示。

（4）依次在"工程图"选项卡中单击"投影视图"和"辅助视图"按钮，在绘图区放置对应视图，得到的结果如图 10-29 所示。

图 10-25　"剖面视图辅助"属性管理器

图 10-26　"剖面视图 A-A"属性管理器

图 10-27　"选择字体"对话框

图 10-28　创建旋转剖视图

（a）投影视图

（b）辅助视图

图 10-29　生成视图

Note

10.6 编辑工程视图

在 10.5 节的派生视图中，许多视图的生成位置和角度都受到其他条件的限制，如辅助视图的位置与参考边线相垂直。有时用户需要自己任意调节视图的位置和角度以及显示和隐藏状态，SOLIDWORKS 提供了这项功能。此外，SOLIDWORKS 还可以更改工程图中的线型、线条颜色等。

10.6.1 移动视图

光标移到视图边界上时变为 形状，表示可以拖动该视图。如果移动的视图与其他视图没有对齐或约束关系，可以拖动到任意的位置。

如果视图与其他视图之间有对齐或约束关系，若要任意移动视图，其操作步骤如下。

（1）单击要移动的视图。

（2）选择菜单栏中的"工具"→"对齐工程图视图"→"解除对齐关系"命令。

（3）单击该视图，即可将其拖动到任意的位置。

10.6.2 旋转视图

SOLIDWORKS 提供了两种旋转视图的方法，一种是绕所选边线旋转视图，另一种是绕视图中心点以任意角度旋转视图。

1. 绕边线旋转视图

具体操作步骤如下。

（1）打开源文件"旋转视图"，在工程图中选择一条直线。

（2）选择菜单栏中的"工具"→"对齐工程图视图"→"水平边线"或"竖直边线"命令。

（3）此时视图会旋转，直到所选边线为水平或竖直状态，如图 10-30 所示。

2. 绕中心点旋转视图

具体操作步骤如下。

（1）选择要旋转的工程视图。

（2）右击，在弹出的快捷菜单中选择"旋转视图"命令或按住鼠标中键，在绘图区出现 按钮，系统弹出"旋转工程视图"对话框，如图 10-31 所示。

图 10-30 旋转视图

图 10-31 "旋转工程视图"对话框

（3）使用以下方法旋转视图。

☑ 在"旋转工程视图"对话框的"工程视图角度"文本框中输入旋转的角度。

☑ 使用鼠标直接旋转视图。

（4）如果在"旋转工程视图"对话框中选中"相关视图反映新的方向"复选框，则与该视图相关的视图将随着该视图的旋转做相应的旋转。

（5）如果选中"随视图旋转中心符号线"复选框，则中心符号线将随视图一起旋转。

10.7　视图显示控制

10.7.1　显示和隐藏

在编辑工程图时，可以使用"隐藏"命令来隐藏一个视图。隐藏视图后，可以使用"显示"命令再次显示此视图。

下面介绍隐藏和显示视图的操作步骤。

（1）在 FeatureManager 设计树或图形区中右击要隐藏的视图。

（2）在弹出的快捷菜单中选择"隐藏"命令，此时视图被隐藏起来。当光标移动到该视图的位置时，将只显示该视图的边界。

（3）如果要查看工程图中隐藏视图的位置，但不显示它们，则选择菜单栏中的"视图"→"隐藏/显示"→"被隐藏视图"命令，此时被隐藏的视图将显示如图 10-32 所示的形状。

（4）如果要再次显示被隐藏的视图，则右击被隐藏的视图，在弹出的快捷菜单中选择"显示"命令。

图 10-32　被隐藏的视图

10.7.2　更改零部件的线型

在装配体中为了区别不同的零件，可以改变每一个零件边线的线型。

下面介绍改变零件边线线型的操作步骤。

（1）在工程视图中右击要改变线型的视图。

（2）在弹出的快捷菜单中选择"零部件线型"命令，系统弹出"零部件线型"对话框，如图 10-33所示。

图 10-33　"零部件线型"对话框

（3）取消选中"使用文档默认值"复选框。

（4）在左侧的边线类型列表中选择一个边线样式。

（5）在对应的"线条样式"和"线粗"下拉列表框中选择线条样式和线条粗细。

（6）重复步骤（4）和步骤（5），直到为所有边线类型设定线型。

（7）如果选中"从选择"单选按钮，则会将此边线类型设定应用到该零件视图和其从属视图中。

（8）如果选中"所有视图"单选按钮，则将此边线类型设定应用到该零件的所有视图。

（9）如果零件在图层中，可以从"图层"下拉列表框中改变零件边线的图层。

（10）单击"确定"按钮，关闭对话框，应用边线类型。

10.7.3 图层

图层是一种管理素材的方法，可以将图层看作重叠在一起的透明塑料纸，假如某一图层上没有任何可视元素，就可以透过该层看到下一层的图像。用户可以在每个图层上生成新的实体，然后指定实体的颜色、线条粗细和线型。还可以将标注尺寸、注解等项目放置在单一图层上，避免它们与工程图实体之间的干涉。SOLIDWORKS 还可以隐藏图层，或将实体从一个图层移动到另一图层。

下面介绍建立图层的操作步骤。

（1）选择菜单栏中的"视图"→"工具栏"→"图层"命令，打开"图层"工具栏，如图 10-34 所示。

（2）单击"图层属性"按钮 ，打开"图层"对话框。

（3）在"图层"对话框中单击"新建"按钮，则在对话框中建立一 图 10-34 "图层"工具栏

个新的图层，如图 10-35 所示。

（4）在"名称"选项中指定图层的名称。

（5）双击"说明"选项，然后输入该图层的说明文字。

（6）在"开关"选项中有一个眼睛图标，若要隐藏该图层，则双击该图标，眼睛图标变为灰色，图层上的所有实体都被隐藏起来。要重新打开图层，再次双击该眼睛图标即可。

（7）如果要指定图层上实体的线条颜色，选择"颜色"选项，在弹出的"颜色"对话框中选择颜色，如图 10-36 所示，最后单击"确定"按钮关闭对话框。

图 10-35 "图层"对话框

图 10-36 "颜色"对话框

（8）如果要指定图层上实体的线条样式或厚度，则选择"样式"或"厚度"选项，然后从弹出的清单中选择想要的样式或厚度。

（9）如果建立了多个图层，可以使用"移动"按钮来重新排列图层的顺序。

（10）单击"确定"按钮，关闭对话框。

建立了多个图层后，只要在"图层"工具栏的"图层"下拉列表框中选择图层，即可导航到任意图层。

10.8　标注尺寸

如果在三维零件模型或装配体中添加了尺寸、注释或符号，则在将三维模型转换为二维工程图纸的过程中，系统会将这些尺寸、注释等一起添加到图纸中。在工程图中，用户可以添加必要的参考尺寸、注解等，这些注解和参考尺寸不会影响零件或装配体文件。

工程图中的尺寸标注是与模型相关联的，模型中的更改会反映在工程图中。通常用户在生成每个零件特征时生成尺寸，然后将这些尺寸插入各个工程视图中。在模型中更改尺寸会更新工程图，反之，在工程图中更改插入的尺寸也会更改模型。用户可以在工程图文件中添加尺寸，但这些尺寸是参考尺寸，并且是从动尺寸，参考尺寸显示模型的测量值，但并不驱动模型，也不能更改其数值，但是当更改模型时，参考尺寸会相应更新。当压缩特征时，特征的参考尺寸也随之被压缩。

10.8.1　插入模型尺寸

默认情况下，插入的尺寸显示为黑色，包括零件或装配体文件中显示为蓝色的尺寸（如拉伸深度），参考尺寸显示为灰色，并带有括号。

（1）执行"模型项目"命令。打开源文件"支撑轴"，选择菜单栏中的"插入"→"模型项目"命令，或者单击"注解"选项卡中的"模型项目"按钮，系统弹出"模型项目"属性管理器，如图 10-37 所示。

（2）设置属性管理器。在"模型项目"属性管理器的"尺寸"选项组中默认选择"为工程图标注"类型。如果只将尺寸插入指定的视图中，取消选中"将项目输入到所有视图"复选框，然后在工程图中选择需要插入尺寸的视图，此时"来源/目标"选项组如图 10-38 所示，自动显示"目标视图"一栏。

（3）确认插入的模型尺寸。单击"模型项目"属性管理器中的"确定"按钮，完成模型尺寸的标注。

> **注意：**
> 插入模型项目时，系统会自动将模型尺寸或者其他注解插入工程图中。当模型特征很多时，插入的模型尺寸会显得很乱，所以在建立模型时需要注意以下几点。
> （1）因为只有在模型中定义的尺寸才能插入工程图中，所以，在定义模型特征时，要养成良好的习惯，并且使草图处于完全定义状态。
> （2）在绘制模型特征草图时，仔细地设置草图尺寸的位置，这样可以减少尺寸插入工程图后调整尺寸的时间。

如图 10-39 所示为插入模型尺寸并调整尺寸位置后的工程图。

图 10-37　"模型项目"属性管理器

Note

图 10-38　"来源/目标"选项组　　　　图 10-39　插入模型尺寸后的工程视图

10.8.2　注释

为了更好地说明工程图，有时要用到注释，注释可以包括简单的文字、符号或超文本链接。下面介绍添加注释的操作步骤。

（1）打开源文件"注释"，如图 10-40 所示。

（2）单击"注解"选项卡中的"注释"按钮 **A**，或者选择菜单栏中的"插入"→"注解"→"注释"命令，系统弹出"注释"属性管理器。

（3）在"引线"选项组中选择引导注释的引线和箭头类型。

（4）在"文字格式"选项组中设置注释文字的格式。

（5）拖动光标到要注释的位置，在图形区添加注释文字，如图 10-41 所示。

图 10-40　打开的工程图　　　　图 10-41　添加注释文字

（6）单击"确定"按钮 ，完成注释。

10.8.3 标注表面粗糙度

表面粗糙度符号√用来表示加工表面上的微观几何形状特性，对于机械零件表面的耐磨性、疲劳强度、配合性能、密封性、流体阻力以及外观质量等都有很大的影响。

下面介绍插入表面粗糙度的操作步骤。

（1）打开的工程图如图 10-40 所示。单击"注解"选项卡中的"表面粗糙度"按钮√，或者选择菜单栏中的"插入"→"注解"→"表面粗糙度符号"命令。

（2）在弹出的"表面粗糙度"属性管理器中设置表面粗糙度的属性，如图 10-42 所示。

（3）在图形区中单击，以放置表面粗糙度符号。

（4）可以不关闭对话框，设置多个表面粗糙度符号到图形上。

（5）单击"确定"按钮 ✔，完成表面粗糙度的标注。

10.8.4 标注形位公差

标注形位公差是机械加工中一项非常重要的基础工作，尤其在精密机器和仪表的加工中，形位公差是评定产品质量的重要技术指标，对于在高速、高压、高温、重载等条件下工作的产品零件的精度、性能和寿命等有较大的影响。

图 10-42 "表面粗糙度"属性管理器

下面介绍标注形位公差的操作步骤。

（1）打开源文件"标注形位公差"，如图 10-43 所示。

（2）单击"注解"选项卡中的"形位公差"按钮 ▣◻▣，或者选择菜单栏中的"插入"→"注解"→"形位公差"命令，在图形区中单击，以放置形位公差符号。

（3）在弹出的下拉面板中选择形位公差符号，如图 10-44 所示。

图 10-43 打开的工程图

图 10-44 选择形位公差符号

（4）在弹出的"公差"对话框中输入形位公差值，单击"完成"按钮，如图 10-45 所示。

（5）单击"公差"文本框右侧的添加按钮，在弹出的快捷菜单中选择"基准"选项，在弹出的 Datum 对话框中设置基准符号，如图 10-46 所示。

（6）单击"确定"按钮，完成形位公差的标注。

图 10-45　设置公差值

图 10-46　设置基准符号

10.8.5　标注基准特征符号

基准特征符号用来表示模型平面或参考基准面。

下面介绍插入基准特征符号的操作步骤。

（1）打开源文件"标注基准特征符号"，如图 10-47 所示。

（2）单击"注解"选项卡中的"基准特征"按钮，或者选择菜单栏中的"插入"→"注解"→"基准特征符号"命令。

（3）在弹出的"基准特征"属性管理器中设置属性，如图 10-48 所示。

图 10-47　打开的工程图

图 10-48　"基准特征"属性管理器

（4）在图形区中单击，以放置符号。

（5）可以不关闭对话框，设置多个基准特征符号到图形上。

（6）单击"确定"按钮✔，完成基准特征符号的标注。

10.8.6　实例——基座视图尺寸标注

基座工程图如图 10-49 所示。

本例将通过如图 10-49 所示机械臂基座模型，重点介绍视图各种尺寸标注及添加类型，同时复习零件模型到工程图视图的转换，流程如图 10-50 所示。

图 10-49　机械臂基座工程图

图 10-50　流程图

操作步骤：

（1）进入 SOLIDWORKS 2024，选择菜单栏中的"文件"→"新建"命令，或者单击"快速访问"工具栏中的"新建"按钮，在弹出的"新建 SOLIDWORKS 文件"对话框中单击"工程图"按钮，新建工程图文件，如图 10-51 所示。

（2）单击"工程图"选项卡中的"模型视图"按钮，或者选择菜单栏中的"插入"→"工程图图视图"→"模型视图"命令。此时在图形编辑窗口左侧会出现如图 10-52 所示的"模型视图"属性管理器,单击"浏览"按钮 浏览(B)... ,在弹出的"打开"对话框中选择需要转换成工程视图的零件"基座",单击"打开"按钮,在图形编辑窗口出现矩形框,如图 10-53 所示,打开左侧"模型视图"属性管理器中的"方向"选项组,选择视图方向为"前视",如图 10-54 所示,利用鼠标拖动矩形框沿灰色虚线依次在不同位置放置视图,放置过程如图 10-55 所示。最后单击"确定"按钮 ✔,完成模型视图的绘制。

图 10-51 "新建 SOLIDWORKS 文件"对话框

图 10-52 "模型视图"属性管理器

图 10-53 矩形图框   图 10-54 "模型视图"属性管理器   图 10-55 视图模型

(3)在图形窗口的右下角视图处单击,此时会出现"模型视图"属性管理器,在其中设置相关参数,在"显示样式"选项组中单击"带边线上色"按钮 📦,工程图结果如图 10-56 所示。

Note

（4）选择菜单栏中的"插入"→"模型项目"命令，或者单击"注解"选项卡中的"模型项目"按钮 ，在弹出的"模型项目"属性管理器中设置各参数，如图 10-57 所示，单击"确定"按钮 ，此时会在视图中自动显示尺寸，如图 10-58 所示。

图 10-56　视图模型　　　　　　　　　　图 10-57　"模型项目"属性管理器

（5）在视图中选取要调整的尺寸，在绘图窗口左侧显示"尺寸"属性管理器，选择"其他"选项卡，如图 10-59 所示，取消选中"使用文档字体"复选框，单击"字体"按钮，弹出"选择字体"对话框，选中"高度"选项组中的"单位"单选按钮，设置值为 10mm，如图 10-60 所示，单击"确定"按钮 ，完成尺寸显示设置，结果如图 10-61 所示。

图 10-58　显示模型尺寸　　　　　　　　图 10-59　"尺寸"属性管理器

图 10-60 "选择字体"对话框

图 10-61 调整尺寸

注意:

由于系统设置不同,有时模型尺寸默认单位与实际尺寸大小差异过大,若出现 0.01、0.001 等精度数值时,可进行相应设置,步骤如下。

选择菜单栏中的"工具"→"选项"命令,弹出"系统选项"对话框,切换到"文档属性"选项卡,选择"单位"选项,显示参数,如图 10-62 所示,在"单位系统"选项组中选中"MMGS(毫米、克、秒)"单选按钮,单击"确定"按钮,退出对话框。

图 10-62 "文档属性-单位"对话框

（6）单击"草图"选项卡中的"中心线"按钮，在视图中绘制中心线，如图 10-63 所示。

（7）单击"注解"选项卡中的"表面粗糙度"按钮√，会出现"表面粗糙度"属性管理器，在属性管理器中设置各参数，如图 10-64 所示。

图 10-63　绘制中心线

图 10-64　"表面粗糙度"属性管理器

（8）设置完成后，移动光标到需要标注表面粗糙度的位置，单击即可完成标注。单击属性管理器中的"确定"按钮，表面粗糙度的标注即可完成。下表面的标注需要设置角度为 90°，标注表面粗糙度效果如图 10-65 所示。

图 10-65　标注表面粗糙度

（9）单击"注解"选项卡中的"基准特征"按钮⚐，会出现"基准特征"属性管理器，在属性管理器中设置各参数，如图 10-66 所示。

（10）设置完成后，移动光标到需要添加基准特征的位置并单击，然后拖动鼠标到合适的位置，再次单击即可完成标注，单击"确定"按钮✓即可完成在图中添加基准符号，如图 10-67 所示。

图 10-66　"基准特征"属性管理器

图 10-67　添加基准符号

（11）单击"注解"选项卡中的"形位公差"按钮▣▣，系统会出现"形位公差"属性管理器，在该属性管理器中设置各参数，如图 10-68 所示。

（12）设置完成后，移动光标到需要添加形位公差的位置单击，依次设置公差符号、公差值和基准符号，单击"确定"按钮✓即可完成在图中添加形位公差符号，如图 10-69 所示。

图 10-68　"形位公差"属性管理器

图 10-69　添加形位公差

（13）选择视图中的所有尺寸，在左侧弹出的"尺寸"属性管理器"引线"选项卡的"尺寸界线/引线显示"选项组中选择实心箭头，如图 10-70 所示，单击"确定"按钮✓，最终可以得到如图 10-71

所示的工程图，完成工程图的生成。

图 10-70　"尺寸界线/引线显示"选项组　　　　　　图 10-71　工程图

10.9　打印工程图

用户可以打印整个工程图纸，也可以只打印图纸中所选的区域，其操作步骤如下。

选择菜单栏中的"文件"→"打印"命令，弹出"打印"对话框，如图 10-72 所示。在该对话框中设置相关打印属性，如打印机的选择，打印效果的设置，页眉、页脚设置，打印线条粗细的设置等。在"打印范围"选项组中选中"所有图纸"单选按钮，可以打印整个工程图纸；选中其他 3 个单选按钮，可以打印工程图中所选区域。单击"确定"按钮，开始打印。

图 10-72　"打印"对话框

10.10　综合实例——机械臂装配体工程图

机械臂装配体工程图如图 10-73 所示。

图 10-73　机械臂装配体

　　本例将通过如图 10-73 所示机械臂装配体的工程图创建实例，综合利用前面所学的知识讲述利用 SOLIDWORKS 的工程图功能创建工程图的一般方法和技巧，绘制的流程图如图 10-74 所示。

图 10-74　流程图

图 10-74 流程图（续）

操作步骤：

（1）进入 SOLIDWORKS 2024，选择菜单栏中的"文件"→"打开"命令，在弹出的"打开"对话框中选择将要转换为工程图的总装配图文件。

（2）选择菜单栏中的"文件"→"从装配体制作工程图"按钮，新建一张图纸，选中设计树中的"图纸 1"并右击，在弹出的快捷菜单中选择"属性"命令，弹出"图纸属性"对话框，选中"标准图纸大小"单选按钮并设置图纸尺寸，如图 10-75 所示。单击"应用更改"按钮，完成图纸设置。

（3）此时在图形编辑窗口右侧会出现如图 10-76 所示的"视图调色板"属性管理器，选择上视图，在图纸中合适的位置放置上视图，如图 10-77 所示。

图 10-75 "图纸属性"对话框

图 10-76 "视图调色板"属性管理器

（4）在图形操作窗口放置上视图的投影视图和轴测视图，相对位置如图 10-78 所示（上视图与其投影视图有固定的对齐关系。当移动时，其投影视图也会跟着移动。其投影视图可以独立移动，但是只能水平或垂直于主视图移动）。

（5）选择菜单栏中的"插入"→"注解"→"自动零件序号"命令，或者单击"注解"选项卡中的"自动零件序号"按钮 ，在图形区域单击上视图，将自动生成零件的序号，零件序号会被插入适当的视图中，且不会重复。在弹出的属性管理器中可以设置零件序号的布局、样式等，参数设置如图 10-79 所示，生成零件序号的结果如图 10-80 所示。

图 10-77　上视图

图 10-78　视图模型

图 10-79　自动零件序号设置框

（6）调整视图比例。单击上视图模型，在左侧弹出"工程图视图"属性管理器，在"比例"选项组下选中"使用自定义比例"单选按钮，在下拉列表框中选择"1∶2"，如图 10-81 所示，放大视图。用同样的方法调整其他两个视图，结果如图 10-82 所示。

（7）下面为视图生成材料明细表，工程图可包含基于表格的材料明细表或基于 Excel 的材料明细表，但不能包含两者。选择菜单栏中的"插入"→"表格"→"材料明细表"命令，或者单击"注解"选项卡"表格"下拉列表中的"材料明细表"按钮 ，将弹出"材料明细表"属性管理器，设置如图 10-83 所示。单击属性管理器中的"确定"按钮 ，在图形区域将出现跟随鼠标的材料明细表表格，在图框的右下角单击，确定为定位点。创建明细表后的效果如图 10-84 所示。

图 10-80 自动生成的零件序号

图 10-81 "工程图视图"属性管理器

图 10-82 模型视图

图 10-83 "材料明细表"属性管理器

项目号	零件号	说明	数量
1	基座		1
2	大臂		1
3	小臂		1

图 10-84　添加创建明细表

（8）设置单位。选择菜单栏中的"工具"→"选项"命令，弹出"系统选项"对话框，切换到"文档属性"选项卡，选择"单位"选项，然后在右侧选中"MMGS（毫米、克、秒）"单选按钮，如图 10-85 所示。

图 10-85　"文档属性"选项卡

（9）为视图创建装配必要的尺寸，选择菜单栏中的"工具"→"尺寸"→"智能尺寸"命令，或者单击"注解"选项卡中的"智能尺寸"按钮，标注视图中的尺寸，最终得到的结果如图 10-86 所示。

图 10-86　标注尺寸

（10）选择视图中的所有尺寸，如图 10-87 所示，在"尺寸"属性管理器的"尺寸界线/引线显示"选项组中选择实心箭头，如图 10-88 所示。单击"确定"按钮，修改后的视图如图 10-89 所示。

图 10-87　选择尺寸线　　　　图 10-88　"尺寸界线/引线显示"选项组

（11）选择菜单栏中的"插入"→"注解"→"注释"命令，或者单击"注解"选项卡上的"注释"按钮 A，为工程图添加注释，如图 10-90 所示。此工程图即绘制完成。

图 10-89　更改尺寸属性

图 10-90　添加注释

10.11　实践与操作

10.11.1　绘制液压杆工程图

本实践将创建如图 10-91 所示的液压杆工程图。

图 10-91　液压杆工程图

操作提示：

（1）新建工程图文件，利用"模型视图"命令，生成基本视图。

（2）利用"智能尺寸"命令，标注尺寸，绘制的流程图如图 10-92 所示。

图 10-92　液压杆工程图的绘制流程图

10.11.2　绘制透盖工程图

本实践将绘制如图 10-93 所示的透盖工程图。

操作提示：

（1）新建工程图文件，利用"模型视图"命令，生成基本视图。

（2）利用"剖面视图"命令，绘制剖面视图。

（3）利用"智能尺寸""粗糙度""注释"命令，标注尺寸、粗糙度和技术要求，绘制的流程图如图 10-94 所示。

图 10-93　透盖工程图

图 10-94　透盖工程图的绘制流程图

第11章

曲面造型基础

随着 SOLIDWORKS 版本的不断更新，其复杂形体的设计功能得到不断加强，同时由于曲面造型特征的增强，操作起来也更需要技巧。本章主要介绍曲线和曲面的生成方式以及曲面的编辑，并利用实例形式练习绘制技巧。

☑ 曲线的生成   ☑ 曲面编辑

☑ 曲面的生成方式

任务驱动&项目案例

11.1 曲线的生成

SOLIDWORKS 2024 可以使用下列方法生成多种类型的三维曲线。

- ☑ 投影曲线：从草图投影到模型面或曲面上，或从相交的基准面上绘制的线条。
- ☑ 通过参考点的曲线：通过模型中定义的点或顶点的样条曲线。
- ☑ 通过 XYZ 点的曲线：通过给出空间坐标的点的样条曲线。
- ☑ 组合曲线：由曲线、草图几何体和模型边线组合而成的一条曲线。
- ☑ 分割线：从草图投影到平面或曲面的曲线。
- ☑ 螺旋线和涡状线：通过指定圆形草图、螺距、圈数、高度生成的曲线。

11.1.1 投影曲线

在 SOLIDWORKS 中，投影曲线主要有两种生成方式。一种方式是将绘制的曲线投影到模型面上生成一条三维曲线。另一种方式是首先在两个相交的基准面上分别绘制草图，此时系统会将每一个草图沿所在平面的垂直方向投影得到一个曲面，最后这两个曲面在空间中相交而生成一条三维曲线。下面将分别介绍两种方式生成曲线的操作步骤。

下面以实例说明利用绘制曲线投影到模型面上生成曲线的方法。

（1）设置基准面。在左侧的 FeatureManager 设计树中选择"上视基准面"作为绘制图形的基准面。

（2）绘制样条曲线。选择菜单栏中的"工具"→"草图绘制实体"→"样条曲线"命令，或者单击"草图"选项卡中的"样条曲线"按钮 N，在步骤（1）中设置的基准面上绘制一个样条曲线，结果如图 11-1 所示。

（3）拉伸曲面。选择菜单栏中的"插入"→"曲面"→"拉伸曲面"命令，或者单击"曲面"选项卡中的"拉伸曲面"按钮，此时系统弹出如图 11-2 所示的"曲面-拉伸"属性管理器。

（4）确认拉伸曲面。按照图示进行设置，注意设置曲面拉伸的方向，然后单击属性管理器中的"确定"按钮，完成曲面拉伸，结果如图 11-3 所示。

图 11-1　绘制的样条曲线　　　　图 11-2　"曲面-拉伸"属性管理器　　　图 11-3　拉伸的曲面

（5）添加基准面。在左侧的 FeatureManager 设计树中选择"前视基准面"，然后选择菜单栏中的

"插入"→"参考几何体"→"基准面"命令，或者单击"特征"选项卡"参考几何体"下拉列表中的"基准面"按钮，此时系统弹出如图 11-4 所示的"基准面"属性管理器。在"偏移距离"文本框中输入值为 50mm，并调整设置基准面的方向。单击"确定"按钮，添加一个新的基准面，结果如图 11-5 所示。

（6）设置基准面。在左侧的 FeatureManager 设计树中选择步骤（5）中添加的基准面，然后单击"视图（前导）"工具栏"视图定向"下拉列表中的"正视于"按钮，将该基准面作为绘制图形的基准面。

（7）绘制样条曲线。单击"草图"选项卡中的"样条曲线"按钮，绘制如图 11-6 所示的样条曲线，然后退出草图绘制状态。

（8）设置视图方向。单击"视图（前导）"工具栏"视图定向"下拉列表中的"等轴测"按钮，将视图以等轴测方向显示，结果如图 11-7 所示。

图 11-4　"基准面"属性管理器

图 11-5　添加的基准面

图 11-6　绘制的样条曲线

图 11-7　等轴测视图

（9）生成投影曲线。选择菜单栏中的"插入"→"曲线"→"投影曲线"命令，或者单击"特征"选项卡"曲线"下拉列表中的"投影曲线"按钮，此时系统弹出"投影曲线"属性管理器。

（10）设置投影曲线。在"投影曲线"属性管理器的"投影类型"栏中，选中"面上草图"单选按钮；在"要投影的草图"栏中，选择图 11-7 中的样条曲线 1；在"投影面"栏中，选择图 11-7 中的曲面 2；在视图中观测投影曲线的方向是否投影到曲面，选中"反转投影"复选框，使曲线投影到曲面上。设置好的属性管理器如图 11-8 所示。

（11）确认设置。单击"投影曲线"属性管理器中的"确定"按钮，生成所需要的投影曲线。投影曲线及其 FeatureManager 设计树如图 11-9 所示。

现在介绍利用两个相交基准面上的曲线投影得到曲线的方法，如图 11-10 所示。

（1）在两个相交的基准面上各绘制一个草图，这两个草图轮廓所隐含的拉伸曲面必须相交，才能生成投影曲线。完成后关闭每个草图。

（2）按住 Ctrl 键选取这两个草图。

（3）单击"特征"选项卡"曲线"下拉列表中的"投影曲线"按钮，或者选择菜单栏中的"插入"→"曲线"→"投影曲线"命令。

图 11-8 "投影曲线"属性管理器   图 11-9 投影曲线及 FeatureManager 设计树

（4）在弹出的"投影曲线"属性管理器的显示框中显示要投影的两个草图名称，同时在图形区域中显示所得到的投影曲线，如图 11-11 所示。

图 11-10 投影曲线   图 11-11 "投影曲线"属性管理器

（5）单击"确定"按钮 ✔，生成投影曲线。投影曲线在特征管理器设计树中以 ⚲ 按钮表示。

> 💡提示：如果在执行"投影曲线"命令之前事先选择了生成投影曲线的草图选项，则在执行"投影曲线"命令后，属性管理器中会自动选择合适的投影类型。

11.1.2 三维样条曲线的生成

利用三维样条曲线可以生成任何形状的曲线。SOLIDWORKS 中三维样条曲线的生成方式十分丰富：用户既可以自定义样条曲线通过的点，也可以指定模型中的点作为样条曲线通过的点，还可以利用点坐标文件生成样条曲线。

穿越自定义点的样条曲线经常应用在逆向工程的曲线产生中。通常逆向工程是先有一个实体模型，由三维向量床 CMM 或以激光扫描仪取得点资料。每个点包含 3 个数值，分别代表其空间坐标 (X,Y,Z)。

1．自定义样条曲线通过的点

具体操作步骤如下。

（1）单击"特征"选项卡"曲线"下拉列表中的"通过 XYZ 点的曲线"按钮 ❤，或者选择菜单栏中的"插入"→"曲线"→"通过 XYZ 点的曲线"命令。

（2）在弹出的"曲线文件"对话框中输入自由点的空间坐标，如图 11-12 所示，同时在图形区域中可以预览生成的样条曲线。

（3）当在最后一行的单元格中双击时，系统会自动增加一行。如果要在一行的上面再插入一个新的行，只要单击该行，然后单击"插入"按钮即可。

（4）如果要保存曲线文件，单击"保存"或"另存为"按钮，然后指定文件的名称（扩展名为.sldcrv）即可。

（5）单击"确定"按钮，即可生成三维样条曲线。

2．导入坐标文件以生成样条曲线

除了在"曲线文件"对话框中输入坐标来定义曲线外，SOLIDWORKS 还可以将在文本编辑器、Excel 等应用程序中生成的坐标文件（后缀名为.sldcrv 或.txt）导入系统，从而生成样条曲线。

坐标文件应该为 X、Y、Z 这 3 列清单，并用制表符（Tab）或空格分隔。具体操作步骤如下。

（1）单击"特征"选项卡"曲线"下拉列表中的"通过 XYZ 点的曲线"按钮 ❤，或者选择菜单栏中的"插入"→"曲线"→"通过 XYZ 点的曲线"命令。

（2）在弹出的"曲线文件"对话框中单击"浏览"按钮，查找坐标文件（曲线.sldcrv），然后单击"打开"按钮。

（3）坐标文件显示在"曲线文件"对话框中，同时在图形区域中可以预览曲线效果。

（4）可以根据需要编辑坐标直到满意为止。

（5）单击"确定"按钮，生成曲线。

3．指定模型中的点作为样条曲线通过的点来生成曲线

具体操作步骤如下。

（1）打开源文件"通过参考点的曲线"，单击"特征"选项卡"曲线"下拉列表中的"通过参考点的曲线"按钮 ❤，或者选择菜单栏中的"插入"→"曲线"→"通过参考点的曲线"命令。

（2）在弹出的"通过参考点的曲线"属性管理器中单击"通过点"选项组下的显示框，然后在图形区域按照要生成曲线的次序选择通过的模型点。此时模型点在该显示框中显示，如图 11-13 所示。

图 11-12　"曲线文件"对话框

图 11-13　"通过参考点的曲线"属性管理器

（3）如果想要将曲线封闭，选中"闭环曲线"复选框。

（4）单击"确定"按钮 ✔，生成通过模型点的曲线。

11.1.3 组合曲线

SOLIDWORKS 可以将多段相互连接的曲线或模型边线组合成为一条曲线。具体操作步骤如下。

（1）打开源文件"法兰盘"，单击"特征"选项卡"曲线"下拉列表中的"组合曲线"按钮 ，或者选择菜单栏中的"插入"→"曲线"→"组合曲线"命令。

（2）此时弹出"组合曲线"属性管理器，在图形区域中选择要组合的曲线、直线或模型边线（这些线段必须连续），则所选项目将在"组合曲线"属性管理器"要连接的实体"选项组的显示框中显示出来，如图 11-14 所示。

图 11-14 "组合曲线"属性管理器

（3）单击"确定"按钮 ，生成组合曲线。

11.1.4 螺旋线和涡状线

螺旋线和涡状线通常用在绘制螺纹、弹簧、发条等零部件中。图 11-15 显示了这两种曲线的状态。

图 11-15 螺旋线（左）和涡状线（右）

1. 生成一条螺旋线

（1）单击"草图"选项卡中的"草图绘制"按钮 ，打开一个草图并绘制一个圆。此圆的直径控制螺旋线的直径。

（2）单击"特征"选项卡"曲线"下拉列表中的"螺旋线/涡状线"按钮 ，或者选择菜单栏中的"插入"→"曲线"→"螺旋线/涡状线"命令。

（3）在弹出的"螺旋线/涡状线"属性管理器中，选择"定义方式"下拉列表框中的一种螺旋线定义方式，如图 11-16 所示。

☑ 螺距和圈数：指定螺距和圈数。

☑ 高度和圈数：指定螺旋线的总高度和圈数。

☑ 高度和螺距：指定螺旋线的总高度和螺距。

☑ 涡状线：生成由螺距和圈数所定义的涡状线。

（4）根据步骤（3）中指定的螺旋线定义方式指定螺旋线的参数。

Note

（5）如果要制作锥形螺旋线，则选中"锥形螺纹线"复选框并指定锥形角度以及锥度方向（向外扩张或向内扩张）。

（6）在"起始角度"文本框中指定第一圈的螺旋线的起始角度。

（7）如果选中"反向"复选框，则螺旋线将由原来的点向另一个方向延伸。

（8）选中"顺时针"或"逆时针"单选按钮，以决定螺旋线的旋转方向。

（9）单击"确定"按钮，生成螺旋线。

2. 生成一条涡状线

（1）单击"草图"选项卡中的"草图绘制"按钮，打开一个草图并绘制一个圆。此圆的直径作为起点处涡状线的直径。

（2）单击"特征"选项卡"曲线"下拉列表中的"螺旋线/涡状线"按钮，或者选择菜单栏中的"插入"→"曲线"→"螺旋线/涡状线"命令。

（3）在弹出的"螺旋线/涡状线"属性管理器中，选择"定义方式"下拉列表框中的"涡状线"，如图 11-17 所示。

图 11-16　"螺旋线/涡状线"属性管理器　　　图 11-17　定义涡状线

（4）在对应的"螺距"和"圈数"文本框中指定螺距和圈数。

（5）如果选中"反向"复选框，则生成一个内张的涡状线。

（6）在"起始角度"文本框中指定涡状线的起始位置。

（7）选中"顺时针"或"逆时针"单选按钮，以决定涡状线的旋转方向。

（8）单击"确定"按钮，生成涡状线。

11.1.5　分割线

分割线工具将草图投影到曲面或平面上，可以将所选的面分割为多个分离的面，从而选择操作其中一个分离面，也可将草图投影到曲面实体生成分割线，下面是具体的操作步骤。

（1）添加基准面。选择菜单栏中的"插入"→"参考几何体"→"基准面"命令，或者单击"特征"选项卡"参考几何体"下拉列表中的"基准面"按钮，系统弹出如图 11-18 所示的"基准面"属性管理器。在"第一参考"栏中，选择图 11-19 中的面 1；在"偏移距离"文本框中输入值为 30mm，并调整基准面的方向。单击属性管理器中的"确定"按钮✔️，添加一个新的基准面，结果如图 11-20 所示。

图 11-18　"基准面"属性管理器　　图 11-19　拉伸的图形　　图 11-20　添加基准面后的图形

（2）设置基准面。单击步骤（1）中添加的基准面，然后单击"视图（前导）"工具栏"视图定向"下拉列表中的"正视于"按钮↧，将该基准面作为绘制图形的基准面。

（3）绘制样条曲线。选择菜单栏中的"工具"→"草图绘制实体"→"样条曲线"命令，在步骤（2）中设置的基准面上绘制一个样条曲线，结果如图 11-21 所示，然后退出草图绘制状态。

（4）设置视图方向。单击"视图（前导）"工具栏"视图定向"下拉列表中的"等轴测"按钮🗔，将视图以等轴测方向显示，结果如图 11-22 所示。

图 11-21　绘制的样条曲线　　　　　　图 11-22　等轴测视图

（5）执行"分割线"命令。选择菜单栏中的"插入"→"曲线"→"分割线"命令，或者单击"特征"选项卡"曲线"下拉列表中的"分割线"按钮🗐，此时系统弹出"分割线"属性管理器。

（6）设置属性管理器。在"分割线"属性管理器的"分割类型"选项组中，选中"投影"单选按钮；在"要投影的草图"栏中，选择图 11-22 中的草图 2；在"要分割的面"栏中，选择图 11-22 中的面 1，其他设置如图 11-23 所示。

（7）确认设置。单击"分割线"属性管理器中的"确定"按钮✔️，生成所需要的分割线。

生成的分割线及其 FeatureManager 设计树如图 11-24 所示。

图 11-23　"分割线"属性管理器

图 11-24　分割线及其 FeatureManager 设计树

提示：在使用投影方式绘制投影草图时，绘制的草图在投影面上的投影必须穿过要投影的面，否则系统会提示错误，而不能生成分割线。

11.2　曲面的生成方式

在 SOLIDWORKS 2024 中，建立曲面后，可以用很多方式对曲面进行延伸。用户既可以将曲面延伸到某个已有的曲面，与其缝合或延伸到指定的实体表面；也可以输入固定的延伸长度，或者直接拖动其红色箭头手柄，实时地将边界拖到想要的位置。

另外，现在的版本可以对曲面进行修剪，可以用实体修剪，也可以用另一个复杂的曲面进行修剪。此外还可以将两个曲面或一个曲面和一个实体进行弯曲操作，SOLIDWORKS 2024 将保持其相关性，即当其中一个发生改变时，另一个会同时相应地发生改变。

SOLIDWORKS 2024 可以使用下列方法生成多种类型的曲面。

☑　由草图拉伸、旋转、扫描或放样生成曲面。

☑　从现有的面或曲面等距生成曲面。

☑　从其他应用程序（如 Pro/ENGINEER、MDT、Unigraphics、SolidEdge、Autodesk Inventor 等）导入曲面文件。

☑　由多个曲面组合成曲面。

☑　曲面实体用来描述相连的零厚度的几何体，如单一曲面、圆角曲面等。一个零件中可以有多个曲面实体。SOLIDWORKS 2024 提供了专门的"曲面"选项卡，如图 11-25 所示，可用于控制曲面的生成和修改。要打开或关闭"曲面"选项卡，只要在选项卡任意位置单击鼠标右键，在弹出的快捷菜单中选择"选项卡"下拉列表中"曲面"命令即可。

图 11-25　"曲面"选项卡

11.2.1　拉伸曲面

下面介绍该方式的操作步骤。

（1）单击"草图"选项卡中的"草图绘制"按钮，打开一个草图并绘制曲面轮廓。

（2）单击"曲面"选项卡中的"拉伸曲面"按钮，或者选择菜单栏中的"插入"→"曲面"→"拉伸曲面"命令。

（3）此时弹出"曲面-拉伸"属性管理器，如图11-26所示。

图11-26　"曲面-拉伸"属性管理器

（4）在"方向1"选项组的"终止条件"下拉列表框中选择拉伸的终止条件。

（5）在右面的图形区域中检查预览。单击"反向"按钮，可向另一个方向拉伸。

（6）在"深度"文本框中设置拉伸的深度。

（7）如有必要，选中"方向2"复选框，将拉伸应用到第二个方向。

（8）单击"确定"按钮，完成拉伸曲面的生成。

11.2.2　旋转曲面

下面介绍该方式的操作步骤。

（1）单击"草图"选项卡中的"草图绘制"按钮，打开一个草图并绘制曲面轮廓以及将要绕其旋转的中心线。

（2）单击"曲面"选项卡中的"旋转曲面"按钮，或者选择菜单栏中的"插入"→"曲面"→"旋转曲面"命令。

（3）此时弹出"曲面-旋转"属性管理器，同时在右面的图形区域中显示生成的旋转曲面，如图11-27所示。

（4）在"方向1"选项组的"终止条件"下拉列表框中选择终止条件。

（5）在"角度"文本框中指定旋转角度。

（6）单击"确定"按钮，生成旋转曲面。

图 11-27　"曲面-旋转"属性管理器

11.2.3　扫描曲面

扫描曲面的方法同扫描特征的生成方法十分类似，也可以通过引导线扫描。在扫描曲面中最重要的一点就是引导线的端点必须贯穿轮廓图元。通常必须产生一个几何关系，强迫引导线贯穿轮廓曲线。下面介绍该方式的操作步骤。

（1）根据需要建立基准面，并绘制扫描轮廓和扫描路径。如果需要沿引导线扫描曲面，还要绘制引导线。

（2）如果要沿引导线扫描曲面，需要在引导线与轮廓之间建立重合或穿透几何关系。

（3）单击"曲面"选项卡中的"扫描曲面"按钮 ，或者选择菜单栏中的"插入"→"曲面"→"扫描"命令。

（4）在弹出的"曲面-扫描"属性管理器中，单击"轮廓"栏 ，然后在图形区域中选择轮廓草图，则所选草图将出现在该显示框中。

（5）单击 按钮右侧的显示框，然后在图形区域中选择路径草图，则所选路径草图出现在该显示框中。此时，在图形区域中可以预览扫描曲面的效果，如图 11-28 所示。

图 11-28　预览扫描曲面效果

（6）在"轮廓方位/扭转"下拉列表框中，选择以下选项。

☑　随路径变化：截面相对于路径时刻处于同一角度。

☑　保持法线不变：截面时刻与开始截面平行，而与路径相切向量无关。

☑　无：（仅限于 2D 路径）将轮廓的法线方向与路径对齐，不进行纠正。

☑　最小扭转：（仅限于 3D 路径）应用纠正以沿路径最小轮廓扭转。

☑ 随路径和第一引导线变化：如果引导线不止一条，选择该项将使扫描随第一条引导线变化。

☑ 随第一和第二引导线变化：如果引导线不止一条，选择该项将使扫描随第一条和第二条引导线同时变化。

☑ 指定扭转值：沿路径定义轮廓扭转。选择度、弧度或圈数。

☑ 指定方向向量：选择一基准面、平面、直线、边线、圆柱、轴、特征上顶点组等来设定方向向量。不可用于"保持法线不变"。

☑ 与相邻面相切：将扫描附加到现有几何体时可用。使相邻面在轮廓上相切。可用于"随路径变化"。

（7）如果需要沿引导线扫描曲面，则激活"引导线"选项组。然后在图形区域中选择引导线。

（8）单击"确定"按钮✔，生成扫描曲面。

11.2.4 放样曲面

放样曲面是通过曲线之间进行过渡而生成曲面的方法，下面介绍该方式的操作步骤。

（1）在一个基准面上绘制放样的轮廓。

（2）建立另一个基准面，并在上面绘制另一个放样轮廓。这两个基准面不一定平行。

（3）如有必要，还可以生成引导线来控制放样曲面的形状。

（4）单击"曲面"选项卡中的"放样曲面"按钮♨，或者选择菜单栏中的"插入"→"曲面"→"放样曲面"命令。

（5）在弹出的"曲面-放样"属性管理器中，单击♨按钮右侧的显示框，然后在图形区域中按顺序选择轮廓草图，则所选草图出现在该显示框中。在右面的图形区域中显示生成的放样曲面，如图 11-29 所示。

图 11-29 "曲面-放样"属性管理器

（6）单击"上移"按钮⬆或"下移"按钮⬇来改变轮廓的顺序。此项操作只针对两个轮廓以上的放样特征。

（7）如果要在放样的开始和结束处控制相切，则设置"开始/结束约束"选项组。

☑　无：不应用相切。

☑　垂直于轮廓：放样在起始和终止处与轮廓的草图基准面垂直。

☑　方向向量：放样与所选的边线或轴相切，或与所选基准面的法线相切。

（8）如果要使用引导线控制放样曲面，在"引导线"选项组中单击 按钮右侧的显示框，然后在图形区域中选择引导线。

（9）单击"确定"按钮 ，完成放样。

11.2.5　等距曲面

对于已经存在的曲面（不论是模型的轮廓面还是生成的曲面），都可以像等距曲线一样生成等距曲面。下面介绍该方式的操作步骤。

（1）打开源文件"等距曲面"，单击"曲面"选项卡中的"等距曲面"按钮 ，或者选择菜单栏中的"插入"→"曲面"→"等距曲面"命令。

（2）在弹出的"等距曲面"属性管理器中，单击 按钮右侧的显示框，然后在右面的图形区域选择要等距的模型面或生成的曲面。

（3）在"等距参数"选项组的文本框中指定等距面之间的距离。此时在右面的图形区域中显示等距曲面的效果，如图 11-30 所示。

图 11-30　等距曲面效果

（4）如果等距面的方向有误，单击"反向"按钮 ，反转等距方向。

（5）单击"确定"按钮 ，完成等距曲面的生成。

11.2.6　延展曲面

用户可以通过延展分割线、边线，并平行于所选基准面来生成曲面，如图 11-31 所示。延展曲面在拆模时最常用。当零件进行模塑，产生公母模之前，必须先生成模块与分模面，延展曲面就用来生成分模面。下面介绍该方式的操作步骤。

（1）打开源文件"延展曲面"，选择菜单栏中的"插入"→"曲面"→"延展曲面"命令。

（2）在弹出的"延展曲面"属性管理器中，单击 按钮右侧的显示框，然后在右面的图形区域中选择要延展的边线。

（3）单击"延展参数"选项组中的第一个显示框，然后在图形区域中选择模型面作为延展曲面方向，如图 11-32 所示。延展方向将平行于模型面。

（4）注意图形区域中的箭头方向（指示延展方向），如有错误，单击"反向"按钮 。

（5）在 按钮右侧的文本框中指定曲面的宽度。

（6）如果希望曲面继续沿零件的切面延伸，则选中"沿切面延伸"复选框。

（7）单击"确定"按钮 ，完成曲面的延展。

图 11-31　延展曲面效果

图 11-32　延展曲面

11.2.7　边界曲面

边界曲面特征可用于生成在两个方向上（曲面所有边）相切或曲率连续的曲面。下面介绍该方式的操作步骤。

（1）在一个基准面上绘制放样的轮廓。

（2）建立另一个基准面，并在上面绘制另一个放样轮廓。这两个基准面不一定平行。

（3）如有必要，还可以生成引导线来控制放样曲面的形状。

（4）单击"曲面"选项卡中的"边界曲面"按钮，或者选择菜单栏中的"插入"→"曲面"→"边界曲面"命令。

（5）弹出"边界-曲面"属性管理器，单击"方向 1"选项组中的显示框，在图形区域中按顺序选择轮廓草图，则所选草图出现在该显示框中。在右面的图形区域中将显示生成的边界曲面，如图 11-33 所示。

图 11-33　"边界-曲面"属性管理器

（6）单击"上移"按钮⬆或"下移"按钮⬇改变轮廓的顺序。此项操作只针对两个轮廓以上的边界方向。

（7）单击"确定"按钮✔，完成边界曲面的创建，如图 11-34 所示。

"边界-曲面"属性管理器选项说明如下。

图 11-34　创建的曲面

1．"选项与预览"选项组

☑　合并切面：如果对应的线段相切，则会使所生成的边界特征中的曲面保持相切。

☑　拖动草图：单击此按钮，撤销先前的草图拖动并将预览返回到其先前状态。

2．"曲率显示"选项组

☑　网格预览：选中此复选框，显示网格，并在网格密度中调整网格行数。

☑　曲率检查梳形图：沿方向 1 或方向 2 的曲率检查梳形图显示。在比例选项中调整曲率检查梳形图的大小。在密度选项中调整曲率检查梳形图的显示行数。

11.2.8　自由形特征

自由形特征与圆顶特征类似，也是针对模型表面进行变形操作，但是具有更多的控制选项。自由形特征通过展开、约束或拉紧所选曲面在模型上生成一个变形曲面。变形曲面灵活可变，很像一层膜。下面介绍该方式的操作步骤。

（1）执行特型特征。打开源文件"自由形特征"，选择菜单栏中的"插入"→"特征"→"自由形"命令，此时系统弹出如图 11-35 所示的"自由样式"属性管理器。

（2）设置属性管理器。在"面设置"选项组中，选择图 11-36 中的表面 1，进行设置。

（3）确认特型特征。单击属性管理器中的"确定"按钮✔，结果如图 11-37 所示。

图 11-35　"自由样式"属性管理器

图 11-36　拉伸的图形

图 11-37　特型的图形

11.2.9 实例——轮毂

本例创建的轮毂如图 11-38 所示。首先绘制轮毂主体曲面，然后利用旋转曲面、分割线以及放样曲面创建一个减重孔，阵列其他减重孔后裁剪曲面；最后切割曲面生成安装孔。

图 11-38　轮毂

操作步骤：

1．绘制轮毂主体

（1）设置基准面。在左侧 FeatureManager 设计树中选择"前视基准面"，然后单击"视图（前导）"工具栏"视图定向"下拉列表中的"正视于"按钮，将该基准面作为绘制图形的基准面。单击"草图"选项卡中的"草图绘制"按钮，进入草图绘制状态。

（2）绘制草图。单击"草图"选项卡中的"中心线"按钮、"三点圆弧"按钮和"直线"按钮，绘制如图 11-39 所示的草图并标注尺寸。

图 11-39　绘制草图

（3）旋转曲面。选择菜单栏中的"插入"→"曲面"→"旋转曲面"命令，或者单击"曲面"选项卡中的"旋转曲面"按钮，此时系统弹出如图 11-40 所示的"曲面-旋转"属性管理器。选择步骤（2）中创建的草图中心线为旋转轴，其他采用默认设置，单击属性管理器中的"确定"按钮，结果如图 11-41 所示。

图 11-40　"曲面-旋转"属性管理器

图 11-41　旋转曲面

（4）镜向旋转面。选择菜单栏中的"插入"→"阵列/镜向"→"镜向"命令，或者单击"特征"

Note

选项卡中的"镜向"按钮🔘，此时系统弹出如图 11-42 所示的"镜向"属性管理器。选择"前视基准面"为镜向基准面，在视图中选择步骤（3）中创建的旋转曲面为要镜向的实体，单击属性管理器中的"确定"按钮✔，结果如图 11-43 所示。

（5）缝合曲面。选择菜单栏中的"插入"→"曲面"→"缝合曲面"命令，或者单击"曲面"选项卡中的"缝合曲面"按钮🔘，此时系统弹出如图 11-44 所示的"缝合曲面"属性管理器。选择视图中所有的曲面，单击属性管理器中的"确定"按钮✔。

图 11-42　"镜向"属性管理器　　　　图 11-43　镜向曲面　　　　图 11-44　"缝合曲面"属性管理器

2. 绘制减重孔

（1）设置基准面。在左侧 FeatureManager 设计树中选择"前视基准面"，然后单击"视图（前导）"工具栏"视图定向"下拉列表中的"正视于"按钮↧，将该基准面作为绘制图形的基准面。单击"草图"选项卡中的"草图绘制"按钮🔘，进入草图绘制状态。

（2）绘制草图。单击"草图"选项卡中的"中心线"按钮🖊和"三点圆弧"按钮🔘，绘制如图 11-45 所示的草图并标注尺寸。

（3）旋转曲面。选择菜单栏中的"插入"→"曲面"→"旋转曲面"命令，或者单击"曲面"选项卡中的"旋转曲面"按钮🔘，此时系统弹出"曲面-旋转"属性管理器。选择步骤（2）中创建的草图中心线为旋转轴，其他采用默认设置，单击属性管理器中的"确定"按钮✔，结果如图 11-46 所示。

图 11-45　绘制草图　　　　　　　　　图 11-46　旋转曲面

（4）设置基准面。在左侧 FeatureManager 设计树中选择"前视基准面"，然后单击"视图（前导）"工具栏"视图定向"下拉列表中的"正视于"按钮↧，将该基准面作为绘制图形的基准面。单击"草图"选项卡中的"草图绘制"按钮🔘，进入草图绘制状态。

（5）绘制草图。单击"草图"选项卡中的"中心线"按钮和"直线"按钮，绘制如图 11-47 所示的草图并标注尺寸。

（6）旋转曲面。选择菜单栏中的"插入"→"曲面"→"旋转曲面"命令，或者单击"曲面"选项卡中的"旋转曲面"按钮，此时系统弹出"曲面-旋转"属性管理器。选择步骤（5）中创建的草图中心线为旋转轴，其他采用默认设置，单击属性管理器中的"确定"按钮，结果如图 11-48 所示。

图 11-47　绘制草图

图 11-48　旋转曲面

（7）设置基准面。在左侧 FeatureManager 设计树中选择"上视基准面"，然后单击"视图（前导）"工具栏"视图定向"下拉列表中的"正视于"按钮，将该基准面作为绘制图形的基准面。单击"草图"选项卡中的"草图绘制"按钮，进入草图绘制状态。

（8）绘制草图。单击"草图"选项卡中的"中心线"按钮、"直线"按钮、"圆心/起/终点画弧"按钮和"绘制圆角"按钮，绘制如图 11-49 所示的草图并标注尺寸。

（9）分割线。选择菜单栏中的"插入"→"曲线"→"分割线"命令，或者单击"特征"选项卡"曲线"下拉列表中的"分割线"按钮，此时系统弹出如图 11-50 所示的"分割线"属性管理器。选择分割类型为"投影"，选择步骤（7）中绘制的草图为要投影的草图，选择步骤（3）中创建的旋转曲面为分割的面，单击属性管理器中的"确定"按钮，结果如图 11-51 所示。

图 11-49　绘制草图

图 11-50　"分割线"属性管理器

图 11-51　分割曲面

（10）设置基准面。在左侧 FeatureManager 设计树中选择"上视基准面"，然后单击"视图（前导）"工具栏"视图定向"下拉列表中的"正视于"按钮，将该基准面作为绘制图形的基准面。单击"草图"选项卡中的"草图绘制"按钮，进入草图绘制状态。

（11）绘制草图。单击"草图"选项卡中的"转换实体引用"按钮，将步骤（5）中创建的草图转换为图素，然后单击"草图"选项卡中的"等距实体"按钮 ，将转换的图素向内偏移，偏移距离为 14mm，如图 11-52 所示。

（12）分割线。选择菜单栏中的"插入"→"曲线"→"分割线"命令，或者单击"特征"选项卡"曲线"下拉列表中的"分割线"按钮 ，此时系统弹出"分割线"属性管理器。选择分割类型为"投影"，选择步骤（11）中绘制的草图为要投影的草图，选择步骤（6）中创建的旋转曲面为分割的面，单击属性管理器中的"确定"按钮 ，结果如图 11-53 所示。

（13）删除面。选择菜单栏中的"插入"→"面"→"删除"命令，或者单击"曲面"选项卡中的"删除面"按钮 ，此时系统弹出如图 11-54 所示的"删除面"属性管理器。选择创建的分割面为要删除的面，选中"删除"单选按钮，单击属性管理器中的"确定"按钮 ，结果如图 11-55 所示。

Note

图 11-52　绘制草图

图 11-53　分割曲面

图 11-54　"删除面"属性管理器

（14）放样曲面。选择菜单栏中的"插入"→"曲面"→"放样曲面"命令，或者单击"曲面"选项卡中的"放样曲面"按钮 ，系统弹出"曲面-放样"属性管理器，如图 11-56 所示。在"轮廓"选项组中，选择删除面后的上下对应两个边线，单击"确定"按钮 ，生成放样曲面。重复"放样曲面"命令，选择其他边线进行放样，结果如图 11-57 所示。

图 11-55　删除面

图 11-56　"曲面-放样"属性管理器

（15）缝合曲面。选择菜单栏中的"插入"→"曲面"→"缝合曲面"命令，或者单击"曲面"选项卡中的"缝合曲面"按钮 ，此时系统弹出如图 11-58 所示的"缝合曲面"属性管理器。选择步骤（14）中创建的所有放样曲面，单击属性管理器中的"确定"按钮 。

图 11-57 放样曲面

图 11-58 "缝合曲面"属性管理器

（16）圆周阵列实体。选择菜单栏中的"视图"→"隐藏/显示"→"临时轴"命令，显示临时轴。选择"插入"→"阵列/镜向"→"圆周阵列"命令，或者单击"特征"选项卡"线性阵列"下拉列表中的"圆周阵列"按钮，系统弹出"阵列（圆周）"属性管理器。在"阵列轴"列表框中选择基准轴，在"要阵列的特征"列表框中选择步骤（15）中创建的缝合曲面，选中"等间距"单选按钮，在"实例数"文本框中输入"4"，如图 11-59 所示。单击"确定"按钮，完成圆周阵列实体操作，效果如图 11-60 所示。

图 11-59 "阵列（圆周）"属性管理器

图 11-60 阵列放样曲面

（17）剪裁曲面。选择菜单栏中的"插入"→"曲面"→"剪裁曲面"命令，或者单击"曲面"选项卡中的"剪裁曲面"按钮，此时系统弹出如图 11-61 所示的"剪裁曲面"属性管理器。选中"相互"单选按钮，选择视图中所有的曲面为裁剪曲面，选中"移除选择"单选按钮，选择图 11-61 所示的 6 个曲面为要移除的面，单击"确定"按钮，结果如图 11-62 所示。

Note

图 11-61　"剪裁曲面"属性管理器

图 11-62　剪裁曲面

3. 绘制安装孔

（1）设置基准面。在左侧"FeatureManager 设计树"中选择"上视基准面"，然后单击"视图（前导）"工具栏"视图定向"下拉列表中的"正视于"按钮↓，将该基准面作为绘制图形的基准面。单击"草图"选项卡中的"草图绘制"按钮□，进入草图绘制状态。

（2）绘制草图。单击"草图"选项卡中的"圆"按钮⊙，绘制如图 11-63 所示的草图并标注尺寸。

（3）拉伸曲面。选择菜单栏中的"插入"→"曲面"→"拉伸曲面"命令，或者单击"曲面"选项卡中的"拉伸曲面"按钮◈，此时系统弹出如图 11-64 所示的"曲面-拉伸"属性管理器。选择步骤（2）中创建的草图，设置终止条件为"给定深度"，输入拉伸距离为 120mm，单击"确定"按钮✓，结果如图 11-65 所示。

图 11-63　绘制草图

图 11-64　"曲面-拉伸"属性管理器

图 11-65　拉伸曲面

（4）圆周阵列实体。选择菜单栏中的"插入"→"阵列/镜向"→"圆周阵列"命令，或者单击"特征"选项卡"线性阵列"下拉列表中的"圆周阵列"按钮❀，系统弹出"阵列（圆周）"属性管理器；在"阵列轴"列表框中选择基准轴，在"要阵列的特征"列表框中选择步骤（3）中创建的拉伸曲面，选中"等间距"单选按钮，在"实例数"文本框❀中输入"6"，如图 11-66 所示。单击"确定"按钮✔，完成圆周阵列实体操作。选择菜单栏中的"视图"→"隐藏/显示"→"临时轴"命令，隐藏临时轴，效果如图 11-67 所示。

（5）剪裁曲面。选择菜单栏中的"插入"→"曲面"→"剪裁曲面"命令，或者单击"曲面"选项卡中的"剪裁曲面"按钮✄，此时系统弹出如图 11-68 所示的"剪裁曲面"属性管理器。选中"相互"单选按钮，选择最上面的曲面和圆周阵列的拉伸曲面，选中"移除选择"单选按钮，选择如图 11-68 所示的面为要移除的面，单击"确定"按钮✔，隐藏基准面 1，结果如图 11-69 所示。

图 11-66 "阵列（圆周）"属性管理器

图 11-67 阵列拉伸曲面

图 11-68 "剪裁曲面"属性管理器

（6）加厚曲面。选择菜单栏中的"插入"→"凸台/基体"→"加厚"命令，此时系统弹出如图 11-70 所示的"加厚"属性管理器。选择视图中的缝合曲面，选择"加厚侧边 2"选项☰，输入厚度为 4mm，单击"确定"按钮✔，结果如图 11-71 所示。

图 11-69　剪裁曲面　　　　图 11-70　"加厚"属性管理器　　　　图 11-71　加厚曲面

（7）缝合曲面。选择菜单栏中的"插入"→"曲面"→"缝合曲面"命令，或者单击"曲面"选项卡中的"缝合曲面"按钮，此时系统弹出如图 11-72 所示的"缝合曲面"属性管理器。选择视图中所有的曲面，选中"合并实体"复选框，单击"确定"按钮，结果如图 11-73 所示。

图 11-72　"缝合曲面"属性管理器　　　　图 11-73　缝合曲面

11.3　曲　面　编　辑

SOLIDWORKS 还提供了填充曲面、缝合曲面、延伸曲面、剪裁曲面、移动/复制/旋转曲面、删除曲面、替换面、中面、曲面切除等多种曲面编辑方式，相应的曲面编辑按钮在"曲面"选项卡中。接下来对各个曲面编辑功能进行介绍。

11.3.1　填充曲面

填充曲面是指在现有模型边线、草图或者曲线定义的边界内构成带任何边数的曲面修补。

下面介绍该方式的操作步骤。

（1）打开源文件"填充曲面"，单击"曲面"选项卡中的"填充曲面"按钮，或者选择菜单栏中的"插入"→"曲面"→"填充曲面"命令。

（2）在弹出的"填充曲面"属性管理器中单击"修补边界"选项组中的第一个显示框，然后在右面的图形区域中选择边线。此时被选项目将出现在该显示框中，如图 11-74 所示。

（3）单击"交替面"按钮，可为修补的曲率控制反转边界面。

（4）单击"确定"按钮 ✓，完成填充曲面的创建，如图 11-75 所示。

图 11-74 "填充曲面"属性管理器   图 11-75 创建的曲面

"填充曲面"属性管理器选项说明如下。

1. "修补边界"选项组

☑ 交替面：可为修补的曲率控制反转边界面。只在实体模型上生成修补时使用。

☑ 曲率控制：定义在所生成的修补上进行控制的类型。

➤ 相触：在所选边界内生成曲面。

➤ 相切：在所选边界内生成曲面，但保持修补边线的相切。

➤ 曲率：在与相邻曲面交界的边界边线上，生成与所选曲面的曲率相配套的曲面。

☑ 应用到所有边线：选中此复选框，将相同的曲率控制应用到所有边线。如果在将接触以及相切应用到不同边线后选中此复选框，将应用当前选择的所有边线。

☑ 优化曲面：优化曲面与放样的曲面相类似的简化曲面修补。优化的曲面修补的潜在优势是可以使重建时间加快，并且当与模型中的其他特征一起使用时可以增强稳定性。

☑ 显示预览：在修补上显示网格线以帮助直观地查看曲率。

2. "选项"选项组

☑ 修复边界：通过自动建造遗失部分或裁剪过大部分来构造有效边界。

☑ 合并结果：当所有边界都属于同一实体时，可以使用曲面填充来修补实体。如果至少有一个边线是开环薄边，选中"合并结果"复选框，那么曲面填充会用边线所属的曲面缝合。如果所有边界实体都是开环边线，那么可以选择生成实体。

☑ 创建实体：如果所有边界实体都是开环曲面边线，那么形成实体是有可能的。默认情况下，不选中"创建实体"复选框。

☑　反向：当用填充曲面修补实体时，如果填充曲面显示的方向不符合需要，则选中"反向"复选框更改方向。

💡提示：使用边线进行曲面填充时，所选择的边线必须是封闭的曲线。如果选中"填充曲面"属性管理器中的"合并结果"复选框，则填充的曲面将和边线的曲面组成一个实体，否则填充的曲面为一个独立的曲面。

11.3.2　缝合曲面

缝合曲面是将相连的两个或多个面和曲面连接成一体，缝合曲面需要注意以下方面。

☑　曲面的边线必须相邻并且不重叠。

☑　要缝合的曲面不必处于同一基准面上。

☑　可以选择整个曲面实体或选择一个或多个相邻曲面实体。

☑　缝合曲面不吸收用于生成它们的曲面。

☑　空间曲面经过剪裁、拉伸和圆角等操作后，可以自动缝合，而不需要进行缝合曲面操作。

将多个曲面缝合为一个曲面的操作步骤如下。

（1）打开源文件"缝合曲面"，单击"曲面"选项卡中的"缝合曲面"按钮🔲，或者选择菜单栏中的"插入"→"曲面"→"缝合曲面"命令，此时会出现如图 11-76 所示的"缝合曲面"属性管理器。单击"选择"选项组中🖰按钮右侧的显示框，然后在图形区域中选择要缝合的面，所选项目将列举在该显示框中。

（2）单击"确定"按钮✔，完成曲面的缝合工作，缝合后的曲面外观没有任何变化，但是多个曲面已经可以作为一个实体来选择和操作了，如图 11-77 所示。

图 11-76　"缝合曲面"属性管理器

图 11-77　曲面缝合工作

"缝合曲面"属性管理器选项说明如下。

☑　缝合公差：控制哪些缝隙缝合在一起，哪些保持打开。大小低于公差的缝隙会缝合。

☑　显示范围中的缝隙：只显示范围中的缝隙。拖动滑块可更改缝隙范围。

11.3.3　延伸曲面

延伸曲面可以在现有曲面的边缘沿着切线方向，以直线或随曲面的弧度产生附加的曲面。下面介绍该方式的操作步骤。

（1）打开源文件"延伸曲面"，单击"曲面"选项卡中的"延伸曲面"按钮，或者选择菜单栏中的"插入"→"曲面"→"延伸曲面"命令。

（2）弹出"延伸曲面"属性管理器，单击"延伸的边线/面"选项组中的第一个显示框，然后在右面的图形区域中选择曲面边线或曲面。此时被选项目出现在该显示框中，如图 11-78 所示。

图 11-78　"延伸曲面"属性管理器

（3）在"终止条件"选项组中选择一种延伸结束条件。

☑　距离：在文本框中指定延伸曲面的距离。

☑　成形到某一点：延伸曲面到图形区域中选择的某一点。

☑　成形到某一面：延伸曲面到图形区域中选择的面。

（4）在"延伸类型"选项组中选择延伸类型。

☑　同一曲面：沿曲面的几何体延伸曲面，如图 11-79（a）所示。

☑　线性：沿边线相切于原来曲面来延伸曲面，如图 11-79（b）所示。

（a）延伸类型为"同一曲面"　　　（b）延伸类型为"线性"

图 11-79　延伸类型

（5）单击"确定"按钮，完成曲面的延伸。如果在步骤（2）中选择的是曲面的边线，则系统会延伸这些边线形成的曲面；如果选择的是曲面，则曲面上所有的边线相等地延伸整个曲面。

11.3.4　剪裁曲面

剪裁曲面主要有两种方式，第一种是将两个曲面互相剪裁，第二种是以线性图元修剪曲面。下面介绍该方式的操作步骤。

（1）打开源文件"剪裁曲面"，单击"曲面"选项卡中的"剪裁曲面"按钮，或者选择菜单栏中的"插入"→"曲面"→"剪裁"命令。

（2）弹出"剪裁曲面"属性管理器，在"剪裁类型"选项组中选择剪裁类型。

☑　标准：使用曲面作为剪裁工具，在曲面相交处剪裁其他曲面。

☑　相互：将两个曲面作为互相剪裁的工具。

（3）如果在步骤（2）中选择了"标准"剪裁类型，则在"选择"选项组中单击"剪裁工具"项目中按钮右侧的显示框，然后在图形区域中选择一个曲面作为剪裁工具；单击"保留的部分"项目中按钮右侧的显示框，然后在图形区域中选择曲面作为保留部分。所选项目会在对应的显示框中显示，如图 11-80 所示。

（4）如果在步骤（2）中选择了"相互"剪裁类型，则在"选择"选项组中单击"剪裁曲面"项目中按钮右侧的显示框，然后在图形区域中选择作为剪裁曲面的至少两个相交曲面；单击"保留的部分"项目中按钮右侧的显示框，然后在图形区域中选择需要的区域作为保留部分（可以是多个部分），则所选项目会在对应的显示框中显示，如图 11-81 所示。

图 11-80　"剪裁曲面"属性管理器

图 11-81　"相互"剪裁类型

（5）单击"确定"按钮，完成曲面的剪裁，如图 11-82 所示。

图 11-82　剪裁效果

11.3.5 移动/复制/旋转曲面

用户可以像拉伸特征、旋转特征那样对曲面特征进行移动、复制、旋转等操作。

1. 移动/复制曲面

具体操作步骤如下。

（1）打开源文件"移动复制曲面"，选择菜单栏中的"插入"→"曲面"→"移动/复制"命令。

（2）弹出"移动/复制实体"属性管理器，单击最下面的"平移/旋转"按钮，切换到"平移/旋转"模式。

（3）单击"要移动/复制的实体"选项组中🔧按钮右侧的显示框，然后在图形区域或特征管理器设计树中选择要移动/复制的实体。

（4）如果要复制曲面，则选中"复制"复选框，然后在🔢文本框中指定复制的数目。

（5）单击"平移"选项组中🔧按钮右侧的显示框，然后在图形区域中选择一条边线来定义平移方向；或者在图形区域中选择两个顶点来定义曲面移动或复制体之间的方向和距离。

（6）也可以在🔧、🔧、🔧文本框中指定移动的距离或复制体之间的距离。此时在右面的图形区域中可以预览曲面移动或复制的效果，如图 11-83 所示。

图 11-83　"移动/复制实体"属性管理器

（7）单击"确定"按钮✔，完成曲面的移动/复制。

2. 旋转/复制曲面

具体操作步骤如下。

（1）打开源文件"旋转复制曲面"，选择菜单栏中的"插入"→"曲面"→"移动/复制"命令。

（2）弹出"移动/复制实体"属性管理器，单击"要移动/复制的实体"选项组中🔧按钮右侧的显示框，然后在图形区域或特征管理器设计树中选择要旋转/复制的曲面。

（3）如果要复制曲面，则选中"复制"复选框，然后在🔢文本框中指定复制的数目。

（4）激活"旋转"选项，单击🔧按钮右侧的显示框，在图形区域中选择一条边线定义旋转方向。

（5）在🔧、🔧、🔧文本框中指定原点在 X 轴、Y 轴、Z 轴方向移动的距离，然后在🔧、🔧、🔧文本框中指定曲面绕 X、Y、Z 轴旋转的角度。此时在右面的图形区域中可以预览曲面复制/旋转的效果，如图 11-84 所示。

图 11-84 旋转曲面

（6）单击"确定"按钮 ✔，完成曲面的旋转/复制。

11.3.6 删除曲面

用户可以从曲面实体中删除一个面，并能对实体中的面进行删除和自动修补。下面介绍该方式的操作步骤。

（1）打开源文件"删除曲面"，单击"曲面"选项卡中的"删除面"按钮 ⊠，或者选择菜单栏中的"插入"→"面"→"删除"命令。

（2）弹出"删除面"属性管理器，单击"选择"选项组中 按钮右侧的显示框，然后在图形区域或特征管理器中选择要删除的面。此时要删除的曲面在该显示框中显示，如图 11-85 所示。

图 11-85 "删除面"属性管理器

（3）如果选中"删除"单选按钮，将删除所选曲面；如果选中"删除并修补"单选按钮，则在删除曲面的同时，对删除曲面后的曲面进行自动修补；如果选中"删除并填补"单选按钮，则在删除曲面的同时，对删除曲面后的曲面进行自动填充。

（4）单击"确定"按钮 ✔，完成曲面的删除。

11.3.7 替换面

替换面是指以新曲面实体来替换曲面或者实体中的面。替换曲面实体不必与旧的面具有相同的边界。在替换面时，原来实体中的相邻面自动延伸并剪裁到替换曲面实体。

在上面的几种情况中，比较常用的是用一曲面实体替换另一个曲面实体中的一个面。

选择菜单栏中的"插入"→"面"→"替换"命令，或者单击"曲面"选项卡中的"替换面"按钮🗐，此时系统弹出"替换面"属性管理器，如图11-86所示。

在替换面中，替换的面有两个特点：一是必须替换，必须相连；二是不必相切。替换曲面实体可以是以下类型之一。

☑ 任何类型的曲面特征，如拉伸、放样等。

☑ 缝合曲面实体，或复杂的输入曲面实体。

☑ 通常比正替换的面要宽和长。然而在某些情况下，当替换曲面实体比要替换的面小时，替换曲面实体延伸以与相邻面相遇。

下面将以图11-87为例说明替换面的操作步骤。

（1）执行"替换面"命令。打开源文件"替换面"，选择菜单栏中的"插入"→"面"→"替换"命令，或者单击"曲面"选项卡中的"替换面"按钮🗐，此时系统弹出"替换面"属性管理器。

（2）设置属性管理器。在"替换的目标面"列表框中，选择图11-87中的面2；在"替换曲面"列表框中，选择图11-87中的曲面1，此时属性管理器如图11-88所示。

图11-86 "替换面"属性管理器

图11-87 待生成替换的图形

图11-88 "替换面"属性管理器

（3）确认替换面。单击属性管理器中的"确定"按钮✔，生成替换面，结果如图11-89所示。

（4）隐藏替换的目标面。右击图11-89中的曲面1，在弹出的快捷菜单中单击"隐藏"按钮，如图11-90所示。

图11-89 生成的替换面

图11-90 快捷菜单

隐藏面后的图形及其 FeatureManager 设计树如图11-91所示。

💡提示：确认你的替换曲面实体比正替换的面要宽和长。

图 11-91　隐藏目标面后的图形及其 FeatureManager 设计树

11.3.8　中面

中面工具可让在实体上合适的所选双对面之间生成中面。合适的双对面应该处处等距，并且必须属于同一实体。

与任何在 SOLIDWORKS 中生成的曲面相同，中面包括所有曲面的属性，中面通常有以下几种情况。

☑　单个：从视图区域中选择单个等距面生成中面。

☑　多个：从视图区域中选择多个等距面生成中面。

☑　所有：单击"中面"属性管理器中的"查找双对面"按钮，让系统选择模型上所有合适的等距面，用于生成所有等距面的中面。

下面将说明创建中面的操作步骤。

（1）执行"中面"命令。打开源文件"中面"，选择菜单栏中的"插入"→"曲面"→"中面"命令，此时系统弹出"中面"属性管理器。

（2）设置"中面"属性管理器。在"面 1"栏中选择图 11-92 中的面 1；在"面 2"栏中选择图 11-92 中的面 2；在"定位"数值框中输入值为 50%，其他设置如图 11-93 所示。

图 11-92　待生成中面的图形

图 11-93　"中面"属性管理器

（3）确认中面。单击属性管理器中的"确定"按钮 ✅，生成中面。

> 💡 提示：生成中面的定位值是从面 1 的位置开始，位于面 1 和面 2 之间。

生成中面后的图形及其 FeatureManager 设计树如图 11-94 所示。

图 11-94　生成中面后的图形及其 FeatureManager 设计树

> 💡 提示：生成中面的定位值，是从面 1 的位置开始，位于面 1 和面 2 之间。

11.3.9　曲面切除

SOLIDWORKS 还可以利用曲面生成对实体的切除，下面介绍该方式的操作步骤。

（1）打开源文件"曲面切除"，选择"插入"→"切除"→"使用曲面"命令，此时弹出"使用曲面切除"属性管理器。

（2）在图形区域或特征管理器设计树中选择切除所使用的曲面，所选曲面出现在"曲面切除参数"选项组的显示框中，如图 11-95（a）所示。

（3）图形区域中箭头指示实体切除的方向。如有必要，单击"反向"按钮 改变切除方向。

（4）单击"确定"按钮 ✅，则实体被切除，如图 11-95（b）所示。

（5）使用"剪裁曲面"工具 对曲面进行剪裁，得到实体切除效果，如图 11-95（c）所示。

（a）"使用曲面切除"属性管理器　　　　（b）切除实体　　　（c）切除后的效果

图 11-95　曲面切除

除了这几种常用的曲面编辑方法，还有圆角曲面、加厚曲面、填充曲面等多种编辑方法，各方法的操作基本与特征的编辑类似，这里不再赘述。

11.4　综合实例——风叶建模

本例创建的风叶模型如图 11-96 所示。风叶模型主要由扇叶和扇叶轴构成。在创建该模型的过程中，应用到的命令主要有"放样曲面""分割曲面""删除曲面""加厚曲面""拉伸切除""拉伸凸台"。

图 11-96 风叶模型

操作步骤：

1. 创建扇叶基体

（1）新建文件。启动 SOLIDWORKS 2024，选择菜单栏中的"文件"→"新建"命令，或者单击"快速访问"工具栏中的"新建"按钮，在弹出的"新建 SOLIDWORKS 文件"对话框中单击"零件"按钮，然后单击"确定"按钮，创建一个新的零件文件。

（2）创建基准面 1。选择菜单栏中的"插入"→"参考几何体"→"基准面"命令，或者单击"特征"选项卡"参考几何体"下拉列表中的"基准面"按钮，系统弹出"基准面"属性管理器，如图 11-97 所示，在"第一参考"选项组的列表框中选择 FeatureManager 设计树中的"右视基准面"，在"偏移距离"文本框中输入"155"，注意添加基准面的方向，单击"确定"按钮，创建基准面 1。单击"视图（前导）"工具栏"视图定向"下拉列表中的"等轴测"按钮，将视图以等轴测方式显示，如图 11-98 所示。

（3）设置基准面。在 FeatureManager 设计树中选择"基准面 1"，然后单击"视图（前导）"工具栏"视图定向"下拉列表中的"正视于"按钮，将该基准面转为正视方向。

（4）绘制圆弧。选择菜单栏中的"工具"→"草图绘制实体"→"三点圆弧"命令，或者单击"草图"选项卡中的"三点圆弧"按钮，绘制如图 11-99 所示的圆弧并标注尺寸，然后退出草图绘制状态。

图 11-97 "基准面"属性管理器 1　　　　图 11-98 创建基准面 1　　　　图 11-99 绘制圆弧

（5）设置基准面。在 FeatureManager 设计树中选择"右视基准面"，然后单击"视图（前导）"工具栏"视图定向"下拉列表中的"正视于"按钮↓，将该基准面转为正视方向。

（6）绘制切线弧。单击"草图"选项卡中的"三点圆弧"按钮⌒，绘制如图 11-100 所示的切线弧。

（7）添加几何关系。选择菜单栏中的"工具"→"关系"→"添加"命令，或者单击"草图"选项卡中的"显示/删除几何关系"下拉列表中的"添加几何关系"按钮⊥，系统弹出"添加几何关系"属性管理器，如图 11-101 所示。在"所选实体"选项组中，选择如图 11-100 所示的点 1 和点 2，单击"添加几何关系"选项组中的"竖直"按钮|，将点 1 和点 2 设置为"竖直"几何关系，单击"确定"按钮✔。继续添加几何关系，给 3 条圆弧添加"相切"几何关系，完成几何关系的添加，效果如图 11-102 所示。

图 11-100　绘制切线弧　　图 11-101　"添加几何关系"属性管理器　　图 11-102　添加几何关系

（8）标注尺寸。选择菜单栏中的"工具"→"尺寸"→"智能尺寸"命令，或者单击"草图"选项卡中的"智能尺寸"按钮✎，标注图 11-102 中绘制的草图，标注尺寸后的图形如图 11-103 所示，退出草图绘制状态。

（9）创建基准面 2。选择菜单栏中的"插入"→"参考几何体"→"基准面"命令，或者单击"特征"选项卡"参考几何体"下拉列表中的"基准面"按钮▦，系统弹出"基准面"属性管理器。在"第一参考"选项组中选择 FeatureManager 设计树中的"前视基准面"，在"偏移距离"文本框▥中输入"80"，如图 11-104 所示，注意添加基准面的方向，单击"确定"按钮✔，完成基准面 2 的创建，如图 11-105 所示。

（10）设置基准面。在 FeatureManager 设计树中选择"基准面 2"，然后单击"视图（前导）"工具栏"视图定向"下拉列表中的"正视于"按钮↓，将该基准面转为正视方向。

（11）绘制 R300mm 圆弧。单击"草图"选项卡中的"三点圆弧"按钮⌒，绘制如图 11-106 所示的圆弧并标注尺寸，然后退出草图绘制状态。

图 11-103　标注尺寸　　　图 11-104　"基准面"属性管理器 2　　　图 11-105　创建基准面 2

（12）创建基准面 3。选择菜单栏中的"插入"→"参考几何体"→"基准面"命令，或者单击"特征"选项卡"参考几何体"下拉列表中的"基准面"按钮![]，系统弹出"基准面"属性管理器，如图 11-107 所示。在"第一参考"选项组中，选择 FeatureManager 设计树中的"前视基准面"，在"偏移距离"文本框![]中输入"110"，注意基准面的方向，单击"确定"按钮![]，完成基准面 3 的创建，如图 11-108 所示。

图 11-106　绘制 R300mm 圆弧　　　图 11-107　"基准面"属性管理器 3　　　图 11-108　创建基准面 3

（13）设置基准面。在 FeatureManager 设计树中选择"基准面 3"，然后单击"视图（前导）"工具栏"视图定向"下拉列表中的"正视于"按钮![]，将该基准面转为正视方向。

（14）绘制 R2500mm 圆弧。单击"草图"选项卡中的"三点圆弧"按钮![]，绘制如图 11-109

所示的圆弧并标注尺寸，然后退出草图绘制状态。

（15）隐藏基准面。依次右击基准面 1、基准面 2 和基准面 3，在弹出的快捷菜单中单击"隐藏"按钮，将基准面隐藏，结果如图 11-110 所示。

图 11-109　绘制 R2500mm 圆弧

图 11-110　隐藏基准面

（16）放样曲面。选择菜单栏中的"插入"→"曲面"→"放样曲面"命令，或者单击"曲面"选项卡中的"放样曲面"按钮，系统弹出"曲面-放样"属性管理器，如图 11-111 所示。在"轮廓"选项组中，依次选择图 11-110 中的曲线 3 和曲线 4；在"引导线"选项组中，依次选择图 11-110 中的曲线 1 和曲线 2，单击"确定"按钮，生成放样曲面，效果如图 11-112 所示。

2．创建扇叶

（1）设置基准面。在 FeatureManager 设计树中选择"上视基准面"作为草图绘制平面，然后单击"视图（前导）"工具栏"视图定向"下拉列表中的"正视于"按钮，将该基准面转为正视方向。

（2）绘制草图。单击"草图"选项卡中的"直线"按钮和"三点圆弧"按钮，绘制如图 11-113 所示的草图并标注尺寸。

图 11-111　"曲面-放样"属性管理器

图 11-112　放样曲面

图 11-113　绘制草图

（3）插入分割线。选择菜单栏中的"插入"→"曲线"→"分割线"命令，或者单击"曲线"工具栏中的"分割线"按钮，系统弹出"分割线"属性管理器，如图 11-114 所示。在"分割类型"选项组中选中"投影"单选按钮，在"要投影的草图"列表框中选择图 11-115 中的曲线 2，在"要分割的面"列表框中选择面 1，单击"确定"按钮，生成所需的分割线，如图 11-116 所示。

图 11-114 "分割线"属性管理器　　图 11-115 选择草图曲线和面　　图 11-116 插入分割线

（4）删除曲面。单击"曲面"选项卡中的"删除面"按钮，或者选择菜单栏中的"插入"→"面"→"删除面"命令，弹出"删除面"属性管理器。选中"删除"单选按钮，单击"参考实体"选项框，选择要删除的面，如图 11-117 所示，单击"确定"按钮，完成曲面的删除。

（5）设置视图方向。按住鼠标中键，移动鼠标旋转视图，将视图以合适的方向显示，如图 11-118 所示。

图 11-117 选择要删除的面　　　　　图 11-118 设置视图方向 1

（6）移动复制实体。选择菜单栏中的"插入"→"曲面"→"移动/复制"命令，弹出"移动/复制实体"属性管理器，单击最下面的"旋转"按钮，切换到"旋转"模式。在"要移动/复制的实体"选项组中选择步骤（5）中生成的扇叶，选中"复制"复选框，在"份数"文本框中输入"2"，在"旋转"选项组的、和文本框中指定距离均为 0；在"Y 旋转角度"文本框中输入"120"，此时可以预览曲面移动或复制的效果，如图 11-119 所示。单击"确定"按钮，完成曲面的移动复制。

（7）加厚曲面实体。选择菜单栏中的"插入"→"凸台/基体"→"加厚"命令，或者单击"曲面"选项卡中的"加厚"按钮，系统弹出"加厚"属性管理器。在"要加厚的曲面"列表框中，选择 FeatureManager 设计树中的"删除面 1"，在"厚度"文本框中输入"2"，设置如图 11-120 所示。

单击"确定"按钮 ✔，将曲面实体加厚。重复上述操作，将另外两个扇叶同样加厚 2mm，加厚结果如图 11-121 所示。

图 11-119 移动复制实体

图 11-120 "加厚"属性管理器

图 11-121 加厚曲面实体

3. 创建扇叶轴

（1）创建基准面 4。单击"特征"选项卡"参考几何体"下拉列表中的"基准面"按钮 🗐，系统弹出如图 11-122 所示的"基准面"属性管理器。单击"第一参考"选项组中的列表框，在 FeatureManager 设计树中选择"上视基准面"，在"偏移距离"文本框 🗐 中输入"46"，如图 11-122 所示，注意添加基准面的方向，单击"确定"按钮 ✔，完成基准面 4 的创建。

（2）设置视图方向。单击"视图（前导）"工具栏"视图定向"下拉列表中的"等轴测"按钮 🗐，将视图以等轴测方式显示，如图 11-123 所示。

（3）设置基准面。在 FeatureManager 设计树中选择"基准面 4"，然后单击"视图（前导）"工具栏"视图定向"下拉列表中的"正视于"按钮 ⚓，将该基准面转为正视方向。

（4）绘制放样草图 1。单击"草图"选项卡中的"圆"按钮 ⊙，以原点为圆心绘制直径为 74mm 的圆，如图 11-124 所示，然后退出草图绘制状态。

（5）设置基准面。在 FeatureManager 设计树中选择"上视基准面"作为草图绘制平面，然后单击"视图（前导）"工具栏"视图定向"下拉列表中的"正视于"按钮 ⚓，将该基准面转为正视方向。

（6）绘制放样草图 2。单击"草图"选项卡中的"圆"按钮 ⊙，以原点为圆心绘制直径为 78mm 的圆，然后退出草图绘制状态。

（7）设置视图方向。单击"视图（前导）"工具栏"视图定向"下拉列表中的"等轴测"按钮 🗐，将视图以等轴测方式显示，如图 11-125 所示（图中曲线 1 为直径 74mm 的圆，曲线 2 为直径 78mm 的圆）。

图 11-122　"基准面"属性管理器 4　　　图 11-123　设置视图方向 2　　　图 11-124　绘制放样草图 1

（8）放样实体。选择菜单栏中的"插入"→"凸台/基体"→"放样"命令，或者单击"特征"选项卡中的"放样凸台/基体"按钮，系统弹出"放样"属性管理器。单击"轮廓"列表框，依次选择图 11-125 中的曲线 1 和曲线 2 作为放样轮廓，单击"确定"按钮，完成实体放样，效果如图 11-126 所示。

（9）设置基准面。在 FeatureManager 设计树中选择"基准面 4"，然后单击"视图（前导）"工具栏"视图定向"下拉列表中的"正视于"按钮，将该基准面转为正视方向。

（10）等距实体。单击"草图"选项卡中的"草图绘制"按钮，进入草图绘制状态。选择图 11-126 中的边线 1，然后单击"草图"选项卡中的"等距实体"按钮，系统弹出"等距实体"属性管理器，如图 11-127 所示。在"等距距离"文本框中输入"5"，选中"反向"复选框，在边线内侧等距一个圆，如图 11-128 所示。

图 11-125　设置视图方向 3　　　　图 11-126　放样实体　　　　图 11-127　"等距实体"属性管理器

（11）切除拉伸实体。选择菜单栏中的"插入"→"切除"→"拉伸"命令，或者单击"特征"选项卡中的"拉伸切除"按钮，系统弹出"切除-拉伸"属性管理器，设置切除终止条件为"完全贯穿"，如图 11-129 所示。单击"确定"按钮，完成拉伸切除实体操作，效果如图 11-130 所示。

图 11-128　等距实体　　　图 11-129　"切除-拉伸"属性管理器　　　图 11-130　切除拉伸实体

（12）设置基准面。在 FeatureManager 设计树中选择"上视基准面"作为草图绘制平面，然后单击"视图（前导）"工具栏"视图定向"下拉列表中的"正视于"按钮，将该基准面转为正视方向。

（13）绘制凸台拉伸草图 1。单击"草图"选项卡中的"中心线"按钮，绘制过原点的竖直中心线。单击"草图"选项卡中的"边角矩形"按钮，绘制一个矩形并标注尺寸，如图 11-131 所示，添加几何关系使矩形左、右两边线关于中心线对称，矩形的下边线和原点为"重合"几何关系。

（14）凸台拉伸实体 1。选择菜单栏中的"插入"→"凸台/基体"→"拉伸"命令，或者单击"特征"选项卡中的"拉伸凸台/基体"按钮，系统弹出"凸台-拉伸"属性管理器，如图 11-132 所示。设置拉伸终止条件为"给定深度"，在"深度"文本框中输入"46"，即与轴高度相同，选中"合并结果"复选框，单击"确定"按钮，完成凸台拉伸操作，效果如图 11-133 所示。

图 11-131　绘制凸台拉伸草图 1　　　图 11-132　"凸台-拉伸"属性管理器 1　　　图 11-133　凸台拉伸实体 1

（15）添加基准轴。选择菜单栏中的"插入"→"参考几何体"→"基准轴"命令，或者单击"特征"选项卡"参考几何体"下拉列表中的"基准轴"按钮，系统弹出"基准轴"属性管理器。在"参考实体"列表框中选择图 11-133 中的面 1，此时系统会自动判断添加基准轴的类型，如图 11-134

所示，单击"确定"按钮 ✔，添加一个基准轴，如图 11-135 所示。

图 11-134 "基准轴"属性管理器　　　　　图 11-135 添加基准轴

（16）圆周阵列实体。选择菜单栏中的"插入"→"阵列/镜向"→"圆周阵列"命令，或者单击"特征"选项卡"线性阵列"下拉列表中的"圆周阵列"按钮 ❀，系统弹出"阵列（圆周）"属性管理器。在"阵列轴"列表框中选择步骤（15）中添加的基准轴，在"要阵列的特征"列表框中选择步骤（14）中的凸台拉伸实体 1，选中"等间距"单选按钮，在"实例数"文本框 ❀ 中输入"6"，如图 11-136 所示。单击"确定"按钮 ✔，完成圆周阵列实体操作，效果如图 11-137 所示。

（17）边线倒圆角。选择菜单栏中的"插入"→"特征"→"圆角"命令，或者单击"特征"选项卡中的"圆角"按钮 ◉，系统弹出"圆角"属性管理器，如图 11-138 所示。在"圆角类型"选项组中选中"固定大小圆角"按钮 ◉，在"半径"文本框 ⌒ 中输入"6"，在"边线、面、特征和环"列表框中选择图 11-137 中的边线 1，单击"确定"按钮 ✔，完成倒圆角操作，效果如图 11-139 所示。

图 11-136 "阵列（圆周）"属性管理器　　图 11-137 圆周阵列实体　　　　图 11-138 "圆角"属性管理器

4. 创建与转子连接的轴

（1）设置基准面。在 FeatureManager 设计树中选择"上视基准面"作为草图绘制平面，然后单击"视图（前导）"工具栏"视图定向"下拉列表中的"正视于"按钮↓，将该基准面转为正视方向。

（2）绘制凸台拉伸草图 2。单击"草图"选项卡中的"圆"按钮⊙，以原点为圆心绘制直径为 12mm 的圆，如图 11-140 所示。

图 11-139　边线倒圆角　　　　　　　图 11-140　绘制凸台拉伸草图 2

（3）凸台拉伸实体 2。单击"特征"选项卡中的"拉伸凸台/基体"按钮◉，系统弹出如图 11-141 所示的"凸台-拉伸"属性管理器。设置拉伸终止条件为"给定深度"，在"深度"文本框中输入"80"，注意拉伸实体的方向，单击"确定"按钮✔，完成凸台拉伸操作。按住鼠标中键，移动鼠标旋转视图，将视图以合适的方向显示，如图 11-142 所示。

（4）轴倒圆角。单击"特征"选项卡中的"圆角"按钮◉，系统弹出"圆角"属性管理器，如图 11-143 所示。在"圆角类型"选项组中选中"固定大小圆角"按钮◉，在"半径"文本框中输入"2"，在"边线、面、特征和环"列表框中选择图 11-142 中的边线 1，单击"确定"按钮✔，完成倒圆角操作，效果如图 11-144 所示。

图 11-141　"凸台-拉伸"属性管理器 2　　图 11-142　凸台拉伸实体 2　　图 11-143　"圆角"属性管理器

至此完成扇叶的建模，最终得到的扇叶模型及其 FeatureManager 设计树如图 11-145 所示。

图 11-144　轴倒圆角

图 11-145　扇叶模型及其 FeatureManager 设计树

11.5　实践与操作

11.5.1　绘制叶轮

本实践绘制如图 11-146 所示的叶轮。

图 11-146　叶轮

操作提示：

（1）选择前视基准面，利用"草图绘制"和"拉伸"命令绘制叶轮主体，草图为直径 25mm 的圆，设置终止条件为"给定深度"，拉伸距离为 22mm。

（2）利用"基准面"命令，以"右视基准面"为参考，设置偏移距离为 35mm，创建基准面 1。

（3）选择右视基准面，利用"草图绘制"命令绘制草图。

（4）选择前面创建的基准面 1，利用"草图绘制"命令绘制草图。

（5）利用"通过参考点的曲线"命令，依次选择两个草图上方的点绘制一条直线，接着利用相同的命令选择草图下方的点绘制直线。

（6）利用"放样"命令，选择前面绘制的两个草图为轮廓，选择两条直线为引导线，绘制放样实体。

（7）利用"阵列"命令，选择圆柱的中心轴为阵列轴，将放样实体进行圆周阵列，阵列个数为6，绘制的流程图如图 11-147 所示。

图 11-147　叶轮的绘制流程图

11.5.2　绘制铣刀

本实践绘制如图 11-148 所示的铣刀。

图 11-148　铣刀

操作提示：

（1）选择前视基准面，利用"草图绘制"命令绘制草图。

（2）利用"基准面"命令，以"前视基准面"为"第一参考"，设置偏移距为 30mm，依次创建 5 个基准面。

（3）依次选择各个基准面，利用"转换实体引用"命令，将步骤（1）中的草图依次投影到所创建的基准面上。

（4）利用"边界曲面"命令，选择前面创建的 6 个草图为边界曲面，生成铣刀刀刃。

（5）利用"填充曲面"命令，选择边界曲面的边线，重复此命令，在另一侧创建填充曲面。

（6）选择上方填充的曲面，利用"草图绘制"和"拉伸曲面"命令绘制直径为 10mm 的轴头，方向 1 的拉伸距离为 20mm，方向 2 的拉伸距离为 170mm，绘制的流程图如图 11-149 所示。

图 11-149　铣刀的绘制流程图

第12章

有限元分析

本章首先介绍有限元法和自带的有限元分析工具 SOLIDWORKS Simulation；然后简要说明 SOLIDWORKS Simulation 的具体使用方法；最后根据不同学科和工程应用，分别采用实例说明 SOLIDWORKS Simulation 2024 的应用。

☑ 有限元法

☑ 有限元分析法（FEA）的基本概念

☑ SOLIDWORKS Simulation 2024 功能和特点

☑ SOLIDWORKS Simulation 2024 的启动

☑ SOLIDWORKS Simulation 2024 的使用

任务驱动&项目案例

模型名称: 法兰盘
算例名称: 静应力分析 1(-默认-)
图解类型: 静应力分析 节应力 应力1
变形比例: 5.61683e+07

von Mises (N/m^2)

2.160e+03
1.944e+03
1.728e+03
1.512e+03
1.296e+03
1.080e+03
8.642e+02
6.482e+02
4.322e+02
2.162e+02
1.482e-01

→ 屈服力: 2.482e+08

12.1 有限元法

有限元法是随着电子计算机的发展而迅速发展起来的一种现代计算方法。它是 20 世纪 50 年代首先在连续体力学领域——飞机结构静、动态特性分析中应用的一种有效的数值分析方法，随后很快广泛应用于求解热传导、电磁场、流体力学等连续性问题。

有限元法简单地说，就是将一个连续的求解域（连续体）离散化，即分割成彼此用节点（离散点）互相联系的有限个单元，在单元体内假设近似解的模式，用有限个节点上的未知参数表征单元的特性，然后用适当的方法将各个单元的关系式组合成包含这些未知参数的代数方程，得出各节点的未知参数，再利用插值函数求出近似解，是一种有限的单元离散某连续体后进行求解的一种数值计算的近似方法。

由于单元可以被分割成各种形状和大小不同的尺寸，因此能很好地适应复杂的几何形状、复杂的材料特性和复杂的边界条件，再加上有成熟的大型软件系统支持，使有限元法成为一种非常受欢迎的、应用极广的数值计算方法。

有限单元法发展到今天，已成为工程数值分析的有力工具。特别是在固体力学和结构分析的领域内，有限单元法取得了巨大的进展，利用该法已经成功地解决了一大批有重大意义的问题，很多通用程序和专用程序投入了实际应用。同时有限单元法又是仍在快速发展的一个科学领域，其理论，特别是应用方面的文献，经常出现在各种刊物和文献中。

12.2 有限元分析法（FEA）的基本概念

有限元模型是真实系统理想化的数学抽象。图 12-1 说明了有限元模型对真实模型理想化后的数学抽象。

在有限元分析中，如何对模型进行网格划分以及网格的大小，都直接关系到有限元求解结果的正确性和精度。进行有限元分析时，应该注意以下事项。

1. 制定合理的分析方案

☑ 对分析问题力学概念的理解。
☑ 结构简化的原则。
☑ 网格疏密与形状的控制。
☑ 分步实施的方案。

2. 目的与目标明确

☑ 初步分析还是精确分析。
☑ 分析精度的要求。
☑ 最终需要获得的是什么。

3. 不断地学习与积累经验

利用有限元分析问题时的简化方法与原则：划分网格时主要考虑结构中对结果影响不大，但建模

（a）真实系统　　　（b）有限元模型

图 12-1　对真实系统理想化后的有限元模型

又十分复杂的特殊区域的简化处理。同时需要明确进行简化对计算结果带来的影响是有利的还是不利的。对于装配体的有限元分析，首先明确装配关系。对于装配后不出现较大装配应力且结构变形时装配处不发生相对位移的连接，可采用两者之间连为一体的处理方法，但连接处的应力是不准确的，这一结果并不影响远处的应力与位移。如果装配后出现较大应力或结构变形时装配处发生相对位移的连接，需要按接触问题处理。图 12-2 说明了有限元法与其他课程之间的关系。

图 12-2 有限元法与其他课程之间的关系

12.3 SOLIDWORKS Simulation 2024 *功能和特点*

Structurral Research and Analysis Corporation（简称 SRAC）创建于 1982 年，是一个全力发展有限元分析软件的公司，公司成立的宗旨是为工程界提供一套高品质并且具有最新技术、价格低廉并能为大众所接受的有限元软件。

1998 年，SRAC 公司着手于对有限元分析软件进行以 Parasolid 为几何核心的重新写起。以 Windows 视窗界面为平台，给使用者提供操作简便的友好界面，包含实体建构能力的前、后处理器的有限元分析软件——GEOSTAR。GEOSTAR 根据用户的需要可以单独存在，也可以与所有基于 Windows 平台的 CAD 软体进行无缝集成。随着这项全新标准的出台，最终的结果就是 SRAC 公司开发出了为计算机三维 CAD 软件的领导者——SOLIDWORKS 服务的全新嵌入式有限元分析软件 SOLIDWORKS Simulation。

SOLIDWORKS Simulation 使用 SRAC 公司开发的当今世上最快的有限元分析算法——快速有限元算法（FFE），完全集成在 Windows 环境并与 SOLIDWORKS 软件无缝集成。最近的测试表明，快速有限元算法（FFE）提升了传统算法 50～100 倍的解题速度，并降低了磁盘存储空间，只需原来的 5%；更重要的是，它在计算机上就可以解决复杂的分析问题，节省使用者在硬件上的投资。

SRAC 公司的快速有限元算法（FFE）比较突出的优势如下。

（1）参考以往的有限元求解算法的经验，以 C++语言重新编写程序，程序代码中尽量减少循环语句，并且引入当今世界范围内软件程序设计新技术的精华，因此极大提高了求解器的速度。

（2）使用新的技术开发、管理其资料库，使程序在读、写、打开、保存资料及文件时能够大幅提升速度。

（3）按独家数值分析经验，搜索所有可能的预设条件组合（经大型复杂运算测试无误者）来解题，所以在求解时快速且能收敛。

SRAC 公司为 SOLIDWORKS 提供了 3 个插件，分别是 SOLIDWORKS Motion、COSMOSFloWorks 和 SOLIDWORKS Simulation。

- ☑ SOLIDWORKS Motion：它是一个全功能运动仿真软件，可以对复杂机械系统进行完整的运动学和动力学仿真，得到系统中各零部件的运动情况，包括位移、速度、加速度、作用力及反作用力等，并以动画、图形、表格等多种形式输出结果，还可将零部件在复杂运动情况下的复杂载荷情况直接输出到主流有限元分析软件中，以做出正确的强度和结构分析。
- ☑ COSMOSFloWorks：它是一个流体动力学和热传导分析软件，可以在不同雷诺数范围上建立跨音速、超音速和压音速的可压缩和不可压缩的气体和流体的模型，以确保获得真实的计算结果。
- ☑ SOLIDWORKS Simulation：它可以为设计工程师在 SOLIDWORKS 的环境下提供比较完整的分析手段。凭借先进的快速有限元算法（FFE），工程师能非常迅速地实现对大规模的复杂设计的分析和验证，并且获得修正和优化设计所需的必要信息。

通过 SOLIDWORKS Simulation 的基本模块可以对零件或装配体进行静力学分析、固有频率和模态分析、失稳分析和热应力分析等。

- ☑ 静力学分析：算例零件在只受静力情况下，零组件的应力、应变分布。
- ☑ 固有频率和模态分析：确定零件或装配的造型与其固有频率的关系，在需要共振效果的场合，如超声波焊接喇叭、音叉，获得最佳设计效果。
- ☑ 失稳分析：当压应力没有超过材料的屈服极限时，薄壁结构件发生的失稳情况。
- ☑ 热应力分析：在存在温度梯度情况下，零件的热应力分布情况，以及算例热量在零件和装配中的传播。
- ☑ 疲劳分析：预测疲劳对产品全生命周期的影响，确定可能发生疲劳破坏的区域。
- ☑ 非线性分析：用于分析橡胶类或者塑料类的零件或装配体的行为，还用于分析金属结构在达到屈服极限后的力学行为。也可以用于考虑大扭转和大变形，如突然失稳。
- ☑ 间隙/接触分析：在特定载荷下，两个或者更多运动零件相互作用。例如，在传动链或其他机械系统中接触间隙未知的情况下分析应力和载荷传递。
- ☑ 优化：在保持满足其他性能判据（如应力失效）的前提下，自动定义最小体积设计。

12.4 SOLIDWORKS Simulation 2024 的启动

SOLIDWORKS Simulation 2024 启动步骤如下。

（1）选择菜单栏中的"工具"→"插件"命令，在弹出的"插件"对话框中选择 SOLIDWORKS Simulation，并单击"确定"按钮，如图 12-3 所示。

（2）在 SOLIDWORKS 的主菜单中添加了一个新的菜单项 Simulation，如图 12-4 所示。当 SOLIDWORKS Simulation 生成新算例后在管理程序窗口的下方会出现 SOLIDWORKS Simulation 的模型树，绘图区的下方出现新算例的标签栏。

Note

图 12-3　"插件"对话框

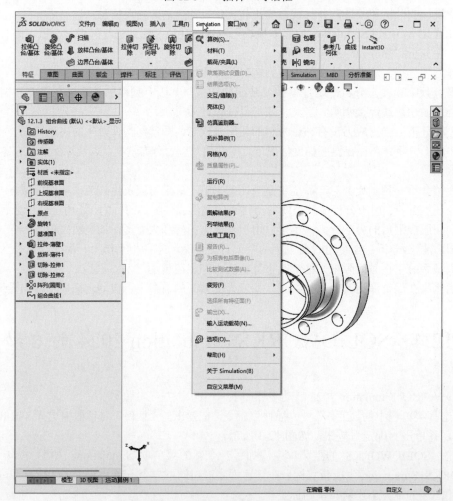

图 12-4　加载 SOLIDWORKS Simulation 后的 SOLIDWORKS

12.5　SOLIDWORKS Simulation 2024 的使用

前面两节主要讲解了 SOLIDWORKS Simulation 2024 的功能、特点及启动，本节将结合实例讲解 SOLIDWORKS Simulation 2024 的使用方法，主要包括创建算例、定义材料属性、加载载荷及约束、网格划分及运动分析等。

12.5.1　算例专题

用 SOLIDWORKS 设计完几何模型后，就可以使用 SOLIDWORKS Simulation 对其进行分析。分析模型的第一步是建立一个算例专题。算例专题由一系列参数定义，这些参数完整地表述了该物理问题的有限元模型。

当对一个零件或装配体进行分析时，典型的问题就是要研究零件或装配体在不同工作条件下的不同反应。这就要求运行不同类型的分析、实验不同的材料或指定不同的工作条件。每个算例专题都描述其中的一种情况。

一个算例专题的完整定义包括以下几个方面。

☑　分析类型和选项。

☑　材料。

☑　载荷和约束。

☑　网格。

单击 Simulation 选项卡中的"新算例"按钮 🔍，或者选择菜单栏中的 Simulation→"算例"命令。在弹出的"算例"属性管理器中，定义"名称"和分析类型，如图 12-5 所示。在 SOLIDWORKS Simulation 模型树中新建的"算例"上右击，在弹出的快捷菜单中选择"属性"命令，打开"静应力分析"对话框，在弹出的对应属性对话框中进一步定义其属性，如图 12-6 所示。每一种分析类型都对应不同的属性。定义完算例专题后，单击"确定"按钮 ✔。

SOLIDWORKS Simulation 的基本模块提供多种分析类型。

☑　**静应力分析**：可以计算模型的应力、应变和变形。

☑　**频率**：可以计算模型的固有频率和模态。

☑　**设计算例**：生成设计算例以优化或评估设计的特定情形。

☑　**热力**：计算由于温度、温度梯度和热流影响产生的应力。

☑　**屈曲**：计算危险的屈曲载荷，即屈曲载荷分析。

☑　**疲劳**：计算材料在交变载荷作用下产生的疲劳破坏情况。

☑　**非线性**：为带有诸如橡胶之类非线性材料的零部件研究应变、位移、应力。

☑　**线性动力**：使用频率和模式形状来研究对动态载荷的线性响应。

☑　**子模型**：不可能获取大型装配体或多实体模型的精确结果，因为使用足够小的元素大小可能会使问题难以解决。使用粗糙网格或拔模网格解决装配体或多实体模型后，子模型算例允许用户使用高品质网格或更精细的网格增加选定实体的求解精确度。

☑　**跌落测试**：模拟零部件掉落后的变形和应力分布。

☑　**压力容器设计**：在压力容器设计算例中，将静应力分析算例的结果与所需因素组合。每个静应力分析算例都具有不同的一组可以生成相应结果的载荷。

在定义完算例专题后，就可以进行下一步的工作了，此时在 SOLIDWORKS Simulation 模型树中可以看到定义好的算例专题，如图 12-7 所示。

Note

图 12-5 定义算例专题

图 12-6 定义算例专题的属性

图 12-7 定义好的算例专题

12.5.2 定义材料属性

在运行一个算例专题前，必须要定义好指定的分析类型所对应需要的材料属性。在装配体中，每一个零件可以是不同的材料。对于网格类型是"使用曲面的外壳网格"的算例专题，每一个壳体可以具有不同的材料和厚度。

单击 Simulation 选项卡中的"应用材料"按钮▤，或者选择菜单栏中的 Simulation→"材料"→"应用材料到所有"命令。在 SOLIDWORKS Simulation 管理设计树中选择要定义材料属性的算例专题，并选择要定义材料属性的零件或装配体。然后，在弹出的"材料"对话框的"材料属性"选项组中，可以定义材料的类型和单位，如图 12-8 所示。其中，在"模型类型"下拉列表框中可以选择"线性弹性各向同性"，即各向同性材料，也可以选择"线性弹性正交各向异性"，即各向异性材料。在"单位"下拉列表框中可选择 SI（即国际单位）、"英制"和"公制"单位体系。单击"应用"按钮即可将材料属性应用于算例专题。

在"材料"对话框中，选择一种方式定义材料属性。

☑ 使用 SOLIDWORKS 中定义的材质：如果在建模过程中已经定义了材质，此时在"材料"对话框中会显示该材料的属性。如果选择了该选项，则定义的所有算例专题都将选择这种材料属性。

☑ 自定义材料：可以自定义材料的属性，用户只要单击要修改的属性，然后输入新的属性值即可。对于各向同性材料，弹性模量和泊松比是必须被定义的变量。如果材料的应力产生是由温度变化引起的，则材料的传热系数必须被定义。如果在分析中要考虑重力或者离心力的影响，则必须定义材料的密度。对于各向异性材料，则必须要定义各个方向的弹性模量和泊松比等材料属性。

图 12-8　定义材料属性

12.5.3　载荷和约束

在进行有限元分析中,必须模拟具体的工作环境对零件或装配体规定边界条件（位移约束）和施加对应的载荷。也就是说,实际的载荷环境必须在有限元模型上定义出来。

如果给定了模型的边界条件,则可以模拟模型的物理运动。如果没有指定模型的边界条件,则模型可以自由变形。边界条件必须给予足够的重视,有限元模型的边界既不能欠约束,也不能过约束。加载的位移边界条件可以是零位移,也可以是非零位移。

每个约束或载荷条件都以图标的方式在载荷/制约文件夹中显示。SOLIDWORKS Simulation 提供了一个智能的 PropertyManager 来定义负荷和约束。只有被选中的模型具有的选项才被显示,其不具有的选项则为灰色不可选择状态。例如,如果选择的面是圆柱面或轴,PropertyManager 允许定义半径、圆周、轴向抑制和压力。载荷和约束是和几何体相关联的,当几何体改变时,它们自动调节。

在运行分析前,可以在任意时候指定负荷和约束。运用拖动（或复制粘贴）功能,SOLIDWORKS Simulation 允许在管理树中将条目或文件夹复制到另一个兼容的算例专题中。

选择一个面、边线或顶点,作为要加载或约束的几何元素。如果需要,可以按住 Ctrl 键选择更多的顶点、边线或面。选择菜单栏中 Simulation→"载荷/夹具"子菜单中的一种加载或约束类型,如图 12-9 所示。在对应的载荷或约束属性管理器

图 12-9　"载荷/夹具"菜单栏

中设置相应的选项、数值和单位。单击"确定"按钮✔，完成加载或约束。

12.5.4 网格的划分和控制

有限元分析提供了一个可靠的数字工具进行工程设计分析。首先建立几何模型。然后，程序将模型划分为许多具有简单形状的小块（elements），这些小块通过节点（node）连接，这个过程称为网格划分。有限元分析程序将集合模型视为一个网状物，这个网是由离散的互相连接在一起的单元构成的。精确的有限元结果很大程度上依赖于网格的质量，通常来说，优质的网格决定优秀的有限元结果。

网格质量主要靠以下几点保证。

☑ 网格类型：在定义算例专题时，针对不同的模型和环境，选择一种适当的网格类型。

☑ 适当的网格参数：选择适当的网格大小和公差，可以做到节约计算资源和时间与提高精度的完美结合。

☑ 局部的网格控制：对于需要精确计算的局部位置，采用加密网格可以得到比较好的结果。

在定义完材料属性和载荷/约束后，就可以划分网格了。要划分网格，可按如下步骤操作。

1. 划分网格

单击 Simulation 选项卡"运行此算例"下拉列表中的"生成网格"按钮，或者选择菜单栏中的 Simulation→"网格"→"生成"命令。

在弹出的"网格"属性管理器中，设置网格的大小和公差，如图 12-10 所示。拖动"网格密度"选项组中的滑块，从而设置网格的大小和公差。如果要精确指定网格，可以在△图标右侧的文本框中指定网格大小，在△图标右侧的文本框中指定网格的公差。如果选中"运行（求解）分析"复选框，则在划分完网格后自动运行分析，计算出结果。单击"确定"按钮✔，程序会自动划分网格。

2. 细化网格

如果需要对零部件局部应力集中的地方或者对结构比较重要的部分进行精确的计算，就要对这个部分进行网格的细分。
SOLIDWORKS Simulation 本身会对局部几何形状变化较大的地方进行网格的细化，但有时用户需要手动控制网格的细化程度。
选择菜单栏中的 Simulation→"网格"→"应用控制"命令，选

图 12-10　划分网格

择要手动控制网格的几何实体（可以是线或面），此时所选几何实体会出现在"网格控制"属性管理器的"所选实体"选项组中，如图 12-11 所示。在"网格参数"选项组中△图标右侧的文本框中输入网格的大小。这个参数是指前面所选几何实体最近一层网格的大小。在 ⅍ 图标右侧的文本框中输入网格梯度，即相邻两层网格的放大比例。单击"确定"按钮✔后，在 SOLIDWORKS Simulation 模型树中的网格文件夹下会出现控制图标。

如果在手动控制网格前已经自动划分了网格，需要重新对网格进行划分。

图 12-11 "网格控制"属性管理器

12.5.5 运行分析与观察结果

（1）在 SOLIDWORKS Simulation 的管理设计树中选择要求解的有限元算例专题。

（2）单击 Simulation 选项卡中的"运行此算例"按钮 ，系统会自动弹出调用的解算器对话框。对话框中显示解算器的求解进度、时间、内存使用情况等，如图 12-12 所示。

（3）如果要中途停止计算，则单击"取消"按钮；如果要暂停计算，则单击"暂停"按钮。

运行分析后，系统会自动为每种类型的分析生成一个标准的结果报告。用户可以通过在管理树上单击相应的输出项观察分析的结果。例如，程序为静力学分析产生 5 个标准的输出项，在 SOLIDWORKS Simulation 管理设计树对应的算例专题中会出现对应的 5 个文件夹，分别为应力、位移、应变、变形和设计检查。单击这些文件夹下对应的图解图标，就会以图的形式显示分析结果，如图 12-13 所示。

图 12-12 解算器对话框

图 12-13 静力学分析中的应力分析图

在显示结果中的左上角会显示模型名称、算例名称、图解类型和变形比例。模型也会以不同的颜色表示应力、应变等的分布情况。

为了更好地表达出模型的有限元结果，SOLIDWORKS Simulation 会以不同的比例显示模型的变形情况。

用户也可以自定义模型的变形比例，可按如下步骤操作。

（1）在 Simulation 的管理设计树中右击要改变变形比例的输出项，如应力、应变等，在弹出的快捷菜单中选择"编辑定义"命令，或者选择菜单栏中的 Simulation→"图解结果"命令，在下一级子菜单中选择要更改变形比例的输出项。

（2）在出现的对应对话框中选择更改应力图解结果，如图 12-14 所示。

（3）在"变形形状"选项组中选中"用户定义"单选按钮，然后在下面的文本框中输入变形比例。

（4）单击"确定"按钮，关闭对话框。

对于每一种输出项，根据物理结果可以有多个对应的物理量显示。如图 12-13 所示的应力结果中显示的是 von Mises 应力，还可以显示其他类型的应力，如不同方向的正应力、切应力等。在图 12-14 的"显示"选项组中图标右侧的下拉菜单中可以选择更改应力的显示物理量。

Simulation 除了可以以图解的形式表达有限元结果，还可以将结果以数值的形式表示，可按如下步骤操作。

（1）在 Simulation 模型树中选择算例专题。

（2）选择菜单栏中的 Simulation→"列举结果"命令，在下一级子菜单中选择要显示的输出项。子菜单共有 5 个选项，分别为"位移""应力""应变""模式""热力"。

（3）在弹出的对应对话框中设置要显示的数值属性，这里选择"应力"，如图 12-15 所示。每一种输出项都对应不同的设置，这里不再赘述。

（4）单击"确定"按钮后，会自动出现结果的数值列表，如图 12-16 所示。

图 12-14　设定变形比例

图 12-15　列表应力

图 12-16　数值列表

（5）单击"保存"按钮，可以将数值结果保存到文件中。在弹出的"另存为"对话框中可以选择将数值结果保存为文本文件或者 Excel 列表文件。

12.5.6 实例——压力容器的应力分析设计

如图 12-17 所示为一台直径为 700mm 的立式储存罐，其法兰出口直径为 88mm，材料为不锈钢。设计压力为 16.5MPa，工作压力为 12.3MPa，弹性模量为 $2.01×10^{10}$Pa，泊松比为 0.3，要求对此压力容器进行应力分析设计。

考虑到立式储存罐是一个 360°的旋转体，是一个对称结构，建模时只要考虑其中的几分之一即可，这里选择六分之一结构进行分析，如图 12-18 所示。

图 12-17 立式储存罐结构图

图 12-18 立式储罐的计算简化模型

操作步骤：

（1）新建文件。单击"快速访问"工具栏中的"新建"按钮，在打开的"新建 SOLIDWORKS 文件"对话框中单击"零件"按钮，然后单击"确定"按钮。

（2）绘制草图。在 FeatureManager 设计树中选择"前视基准面"作为草绘平面。单击"草图"选项卡中的"中心线"按钮，绘制一条通过原点的竖直中心线。单击"草图"选项卡中的"直线"按钮、"圆"按钮、"等距实体"按钮和"剪裁实体"按钮，绘制立式储罐的旋转草图轮廓。单击"草图"选项卡中的"智能尺寸"按钮，标注草图轮廓的尺寸，如图 12-19 所示。

（3）创建实体。单击"特征"选项卡中的"旋转凸台/基体"按钮，打开"旋转"属性管理器。选择中心线作为旋转轴，设置旋转角度为 60°，如图 12-20 所示。单击"确定"按钮，完成立式储罐的建模。

图 12-19 立式储存罐的旋转轮廓草图

图 12-20 旋转参数

（4）保存文件。单击"快速访问"工具栏中的"保存"按钮 🖫，将模型保存为"立式储罐.sldprt"。

（5）新建算例。单击 Simulation 选项卡中的"新算例"按钮 🔍，打开"算例"属性管理器。定义名称为"压力分析"，分析类型为"静应力分析"，如图 12-21 所示。单击"确定"按钮 ✔，关闭对话框。

（6）定义外壳。在 SOLIDWORKS Simulation 模型树中右击"立式储罐"图标，在弹出的快捷菜单中选择"按所选面定义壳体"命令，如图 12-22 所示。在打开的"壳体定义"属性管理器中选中"细"单选按钮，从而设置外壳类型为"细"；单击 🗐 图标右侧的显示框，在图形区域中选择储罐的内侧面，如图 12-23 所示，设置抽壳的厚度为 36mm。单击"确定"按钮 ✔，完成外壳的定义。

图 12-21　定义算例　　　　图 12-22　选择命令　　　　图 12-23　设置外壳定义参数

（7）定义材料。选择菜单栏中的 Simulation→"材料"→"应用材料到所有"命令，打开如图 12-24 所示的"材料"对话框。选择"选择材料来源"为"自定义"，在右侧的材料属性栏目中定义弹性模量 E=2.01×10^{10}N/m^2，泊松比为 0.3。单击"应用"按钮，关闭对话框。

（8）创建基准轴。选择菜单栏中的"插入"→"参考几何体"→"基准轴"命令，打开"基准轴"属性管理器。单击"圆柱/圆锥面"按钮 🗐，在图形区域中选择立式储罐模型中的圆柱段面，如图 12-25 所示。单击"确定"按钮 ✔，完成基准轴的创建。

图 12-24　设置立式储罐的材料

图 12-25　创建基准轴 1

（9）添加约束。单击 Simulation 选项卡中的"夹具顾问"按钮 ，弹出"Simulation 顾问"面板，在面板中单击"添加夹具"按钮 → 添加夹具，打开"夹具"属性管理器。选择夹具类型为"使用参考几何体"；单击 图标右侧的显示框，在图形区域中选择外壳的 10 条边线作为约束的边线；单击 图标右侧的列表框，在图形区域的模型树中选择"基准轴 1"作为参考几何体；单击"平移"选项组中的"圆周"按钮 ，在右侧的文本框中设置为 0；在"旋转"选项组中单击"径向"按钮 ，设置径向约束为 0；单击"轴向"按钮 ，设置轴向约束为 0；具体选项设置如图 12-26 所示。单击"确定"按钮 ，创建夹具。

（10）添加压力。单击 Simulation 选项卡中"外部载荷顾问"下拉列表中的"压力"按钮 ，打开"压力"属性管理器。选择施加压力的类型为"垂直于所选面"；单击 图标右侧的列表框，在图形区域中选择立式储罐的内侧受压面；在"压强值"选项组中设置压力为 13500000N/m²，具体如图 12-27 所示。单击"确定"按钮✔，完成压力载荷的创建。

图 12-26　设置夹具

（11）添加约束。为了使模型稳定，还需要添加一个固定约束。单击 Simulation 选项卡中的"夹具顾问"按钮，弹出"Simulation 顾问"面板，在此面板中单击"添加夹具"按钮，打开"夹具"属性管理器。选择夹具类型为"固定几何体"，在图形区域中选择立式储罐的法兰的内边线作为固定约束位置，如图 12-28 所示。单击"确定"按钮✔，完成夹具约束。

图 12-27　设置压力参数

图 12-28　顶点设置固定约束

（12）划分网格。单击 Simulation 选项卡"运行此算例"下拉列表中的"生成网格"按钮，打开"网格"属性管理器。保持网格的默认粗细程度。单击"确定"按钮，开始划分网格。划分网格后的模型如图 12-29 所示。

（13）进行分析。单击 Simulation 选项卡中的"运行此算例"按钮，Simulation 则调用解算器进行有限元分析。

（14）观察结果。双击 SOLIDWORKS Simulation 模型树中"结果"文件夹下的"应力 1"图标，则可以观察立式储罐在给定约束和加载下的应力分布图解，如图 12-30 所示。

图 12-29　划分网格的立式储罐模型　　　　　图 12-30　立式储罐的应力分布云图

12.6　综合实例——板中圆孔的应力集中问题

如图 12-31 所示为一个承受单向拉伸的板，在其中有一个小圆孔。弹性模量 $E=2\times10^8$Pa，泊松比为 0.3，拉伸载荷 Q=1000Pa，平板厚度 t=1mm。由于此模型是一个对称结构，为了减小计算量，这里通过计算平板的四分之一来确定带孔平板的应力分布。

图 12-31　平板结构图

操作步骤：

（1）新建文件。单击"快速访问"工具栏中的"新建"按钮，在打开的"新建 SOLIDWORKS 文件"对话框中单击"零件"按钮，然后单击"确定"按钮。

（2）绘制草图。在 FeatureManager 设计树中选择"前视基准面"作为草绘平面，绘制草图。单击"草图"选项卡中的"边角矩形"按钮，以坐标原点为矩形的一个顶点绘制一个矩形。单击"草图"选项卡中的"智能尺寸"按钮，标注矩形的长宽尺寸为 15mm 和 10mm。单击"草图"选项卡中的"圆"按钮，以坐标原点为圆心绘制一个圆。单击"草图"选项卡中的"智能尺寸"按钮，标注圆的直径为 10mm。单击"草图"选项卡中的"剪裁实体"按钮，裁剪多余线条。最后草图绘制结果如图 12-32 所示。

（3）创建拉伸体。单击"特征"选项卡中的"拉伸凸台/基体"按钮，系统弹出"凸台-拉伸"属性管理器，设置终止条件为"给定深度"；设置拉伸深度为 1mm，如图 12-33 所示。单击"确定"按钮，生成模型。

图 12-32　绘制草图

图 12-33　设置拉伸参数

（4）保存文件。单击"快速访问"工具栏中的"保存"按钮🖫，将模型保存为"板.sldprt"

（5）新建算例。单击 Simulation 选项卡中的"新算例"按钮🔍，打开"算例"属性管理器。定义名称为"应力集中分析"，分析类型为"静应力分析"，如图 12-34 所示。在 SOLIDWORKS Simulation 模型树中新建的"应力集中分析"处右击，在弹出的快捷菜单中选择"属性"命令，打开"静应力分析"对话框，设置解算器为 FFEPlus，并选中"使用软弹簧使模型稳定"复选框，如图 12-35 所示。单击"确定"按钮，关闭对话框。

图 12-34　定义算例

图 12-35　设置静态研究属性

（6）添加材料。选择菜单栏中的 Simulation→"材料"→"应用材料到所有"命令，打开"材料"对话框。选择"选择材料来源"为"自定义"，在右侧的材料属性栏目中定义弹性模量 E=2×10^{11}N/m^2，泊松比为 0.3，如图 12-36 所示。单击"应用"按钮，关闭对话框。

图 12-36　设置板的材料

（7）添加压力。单击 Simulation 选项卡"外部载荷顾问"下拉列表中的"压力"按钮 ，打开"压力"属性管理器。选择施加压力的类型为"垂直于所选面"；单击 图标右侧的显示框，在图形区域中选择板外侧面；在"压强值"选项组中设置压力为 1000N/m^2，选中"反向"复选框改变压力方向，具体设置如图 12-37 所示。单击"确定"按钮 ，完成压力的施加。

图 12-37　设置压力参数

（8）添加约束。单击 Simulation 选项卡中的"夹具顾问"按钮 ，在弹出的"Simulation 顾问"

面板中单击"添加夹具"按钮 →添加夹具，打开"高级"选项组。选择夹具类型为"对称"，在图形区域中选择如图 12-38 所示的两个面作为对称约束面。单击"确定"按钮✔，完成对称约束的施加。

图 12-38　设置对称约束

（9）划分网格。选择 Simulation→"网格"→"应用控制"命令，打开"网格控制"属性管理器。选择孔的圆柱面作为要控制的实体；在"网络参数"选项组中△图标右侧的"单元大小"文本框中设置单元大小为 0.15mm，如图 12-39 所示。单击"确定"按钮✔，完成网格的控制。

图 12-39　网格控制

（10）生成网格。单击 Simulation 选项卡"运行此算例"下拉列表中的"生成网格"按钮，打开"网格"属性管理器，单击"确定"按钮，系统开始划分网格，划分网格后的模型如图 12-40 所示。

图 12-40　划分网格后的模型

从网格模型上可以看到孔内侧圆柱面的网格划分得很密，网格的大小逐步变大。这样划分网格的好处在于可以在不大量增加运算量的前提下更准确地分析局部的受力情况。

（11）有限元分析。单击 Simulation 选项卡中的"运行此算例"按钮，SOLIDWORKS Simulation 则调用解算器进行有限元分析。

（12）观察结果。双击"结果"文件夹下的"应力 1"图标，在图形区域中观察板的应力分布，如图 12-41 所示。

图 12-41　板的应力分布云图

从图 12-41 中可以看出孔边缘的应力最大，大约为 4600Pa。

右击"结果"文件夹下的"应力 1"图标，在弹出的快捷菜单中选择"探测"命令，打开"探测结果"属性管理器。在图形区域中沿板的左侧边线依次选择几个点，这些点对应的应力都会显示在"探测结果"属性管理器中，如图 12-42 所示。

Note

图 12-42 选择节点应力

单击"图解"按钮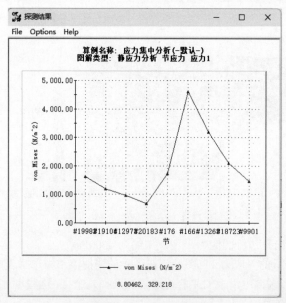，显示应力-节点图，应力随图形变化的情况如图 12-43 所示。

图 12-43 应力-节点图

12.7　实践与操作

12.7.1　分析受压失稳问题

本实践将分析如图 12-44 所示的杆系结构中二力杆的受压失稳问题。

图 12-44　二力杆受压情况

操作提示：

（1）利用"新算例"命令，定义名称为"屈服分析"，类型为"屈曲"。

（2）利用"应用材料"命令，选择材料为 ABS 塑料。

（3）利用"力"命令，设置加载力类型为"力"，选取空心杆端面为加载面，设置力大小为 1000N。利用"夹具顾问"命令，在空心杆的另一端添加固定几何约束。

（4）利用"生成网格"命令，划分网格。双击 SOLIDWORKS Simulation 模型树中"结果"文件夹下的"位移 1"按钮 位移(I)... ，观察杆在给定约束和弯扭组合加载下的位移分布云图。

（5）利用"新算例"命令，定义名称为"应力分析"，类型为"静应力分析"。

（6）复制"屈服分析"模型树中的"夹具"和"外部载荷"到"应力分析"模型树中，修改力的大小为 21N。

（7）利用"生成网格"命令，划分网格。利用"运行"命令，进行稳定性计算，分析的流程图如图 12-45 所示。

图 12-45　二力杆分析的流程图

图 12-45　二力杆分析的流程图（续）

12.7.2　计算疲劳寿命问题

本实践将计算一个高速旋转的轴在工作载荷下的疲劳寿命问题。高速轴的受力情况如图 12-46 所示，以 10rad/s 的速度旋转。

图 12-46　高速旋转轴

操作提示：

（1）利用"新算例"命令，定义名称为"静力分析"，类型为"静应力分析"；利用"应用材料"命令，选择材料为"锻制不锈钢"。

（2）利用"力"命令，设置施加力类型为"力矩"，选择划分曲面和参考轴，设置扭矩为 3900N·m。

（3）利用"离心力"命令，设置基准轴 1 为参考轴，旋转角速度为 628rad/s。

（4）利用"生成网格"命令，采用默认设置划分网格。

（5）利用"新算例"命令，定义名称为"疲劳分析"，类型为"疲劳"；利用"添加事件"命令，设置循环次数为"1000000"，负载类型为"完全反转"。

（6）利用"应用/编辑疲劳数据"命令，选择"疲劳 SN 曲线"，定义材料的疲劳曲线。在 SOLIDWORKS Simulation 设计树中右击"疲劳分析"，在弹出的快捷菜单中选择"属性"命令，设置疲劳缩减因子为0.9。利用"运行"命令，进行疲劳计算，分析的流程图如图 12-47 所示。

图 12-47　高速旋转轴分析的流程图

第13章

运动仿真

本章介绍了虚拟样机技术和运动仿真的关系，并给出了 SOLIDWORKS Motion 2024 运动仿真的实例。通过对工程实例的分析，读者将进一步理解和掌握 SOLIDWORKS Motion 2024 工具。

- ☑ 虚拟样机技术及运动仿真
- ☑ SOLIDWORKS Motion 2024 启动
- ☑ Motion 分析运动算例

任务驱动&项目案例

按552N加载

13.1　虚拟样机技术及运动仿真

13.1.1　虚拟样机技术

如图 13-1 所示表明了虚拟样机技术在企业开展新产品设计以及生产活动中的地位。进行产品三维结构设计时，可以运用分析仿真软件（CAE）对产品工作性能进行模拟仿真，发现设计缺陷。根据分析仿真结果，用三维设计软件对产品设计结构进行修改。重复上述仿真、找错、修改的过程，不断对产品设计结构进行优化，直至达到一定的设计要求。

图 13-1　虚拟样机设计、分析仿真、设计管理、制造生产一体化解决方案

虚拟产品开发有如下 3 个特点。
- ☑ 以数字化方式进行新产品的开发。
- ☑ 开发过程涉及新产品开发的全生命周期。
- ☑ 虚拟产品的开发是开发网络协同工作的结果。

为了实现上述 3 个特点，虚拟样机的开发工具一般实现如下 4 个技术功能。
- ☑ 采用数字化的手段对新产品进行建模。
- ☑ 以产品数据管理（PDM）/产品全生命周期（PLM）的方式控制产品信息的表示、存储和操作。
- ☑ 产品模型的本地/异地协同技术。
- ☑ 开发过程的业务流程重组。

传统的仿真一般是针对单个子系统的仿真，而虚拟样机技术则是强调整体的优化，它通过虚拟整机与虚拟环境的耦合，对产品进行多种设计方案的测试、评估，并不断改进设计方案，直到获得最优的整机性能。而且，传统的产品设计方法是一个串行的过程，各子系统（如整机结构、液压系统、控制系统等）的设计都是独立的，忽略了各子系统之间的动态交互与协同求解，因此设计的不足往往到

产品开发的后期才被发现，造成严重浪费。运用虚拟样机技术可以快速地建立包括控制系统、液压系统、气动系统在内的多体动力学虚拟样机，实现产品的并行设计，可在产品设计初期及时发现问题、解决问题，把系统的测试分析作为整个产品设计过程的驱动。

13.1.2 数字化功能样机及机械系统动力学分析

在虚拟样机的基础上，又提出了数字化功能样机（functional digital prototyping）的概念，这是在CAD/CAM/CAE 技术和一般虚拟样机技术的基础之上发展起来的。其理论基础为计算多体系统动力学、结构有限元理论、其他物理系统的建模与仿真理论，以及多领域物理系统的混合建模与仿真理论。该技术侧重于系统层次上的性能分析与优化设计，并通过虚拟试验技术预测产品性能。基于多体系统动力学和有限元理论，解决产品的运动学、动力学、变形、结构、强度和寿命等问题。而基于多领域的物理系统理论，解决较复杂产品的机—电—液—控等系统的能量流和信息流的耦合问题。

数字化功能样机的内容如图 13-2 所示，包括计算多体系统动力学的运动/动力特性分析、有限元疲劳理论的应力疲劳分析、有限元非线性理论的非线性变形分析、有限元模态理论的振动和噪声分析、有限元热传导理论的热传导分析、基于有限元大变形理论的碰撞和冲击仿真、计算流体动力学分析、液压/气动的控制仿真以及多领域混合模型系统的仿真等。

图 13-2　数字化功能样机的内容

多个物体通过运动副的连接便组成了机械系统，系统内部有弹簧、阻尼器、制动器等力学元件的作用，系统外部受到外力和外力矩的作用，以及驱动和约束。物体有柔性和刚性之分，而实际上的工程研究对象多为混合系统。机械系统动力学分析和仿真主要是为了解决系统的运动学、动力学和静力学问题，其过程主要包括以下方面。

- ☑ 物理建模：用标准运动副、驱动/约束、力元和外力等要素抽象出同实际机械系统具有一致性的物理模型。
- ☑ 数学建模：通过调用专用的求解器生成数学模型。
- ☑ 问题求解：迭代求出计算解。

实际上，在软件操作过程中数学建模和问题求解过程都是由软件自动完成的，内部过程并不可见，最后系统会给出曲线显示、曲线运算和动画显示过程。

美国 MDI（Mechanical Dynamics Inc）最早开发了 ADAMS（Automatic Dynamic Analysis of Mechanical System）软件应用于虚拟仿真领域，后被美国的 MSC 公司收购为 MSC.ADAMS。SOLIDWORKS Motion 正是基于 ADAMS 解决方案引擎创建的。通过 SOLIDWORKS Motion 可以在

Note

CAD 系统构建的原型机上查看其工作情况,从而检测设计的结果,如电动机尺寸、连接方式、压力过载、凸轮轮廓、齿轮传动率、运动零件干涉等设计中可能出现的问题,进而修改设计,得到进一步优化后的结果。同时,SOLIDWORKS Motion 用户界面是 SOLIDWORKS 界面的无缝扩展,使用 SOLIDWORKS 数据存储库,不需要 SOLIDWORKS 数据的复制/导出,给用户带来了方便性和安全性。

13.2　SOLIDWORKS Motion 2024 启动

SOLIDWORKS Motion 2024 启动步骤如下。

（1）选择菜单栏中的"工具"→"插件"命令。

（2）在弹出的"插件"对话框中选中 SOLIDWORKS Motion 复选框,并单击"确定"按钮,如图 13-3 所示。

图 13-3　"插件"对话框

13.3　Motion 分析运动算例

在 SOLIDWORKS 2024 中,SOLIDWORKS Motion 比之前版本的 Cosmos Motion 大大简化了操作步骤,所建装配体的约束关系不用再重新添加,只需使用建立装配体时的约束即可,新的 SOLIDWORKS Motion 是集成在运动算例中的。运动算例是 SOLIDWORKS 中对装配体模拟运动的统称,运动算例不更改装配体模型或其属性运动算例,包括动画、基本运动与 Motion 分析,在这里重点讲解 Motion 分析的内容。

13.3.1　马达

运动算例马达模拟作用于实体上的运动,马达在动画制作章节中已有讲解,这里不再赘述。

13.3.2　阻尼

如果对动态系统应用了初始条件，系统会以不断减小的振幅振动，直到最终停止，这种现象称为阻尼效应。阻尼效应是一种复杂的现象，它以多种机制（如内摩擦和外摩擦、轮转的弹性应变材料的微观热效应以及空气阻力）消耗能量，要在装配体中添加阻尼的关系，可按如下步骤操作。

（1）执行"阻尼"命令：单击 MotionManager 工具栏上的"阻尼"按钮 ✎，弹出如图 13-4 所示的"阻尼"属性管理器。

（2）在"阻尼"属性管理器中选择"线性阻尼"类型，然后在绘图区域选取零件上弹簧或阻尼一端所附加到的面或边线。此时在绘图区域中被选中的特征将高亮显示。

（3）在"阻尼力表达式指数"和"阻尼常数"中可以选择和输入基于阻尼的函数表达式，单击"确定"按钮 ✔，完成阻尼的创建。

图 13-4　"阻尼"属性管理器

13.3.3　接触

接触仅限基本运动和运动分析，如果零部件碰撞、滚动或滑动，可以在运动算例中建模零部件接触，还可以使用接触来约束零件在整个运动分析过程中保持接触。默认情况下零部件之间的接触将被忽略，除非在运动算例中配置了"接触"。如果不使用"接触"指定接触，零部件将彼此穿越。要在装配体中添加接触的关系，可按如下步骤操作。

（1）执行"接触"命令：单击 MotionManager 工具栏上的"接触"按钮 ⚙，弹出如图 13-5 所示的"接触"属性管理器。

图 13-5　"接触"属性管理器

（2）在"接触"属性管理器中选择"实体"类型，然后在绘图区域选择两个相互接触的零件，添加它们的配合关系。

（3）在"材料"选项组中更改两个材料类型分别为 Steel（Dry）与 Aluminum（Dry），设置其他参数，单击"确定"按钮✔，完成接触的创建。

13.3.4 力

力/扭矩对任何方向的面、边线、参考点、顶点和横梁应用均匀分布的力、力矩或扭矩，以供在结构算例中使用。添加力作用的操作步骤如下。

（1）打开源文件"底座装配"，执行"力"命令：单击 MotionManager 工具栏中的"力"按钮🢔，弹出如图 13-6 所示的"力/扭矩"属性管理器。

（2）在"力/扭矩"属性管理器中选择"力"类型，单击"作用力与反作用力"按钮✛，在视图中选择作用力面和反作用力面，如图 13-7 所示。

（3）在"力/扭矩"属性管理器中设置其他参数，如图 13-8 所示，单击"确定"按钮✔，完成力的创建。

图 13-6　"力/扭矩"属性管理器　　图 13-7　选择作用力面和反作用力面　　　图 13-8　设置参数

（4）在时间线视图中设置播放速度为 0.1x，设置时间点为 5 秒。

（5）单击 MotionManager 工具栏中的"计算"按钮🗐，计算模拟。单击"从头播放"按钮▮▶，动画如图 13-9 所示；MotionManager 界面如图 13-10 所示。

图 13-9　动画　　　　　　　　　　　图 13-10　MotionManager 界面

13.3.5　引力

引力（仅限基本运动和运动分析）为一通过插入模拟引力而绕装配体移动零部件的模拟单元。要对零件添加引力的关系，可按如下步骤操作。

（1）打开源文件"底座装配"，执行"引力"命令：单击 MotionManager 工具栏上的"引力"按钮 ᧒，弹出"引力"属性管理器。

（2）在"引力"属性管理器中选择"Z"轴，可单击"反向"按钮 ⬈，调节方向，也可以在视图中选择线或者面作为引力参考，如图 13-11 所示。

（3）在"引力"属性管理器中设置其他参数，单击"确定"按钮 ✔，完成引力的创建。

（4）单击 MotionManager 工具栏中的"计算"按钮 ⬛，计算模拟，MotionManager 界面如图 13-12 所示。

图 13-11　"引力"属性管理器

图 13-12　MotionManager 界面

13.3.6　实例——冲压机构

本例说明了用 SOLIDWORKS Motion 求解运动已知条件作用力的问题。已知 Motor 和 Plate 组成运动副的运动参数，求冲压机构的位移，其结构如图 13-13 所示。

图 13-13　冲压机构的结构组成

操作步骤：

（1）打开文件。单击"快速访问"工具栏中的"打开"按钮 🗁，在"打开"对话框中选取 Punch.sldasm 文件，单击"打开"按钮，打开装配体文件，单击绘图区下部的"运动算例 1"标签，切换到运动算例界面。

（2）创建马达。单击 MotionManager 工具栏中的"马达"按钮，系统弹出"马达"属性管理器。单击"旋转马达"按钮，再单击"马达位置"图标右侧的显示框，然后在绘图区单击 Plate 的圆孔，如图 13-14 所示，单击"反向"按钮，将马达的方向更改为顺时针方向。在"运动"选项组中选择马达类型为"振荡"，位移为 20°，频率为 1Hz，相移为 0°，如图 13-15 所示。单击"确定"按钮，生成新的马达。

（3）仿真参数设置及计算。单击 MotionManager 工具栏中的"运动算例属性"按钮，系统弹出如图 13-16 所示的"运动算例属性"属性管理器。设置"每秒帧数"为 50，其余参数采用默认设置，如图 13-16 所示。在 MotionManager 界面将时间栏的长度拉到 5 秒，如图 13-17 所示。单击 MotionManager 工具栏中的"计算"按钮，对冲压机构进行仿真求解的计算。

图 13-14　添加马达位置　　　　图 13-15　参数设置　　　　图 13-16　"运动算例属性"属性管理器

图 13-17　MotionManager 界面

（4）添加结果曲线。单击 MotionManager 工具栏中的"结果和图解"按钮，系统弹出如图 13-18 所示的"结果"属性管理器。在"结果"选项组的"选取类别"下拉列表框中选择分析的类别为"位移/速度/加速度",在"选取子类别"下拉列表框中选择分析的子类别为"线性位移",在"选取结果分量"下拉列表框中选择分析的结果分量为"Y 分量"。单击"面"图标 右侧的显示框,然后在绘图区单击 Punch 的任意一个面,如图 13-19 所示。单击"确定"按钮 ,生成新的图解,如图 13-20 所示。

图 13-18 "结果"属性管理器　图 13-19 选择 Punch　　　图 13-20 滑块位移-时间曲线

13.4　综合实例——自卸车斗驱动

本例说明了用 SOLIDWORKS Motion 求解自卸车斗的驱动力问题,同时介绍了装配体可动功能和运动副位置控制的问题,最后用 COSMOSWorks 进行了静力和扭曲分析。自卸车斗的结构如图 13-21 所示,其结构尺寸如图 13-22 所示。

图 13-21 自卸车斗结构组成　　　　　　　　图 13-22 自卸车斗的结构尺寸

操作步骤:

(1)打开文件。单击"快速访问"工具栏中的"打开"按钮 ,在"打开"对话框中选取"车斗.sldasm"文件,单击"打开"按钮,打开装配体文件。

（2）在装配体结构树的"油缸顶杆"装配体上右击，如图 13-23 所示，在弹出的快捷菜单中单击"零部件属性"按钮 📇，弹出"零部件属性"对话框，如图 13-24 所示，注意右下角的"求解为"选项组，有"刚性"和"柔性"两个单选选项。如图 13-25 和图 13-26 所示，"柔性"选项意味着"顶杆"和"油缸"零件在"油缸顶杆"装配体中独立存在，即可以相对运动，产生运动副。否则，选择"刚性"选项，会导致系统自由度数为 0，系统无法运动，仿真也无法运行。

图 13-23　零部件属性　　　　　　　　　　图 13-24　"零部件属性"对话框

图 13-25　"刚性"选项零部件节点　　　　图 13-26　"柔性"选项零部件节点

　　（3）进入运动算例。为了在设计阶段保证"载荷"零件在装配体中保持水平，设置了"平行"配合，在此需要将其取消，如图 13-27 所示，将此配合压缩。单击绘图区下部的"运动算例 1"标签，切换到运动算例界面。

　　（4）定义运动参数。单击 MotionManager 工具栏中的"马达"按钮 🔧，系统弹出"马达"属性管理器。单击"线性马达（驱动器）"按钮 →，单击"马达位置"图标 🔘 右侧的显示框，然后在绘图区选择顶杆的外圆，如图 13-28 所示，在"运动"选项组中选择马达类型为"等速"，速度为 5mm/s，如图 13-29 所示。单击"确定"按钮✔，生成新的马达。

图 13-27 "压缩"平行配合

图 13-28 添加马达位置

（5）添加引力。单击 MotionManager 工具栏中的"引力"按钮，系统弹出"引力"属性管理器，在"引力参数"选项组中选中 Y 单选按钮，为车斗添加竖直向下的引力。参数设置完成后的"引力"属性管理器如图 13-30 所示。单击"确定"按钮✔，生成引力。

图 13-29 "马达"属性管理器

图 13-30 "引力"属性管理器

（6）仿真参数设置。单击 MotionManager 工具栏中的"运动算例属性"按钮，系统弹出如图 13-31 所示的"运动算例属性"属性管理器。在"Motion 分析"选项组中设置"每秒帧数"为 50，其余参数采用默认设置。参数设置完成后，在 MotionManager 界面将时间栏的长度拉到 6 秒，如图 13-32 所示。

图 13-31　"运动算例属性"属性管理器

图 13-32　MotionManager 界面

（7）计算。单击 MotionManager 工具栏中的"计算"按钮，对车斗进行仿真求解的计算。

（8）添加结果曲线。单击 MotionManager 工具栏中的"结果和图解"按钮，系统弹出如图 13-33 所示的"结果"属性管理器。在"结果"选项组的"选取类别"下拉列表框中选择分析的类别为"力"，在"选取子类别"下拉列表框中选择分析的子类别为"反作用力"，在"选取结果分量"下拉列表框中选择分析的结果分量为"幅值"。单击"面"图标右侧的显示框，然后在装配体模型树中单击油缸顶杆与载荷的同心配合，如图 13-34 所示。单击"确定"按钮，生成新的图解，如图 13-35 所示。

（9）测量。单击"评估"选项卡中的"质量属性"按钮，测量"载荷"的负重大小为 120N。由于该例子具有一定的比例，因此请读者考虑实际的作用效果。

（10）"顶杆"静态分析。打开 Simulation 插件，并在装配体中右击顶杆零件，在弹出的快捷菜单中单击"打开"按钮，将顶杆打开。新建"静应力分析"类型的新算例，分析名称为"静态"。如图 13-36 所示，对该项目的约束和载荷进行处理。注意取端部压力为常量，并设置 552N 的加载力为"顶杆"所受的最大载荷值。

图 13-33　"结果"属性管理器

图 13-34　选择滑块

图 13-35　反作用力-时间曲线

按552N加载

图 13-36　静态分析的约束和载荷

（11）划分网格。按系统的默认值处理。

（12）运行分析。应力结果如图 13-37 所示，该图位于"应力"节点下，图解表明满足屈服的强度要求。安全系数结果如图 13-38 所示，得到安全系数为 8.4 的计算结果。

图 13-37　应力结果

图 13-38　设计检查结果

（13）"顶杆"扭曲分析。新建"屈曲"类型分析项目，分析名称取为"扭曲"。如图 13-36 所示，对该项目的约束和载荷进行处理。注意取端部压力为常量，并设置 552N 的加载力为"顶杆"所受的最大载荷值。同"静态"分析的处理。

（14）划分网格。按系统的默认值处理。

（15）运行分析。应力结果如图 13-39 所示，该图位于"位移"节点下，图解表明载荷因子为 2.807×10^5，远大于 1，不会发生失稳失效。

图 13-39　扭曲分析结果

上述分析表明，原"顶杆"结构满足强度和稳定性的需求，并且余度较大，可以做进一步的优化分析。

13.5　实践与操作

13.5.1　运动仿真一

本实践将对如图 13-40 所示的阀门凸轮机构进行运动仿真。

图 13-40　阀门凸轮

操作提示：

（1）利用"马达"命令，为凸轮轴添加马达，选择"旋转马达"，类型为"等速"，设置转速为1200RPM。

（2）利用"弹簧"命令，在导筒边缘和阀底面添加弹簧，设置弹簧常数为0.10N/mm，自由长度为60mm。输入弹簧圈直径为10mm，圈数为5，直径为2.5mm。

（3）利用"接触"命令，为凸轮轴和摇杆添加接触，选择材料为Steel（Dry）和Steel（Greasy）。

（4）利用"接触"命令，为阀和摇杆添加接触，选择材料为Steel（Dry）和Steel（Greasy）。

（5）利用"选项"命令，设置每秒帧数为1500，选中"使用精确接触"复选框。在界面上设置时间长度为10秒，利用"计算"命令，对阀门凸轮机构进行仿真求解的计算。

（6）利用"结果和图解"命令，选择分析类别为"力"，选择分析子类别为"接触力"，选择结果分量为"幅值"，选取进行接触的摇杆面和凸轮轴面，生成图解，运动分析的流程图如图13-41所示。

图 13-41　阀门凸轮的运动分析流程图

13.5.2　运动仿真二

本实践将对如图 13-42 所示的挖掘机进行运动仿真。

图 13-42　挖掘机

操作提示：

（1）利用"马达"命令，为 IP2 添加线性马达，插入时间和位移参数，各参数如表 13-1 所示。

表 13-1　IP2 时间-位移参数

项目	1	2	3	4	5	6	7	8
时间/s	0.00	1.00	2.00	3.00	4.00	5.00	6.00	7.00
位移/mm	0	3	3	4	−2	−3.8	−3.8	0

（2）利用"马达"命令，为 IP1 添加线性马达，插入时间和位移参数，各参数如表 13-2 所示。

表 13-2　IP1 时间-位移参数

项目	1	2	3	4	5	6	7	8
时间/s	0.00	1.00	2.00	3.00	4.00	5.00	6.00	7.00
位移/mm	0	−0.5	−0.5	−1	−3	4	4	0

（3）利用"选项"命令，设置每秒帧数为 50，在界面上设置时间长度为 7 秒，利用"计算"命令，对阀门凸轮机构进行仿真求解的计算。

（4）利用"结果和图解"命令，选择分析类别为"力"，选择分析子类别为"反作用力"，选择结果分量为"幅值"，在装配体模型树中单击 IP2 与 main_arm 的同心配合 Concentric55，生成图解，运动分析的流程图如图 13-43 所示。

图 13-43　挖掘机的运动分析流程图

图 13-43 挖掘机的运动分析流程图（续）